全国高等院校应用型创新规划教材·计算机系列

计算机多媒体技术

主　编　吴祥恩　王洪江

副主编　胡　进　王小旭　薛明智　任　娜

清华大学出版社

北　京

内 容 简 介

本书全面系统地介绍了多媒体技术，将易读性、通俗性、实用性和可操作性融为一体，从理论和实践两个视角对多媒体技术的基础理论、处理技术、集成开发等多个方面进行了系统性讲解。它以技能实训的形式，帮助读者全面掌握多媒体技术的理论知识，提升对多媒体作品的设计能力和实践创新能力。全书包括 9 章内容：第 1 章多媒体技术概论；第 2 章多媒体计算机系统；第 3 章多媒体美学基础；第 4 章图像处理技术；第 5 章音频处理技术；第 6 章视频处理技术；第 7 章动画制作技术；第 8 章多媒体数据压缩技术；第 9 章多媒体应用系统开发。

本书作为省级精品在线开放课程的配套教材，凝聚了多年来多媒体技术教学发展的实践成果。本书采用多媒体形式，满足不同层面读者的学习需求，可作为普通高等院校的计算机科学与技术、数字媒体技术、数字媒体艺术、教育技术学、动画等专业的基础课程教材，也可作为相关院校的通识教育课程教材。

图书在版编目(CIP)数据

计算机多媒体技术/吴祥恩，王洪江主编. —北京：清华大学出版社，2020.1（2024.8重印）
全国高等院校应用型创新规划教材. 计算机系列
ISBN 978-7-302-54533-0

Ⅰ. ①计… Ⅱ. ①吴… ②王…Ⅲ. ①多媒体技术—高等学校—教材 Ⅳ. ①TP37

中国版本图书馆 CIP 数据核字(2019)第 279340 号

责任编辑：陈冬梅
装帧设计：刘孝琼
责任校对：吴春华
责任印制：沈 露
出版发行：清华大学出版社
网 址：https://www.tup.com.cn, https://www.wqxuetang.com
地 址：北京清华大学学研大厦 A 座 邮 编：100084
社 总 机：010-83470000 邮 购：010-62786544
投稿与读者服务：010-62776969, c-service@tup.tsinghua.edu.cn
质量反馈：010-62772015, zhiliang@tup.tsinghua.edu.cn
课件下载：https://www.tup.com.cn，010-62791865
印 装 者：北京鑫海金澳胶印有限公司
经 销：全国新华书店
开 本：185mm×260mm **印 张**：16 **字 数**：392 千字
版 次：2020 年 3 月第 1 版 **印 次**：2024 年 8 月第 8 次印刷
定 价：48.00 元

产品编号：076151-01

前　言

随着云存储、移动互联网的快速发展和网络带宽的迅速增加，人们的思维方式和媒介技术手段正在潜移默化地发生着改变。在智能终端的支持下，媒介的获取途径正在呈现便捷化，媒介的传播形式呈现数字化，媒介的制作手段呈现多元化，多媒体技术实现手段日新月异，多媒体技术处理软件百花齐放，多媒体技术已经成为人们日常生活和工作中的一部分。为了更好地呈现多媒体技术发展的前沿成果，本书摒弃了 PC 时代多媒体技术的相关内容，构建面向移动互联的多媒体技术的知识体系。

本书具有三大特色：①强调多媒体技术基础理论的实用性。采用通俗易懂的语言，将多媒体技术的理论知识与实践应用进行充分结合，让读者在知识理解的基础上逐步形成多媒体技术的相关能力。②强调多媒体技术应用的权威性。选用多媒体技术领域应用最为广泛的处理软件，如 Adobe Audition CC 2019，Photoshop CC 2019，Premiere Pro CC 2019、PowerPoint 2019 等软件，让读者能够快速掌握当前多媒体技术的新技术与新方法。③强调多媒体作品创作的易操作性。将多媒体技术的操作要领与多媒体作品创作进行融合，让读者通过清晰的操作方法，领会多媒体技术的核心概念，完成多媒体作品的创作。

全书共分为 9 章内容，包括多媒体技术的起源、发展、创作工具与应用领域，多媒体计算机系统的存储与操控设备、图像信息输入/输出设备、视音频采集和播放设备，多媒体美学的价值、画面构图、色彩构成和对象美学，数字图像的原理、颜色模式、获取技术和处理软件，数字音频的参数、录音、降噪、剪辑与合成，数字视频的原理、格式、获取、拍摄、剪辑、特效与合成，计算机动画的种类、生成、控制方法与动画语言，多媒体数据压缩的算法与标准，多媒体演示系统的设计原则、制作工具、对象添加、动画与交互设计。

本书由吴祥恩、王洪江担任主编，胡进、王小旭、薛明智、任娜担任副主编。

本书第 1 章由吴祥恩、薛明智、隋彤馨编写，第 2 章由任娜、王洪江、薛峰编写，第 3、4 章由吴祥恩、王小旭编写，第 5、6 章由吴祥恩、胡进编写，第 7、8 章由王洪江、任娜编写，第 9 章由吴祥恩、刘超、高雪编写。全书由吴祥恩和王小旭进行统稿。

本书在编写过程中参考了大量的文献资料，我们尽量注明出处，在此对相关作者表示由衷的感谢，由于时间仓促，加上水平有限，如有遗漏或存在不足之处，恳请各位同仁见谅。同时，衷心地希望各位读者对书中内容提出宝贵意见，以便我们及时改进。

编　者

目　录

第 1 章　多媒体技术概论 1

1.1　多媒体技术的发展 1

1.1.1　多媒体技术的出现 1

1.1.2　多媒体技术的普及 2

1.1.3　多媒体技术的风靡 2

1.1.4　多媒体技术的展望 3

1.2　认识多媒体对象 3

1.2.1　多媒体的概念 3

1.2.2　多媒体技术的特征 4

1.2.3　多媒体对象的种类 5

1.3　常见多媒体技术 6

1.3.1　多媒体处理技术 7

1.3.2　多媒体集成技术 9

1.4　多媒体技术的应用领域和前景 9

1.4.1　多媒体技术的应用领域 9

1.4.2　多媒体技术的应用前景 10

1.5　多媒体作品的创作流程 11

1.5.1　多媒体作品的意义 11

1.5.2　多媒体作品的特点 12

1.5.3　多媒体作品的创作过程 12

1.5.4　多媒体作品的标准与制作能力 13

本章小结 13

复习思考题 14

阅读推荐与网络链接 14

第 2 章　多媒体计算机系统 15

2.1　多媒体个人计算机系统 15

2.1.1　MPC 的定义 16

2.1.2　MPC 的技术标准和主要特征 17

2.1.3　多媒体硬件系统 18

2.1.4　多媒体软件系统 19

2.2　多媒体存储设备 20

2.2.1　磁存储设备 21

2.2.2　光存储设备 22

2.2.3　闪存 23

2.2.4　云存储设备 23

2.3　图像信息输入输出设备 24

2.3.1　扫描仪 24

2.3.2　数码相机 27

2.3.3　打印机 29

2.4　视频信息采集和播放设备 31

2.4.1　视频卡 31

2.4.2　摄像头 32

2.4.3　投影仪 32

2.5　音频信息采集和播放设备 35

2.5.1　音频卡 35

2.5.2　麦克风 36

2.5.3　音箱 38

2.6　多媒体操控设备 39

2.6.1　触摸屏 39

2.6.2　手柄 41

本章小结 42

复习思考题 42

阅读推荐与网络链接 43

第 3 章　多媒体美学基础 44

3.1　多媒体美学的价值 44

3.2　多媒体平面构图 46

3.2.1　平面构图的特点 46

3.2.2　平面构图的规则 47

3.2.3　平面构图的方法 48

3.2.4　平面构图的应用 50

3.3　多媒体色彩构成 51

3.3.1 三基色原理 51
3.3.2 色彩三要素 52
3.3.3 色彩搭配 54
3.4 多媒体对象美学 55
3.4.1 文本美学 55
3.4.2 图像美学 56
3.4.3 声音美学 58
3.4.4 动画美学 59
本章小结 59
复习思考题 59
阅读推荐与网络链接 60

第 4 章 图像处理技术 61

4.1 图像基本原理 61
4.2 图像颜色模式 64
4.3 图像文件格式 66
4.4 图像获取技术 69
4.4.1 数码相机拍摄 69
4.4.2 图像扫描仪 71
4.4.3 网络资源下载 71
4.4.4 屏幕截图 72
4.5 图像处理软件 72
4.5.1 Adobe Photoshop 72
4.5.2 美图秀秀 73
4.5.3 光影魔术手 73
4.5.4 ACDSee 74
4.5.5 Picasa 74
4.6 图像尺寸修改 75
4.6.1 图像处理工具 75
4.6.2 图像二次构图 78
4.6.3 图像大小调整 78
4.7 图像选区绘制 79
4.7.1 选区工具属性 79
4.7.2 规则选区 80
4.7.3 不规则选区 80
4.7.4 自定义选区 81
4.8 图像色彩调整 82
4.8.1 亮度与对比度调整 82
4.8.2 色阶调整 82
4.8.3 曲线调整 83
4.8.4 曝光度调整 83
4.8.5 色相/饱和度调整 84
4.8.6 色彩平衡调整 85
4.9 图像修补 85
4.9.1 内容感知移动工具及其操作 85
4.9.2 图像修补工具及其操作 86
4.9.3 仿制图章工具及其操作 87
4.9.4 修复画笔工具及其操作 88
4.9.5 红眼工具及其操作 89
4.9.6 抠图工具 89
4.10 图像合成 90
4.10.1 图层的创建 90
4.10.2 图层的编辑 92
4.10.3 图层的效果 94
4.10.4 图层的混合 96
技能实训 99
本章小结 100
复习思考题 100
阅读推荐与网络链接 101

第 5 章 音频处理技术 102

5.1 数字音频概述 102
5.1.1 音频的特性 102
5.1.2 音频的要素 103
5.1.3 音频的类型 104
5.2 数字音频基本参数 104
5.2.1 采样频率 104
5.2.2 量化位数 105
5.2.3 通道数 105
5.2.4 压缩率 106
5.2.5 比特率 106
5.3 数字录音技术 106
5.3.1 数字音频接口 106

5.3.2 数字录音方法......107

5.3.3 音频素材获取......107

5.4 音频文件格式......107

5.5 音频处理软件......109

5.6 Adobe Audition 概述......110

5.6.1 工作界面......110

5.6.2 录音方法......111

5.6.3 波形选取......112

5.6.4 文件保存......113

5.7 音频剪辑处理......113

5.7.1 音频剪辑......113

5.7.2 降低噪声......114

5.7.3 调整音量......115

5.7.4 变速变调......117

5.8 音频多轨合成......118

5.8.1 创建工程文件......118

5.8.2 音频块排列......119

5.8.3 音频块编辑......120

5.8.4 多轨录音与合成......122

技能实训......123

本章小结......124

复习思考题......124

阅读推荐与网络链接......125

第 6 章 视频处理技术......127

6.1 数字视频原理......127

6.1.1 数字视频的概念......127

6.1.2 彩色电视的制式......128

6.1.3 数字视频的参数......128

6.2 数字视频的格式......130

6.3 视频获取技术......131

6.3.1 网络视频下载......131

6.3.2 计算机屏幕录制......132

6.4 视频拍摄技术......134

6.4.1 拍摄方式......134

6.4.2 镜头意识......135

6.4.3 景别运用......135

6.4.4 拍摄角度......137

6.5 视频处理软件......138

6.6 视频简单编辑......140

6.6.1 创建项目......140

6.6.2 工作界面......140

6.6.3 常见工具......142

6.6.4 导入素材......143

6.6.5 素材修剪......144

6.7 视频转场特效......148

6.7.1 视频转场效果......148

6.7.2 添加视频转场......148

6.7.3 修改视频转场......149

6.8 视频滤镜特效......151

6.8.1 视频滤镜种类......152

6.8.2 添加视频滤镜......153

6.8.3 修改视频滤镜......154

6.8.4 关键帧动画......154

6.9 视频字幕特效......156

6.9.1 创建标题字幕......156

6.9.2 应用文字工具......156

6.9.3 应用基本图形......157

6.9.4 创建开放式字幕......159

6.10 导出作品文件......160

6.10.1 导出视频文件......160

6.10.2 导出音频文件......161

6.10.3 导出静止图像......162

技能实训......162

本章小结......163

复习思考题......163

阅读推荐与网络链接......164

第 7 章 动画制作技术......166

7.1 计算机动画概述......166

7.1.1 基本概念......167

7.1.2 计算机动画的应用......169

7.1.3 计算机动画的分类......169

7.2 计算机动画的生成......170

7.2.1 生成过程 170
7.2.2 二维动画 171
7.2.3 三维动画 173
7.3 运动控制方法与动画语言 178
7.3.1 计算机动画运动控制方法 178
7.3.2 动画语言 179
7.4 动画制作 182
7.4.1 Animate 简介 182
7.4.2 工作界面 182
7.4.3 动画方式 184
7.4.4 案例制作 186
本章小结 189
复习思考题 189
阅读推荐与网络链接 190
第 8 章 多媒体数据压缩技术 191
8.1 多媒体数据压缩基础知识 191
8.1.1 数据压缩的必要性 191
8.1.2 数据压缩的可能性 192
8.2 常用的数据压缩算法 194
8.2.1 数据压缩方法分类 194
8.2.2 哈夫曼编码 196
8.2.3 预测编码 198
8.2.4 变换编码 198
8.3 常用多媒体数据压缩标准 199
8.3.1 音频压缩编码标准 199
8.3.2 静止图像压缩编码标准 201
8.3.3 运动图像压缩编码标准 203
8.4 多媒体数据存储技术 205
8.4.1 文件系统 205
8.4.2 光存储技术 206
8.4.3 网络存储技术 208
8.4.4 云存储技术 210
技能实训 211
本章小结 213
复习思考题 213
阅读推荐与网络链接 214
第 9 章 多媒体应用系统开发 215
9.1 多媒体应用系统 215
9.1.1 多媒体应用系统 216
9.1.2 多媒体应用系统开发流程 216
9.1.3 多媒体应用系统项目成员 218
9.2 超文本与超媒体 219
9.3 多媒体创作工具 221
9.4 多媒体演示系统设计 224
9.5 多媒体演示文稿的背景 227
9.5.1 演示文稿背景选择 227
9.5.2 演示文稿背景添加 227
9.5.3 演示文稿母版背景 229
9.6 多媒体对象的添加 230
9.6.1 文本的添加 230
9.6.2 图片的添加 231
9.6.3 音频的添加 234
9.6.4 视频的添加 235
9.6.5 3D 模型的添加 236
9.7 演示文稿动画的设计 237
9.7.1 自定义动画的种类 237
9.7.2 动画和效果的管理 239
9.7.3 幻灯片切换动画 240
9.8 演讲文稿的交互设计 240
9.8.1 动作按钮 240
9.8.2 超链接 241
9.8.3 动作设置 242
9.8.4 触发器 243
9.9 演示文稿发布打包 244
技能实训 245
本章小结 246
复习思考题 247
阅读推荐与网络链接 248

第 1 章　多媒体技术概论

学习要点

- 了解多媒体技术的发展历程。
- 掌握多媒体对象的优势与不足。
- 了解多媒体技术的种类。
- 了解多媒体技术的应用领域。
- 掌握多媒体作品的创作流程。

核心概念

多媒体技术　多媒体对象　制作工具　应用领域　创作流程

1981 年，IBM 公司推出世界上第一台个人电脑 IBM5150，IBM5150 的出现标志着 PC 时代的来临。这台电脑的界面主要是由一些符号组成，只有 16KB 的内存，配备 5.25 英寸的软盘驱动器，使用盒式录音磁带来下载和存储数据，可见，当时还没有真正出现多媒体技术。1984 年，美国 Apple(苹果)公司首创计算机处理图像，使用 BMP(位图)描述图像，实现了图像的简单处理，这台电脑的操作系统首次采用了图形用户界面，标志着多媒体技术的来临。2007 年，美国 Apple(苹果)公司研发出第一代 iPhone 智能手机系列，多媒体技术终端由 PC 端普及到移动端，随后 iPad 等平板电脑应用，多媒体技术得到全面发展。当前，随着自媒体时代的来临，抖音、微博、微信等社交媒体的应用，媒介资源的获取、处理、集成等技术受到人们的高度重视，计算机多媒体技术不仅包括面向 PC 的专业媒体技术，也包括面向智能终端的大众媒体技术，多媒体技术正在成为人们日常生活的一项生存技能。

1.1　多媒体技术的发展

多媒体技术的发展

1.1.1　多媒体技术的出现

1981 年 8 月 12 日，IBM 公司推出世界上首台个人电脑 IBM5150。IBM5150 型电脑重约 11.34kg，键盘重约 2.7kg，配置了 4.77MHz 的 Intel8088 微处理器(16 位)和 16KB 的内存，使用盒式录音磁带下载和存储数据，配备了 5.25 英寸的软盘驱动器，安装了微软公司的磁盘操作系统 X86-DOS 以及电子表格软件 Visicale 和文本输入软件 Easywriter。这台电脑的屏幕主要是由一些符号组成，当时还没有真正出现多媒体技术。

1984 年，美国 Apple(苹果)公司首创计算机处理图像，使用位图描述图像，实现了图像简单处理。苹果电脑的操作系统首次采用了图形用户界面，这标志着多媒体技术的出现。1994 年，Windows 3.2 中文版本发布，Windows 3.2 操作系统中出现了视窗界面，多媒体技术开始在 Windows 电脑中得到应用。当时的存储介质是 4.5 英寸、1.44MB 软盘。软盘风行 20 年，成为存储的代名词。1.44MB 软盘只能存储少量图片，存储设备成了多媒体技术传播的瓶颈。

1.1.2　多媒体技术的普及

1985 年，激光只读存储器 CD-ROM 问世。1986 年，荷兰 Philips(飞利浦)公司和日本 Sony(索尼)公司共同研制出激光光盘。激光光盘的出现对多媒体作品的传播起到了决定性的推动作用。一张激光光盘具有 650～700MB 的存储空间，相对于 1.44MB 的软盘来说，其大容量存储让高质量多媒体作品的快速传播成为可能，多媒体作品不再局限于电脑本机的制作播放。在之后的 20 多年时间内，激光光盘一直是多媒体作品商业化的最主要载体形式。

在软件系统方面，Windows 95 和 Windows XP 的出现推动了多媒体制作工具的快速发展。Windows XP 是微软公司于 2001 年推出的操作系统，至今仍有将近 3 亿人使用。随着 Windows XP 的风靡，Authorware、Director、Toolbook、Photoshop、Cooledit、Premiere、Flash、3ds Max 等多媒体制作工具开始盛行，图像、声音、视频、动画以及各类多媒体作品逐渐走进了人们的生活，多媒体作品开始盛行。当时的多媒体技术主要有以下几个特征。

(1) 单机开发。多媒体作品主要使用个人计算机完成。

(2) 本地使用。多媒体作品在本地使用，在电脑桌面里播放。

(3) 专业性强。当时的多媒体作品主要集中在团队开发，由专业人士制作。

1.1.3　多媒体技术的风靡

由于 CD-ROM 无法像软盘一样反复存储，一张光盘只能刻录一次，这让光盘的制作成本一直居高不下。随着大容量 U 盘、移动硬盘、SD 卡等移动存储设备的出现，弥补了多媒体光盘不能重复使用的不足。移动存储逐渐取代了软盘和光盘，多媒体作品的传播变得更加快捷方便。

在软件系统方面，Windows 操作系统持续更新，Windows 7 和 Windows 8 先后出现。媒体制作工具优胜劣汰，Authorware、Director、Toolbook 等多媒体创作工具逐渐细化为特定领域，开始被 PowerPoint、Flash、Dreamweaver 所取代。Photoshop、Audition、Premiere、会声会影、Flash、3ds Max 等媒体制作软件应用越来越广泛，版本更新频繁，功能日新月异，它们成了多媒体技术的典型代表。

在硬件终端方面，数码产品的广泛应用，极大地丰富了人们对媒介资源的获取途径。数码产品成为人们获取图像、声音、视频的主要手段。随着数码相机和智能手机的性能质

量的提升，高像素水平的图像以及高清视频影像满足了人们对媒介质量的要求。特别是智能手机的快速发展，让图像、声音、视频的获取与制作变得随时随地、无处不在，多媒体技术开始风靡。

1.1.4　多媒体技术的展望

2015 年，微软公司发布了基于云技术的 Windows 10 操作系统和 Office 2016 触屏版。Windows 10 操作系统是微软发布的最后一个独立的 Windows 版本，它是智能手机、PC、平板电脑、Xbox One、物联网和其他各种办公设备的心脏，为各种设备之间提供无缝接轨的操作体验。随着 5G 时代的来临，媒介的传播技术将得到创新式颠覆。物联网技术和云存储技术将使数据存储呈现全面数字化，用户无须随身携带存储设备，只需借助一个终端，即可实现数据的传播与共享。

多媒体技术将呈现以下特征。

1. 数据存储数字化

云端分享传播取代移动存储设备，用户可以调用云平台中的工具软件进行媒体制作，通过云平台进行分享，使用 PC、平板、手机等多种终端形态进行观看。

2. 终端工具多样化

PC 不再是多媒体制作和播放的独享工具平台，笔记本电脑、平板电脑、智能手机以及各类移动终端将逐渐成为多媒体技术制作与传播的主流工具。

3. 操控模式触控化

“鼠标”逐渐让位“触屏”，信息技术的发展促进了人们的思维方式和媒体制作方式的变革，随着笔记本电脑、平板电脑、智能手机、各类移动终端的普及应用，“手指”将逐步取代“鼠标”成为消费领域内多媒体制作的主要形式。

1.2　认识多媒体对象

认识多媒体对象

1.2.1　多媒体的概念

1. 媒体

“媒体”译于 Medium 一词，意为“介质”“中介”等意思。媒体可以理解为人与人之间沟通和交流的中介物，它代表着直接作用于人感官的文字、图形、图像、动画、声音和影像等介质。媒体包括两重含义：①指存储信息的实体，如磁盘、光盘、磁带、半导体存储器等；②指传递信息的载体，如数字、文字、声音、图形等。

媒体作为承载或传递信息的载体，它包括多种形式，如报纸、书籍、杂志、广播、电影、电视等均是媒体。在不同领域中，同样的信息内容采用的媒体形式是不同的，书刊领域采用的媒体形式是文字、表格和图片；绘画领域采用的媒体形式是图形、文字和色彩；摄影领域采用的媒体形式是静止图像和色彩；电影、电视领域采用的媒体形式是图像、运动图像、声音和色彩。在计算机领域中，媒体的承载形式是数据，文本、图形、图像、声音、动画、视频均能以数据的形式进行呈现。

2. 多媒体

“多媒体”一词源自Multimedia，它由Multiple和Media两部分组成， Multiple表示多重的，Media 表示媒体媒介。从广义的角度看，多媒体是由单媒体复合而成，文字、图形、图像、动画、声音和影像等综合在一起统称为多媒体。从狭义的角度看，多媒体指组合两种或两种以上媒体的一种人机交互式信息交流和传播媒体，包括文字、图片、照片、声音、动画和影片，以及程式所提供的互动功能[①]。

1.2.2 多媒体技术的特征

多媒体技术是指通过计算机对文字、数据、图形、图像、动画、声音等多种媒体信息进行综合处理和管理，让用户通过多种感官与计算机进行实时信息交互的技术，也被称为计算机多媒体技术[②]。计算机多媒体技术的实质是利用计算机对文本、图形、图像、声音、动画、视频等多种信息进行综合处理、建立逻辑关系和人机交互作用的技术。

多媒体技术主要具有以下特征。

1. 集成性

多媒体技术的集成性是指把单一的、零散的媒体有效地集成在一起，即信息载体的集成。多媒体技术利用计算机硬件系统和软件系统把文本、图片、声音、视频、动画等集中在一起，实现一体化，即媒体种类的一体化。

2. 交互性

多媒体的交互性是指多媒体的对象可以通过超文本或者超媒体技术实现人机交互。交互性为用户提供更加有效的控制、快捷的链接以及多样化的信息手段，也为多媒体技术的应用开辟了更为广阔的空间。交互性增强了用户对信息的理解和关注，同时延长了信息的保留时间，便于用户获得更多的信息。用户借助高级的交互活动参与信息的组织，控制信息的传播，可以让用户学习分享感兴趣的内容并获得全新的感受。

3. 数字化

多媒体的数字化是指所有的信息都是以数字化的形式进行存储传播的，即媒体是以数字形式存在的。文本、图形、图像、声音、视频、动画等媒体在计算机中都是以二进制数据的形式存在。由于数字化存储，因此利用计算机的数字转换和压缩技术，能够实现实时处理和存储媒介信息，方便信息的查找，提高资源存储的可靠性、编辑的速度和作品质量。

---

① 科普中国.多媒体[DB/OL]. https://baike.baidu.com/item/%E5%A4%9A%E5%AA%92%E4%BD%93.[2016-6-27].

② 科普中国. 多媒体技术[DB/OL]. https://baike.baidu.com/item/%E5%A4%9A%E5%AA%92%E4%BD%93%E6%8A%80%E6%9C%AF/143527?fr=aladdin.[2016-6-27].

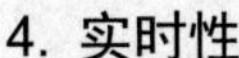

4. 实时性

实时性是指当用户给出操作命令时，能得到同步响应。多媒体的信息注重实时性。声音、视频、动画都是随着时间的变化而变化，即所见即所得。

1.2.3　多媒体对象的种类

多媒体对象是指媒体的构成元素，媒体元素是指多媒体应用中可显示给用户的媒体组成，目前主要包括文本、图形、静态图像、音频、动画、视频等。

1. 文本

文本泛指各种文字和符号，包括字体、字号、格式和色彩。文本是最基本的交互元素，在多媒体作品中标题、按钮标签、字幕等与作品相关的解释、说明、反馈等信息都需要用文本来表示。文本是多媒体作品中必不可少的要素。

文本的优势：它能够准确地传达信息。在多媒体作品中，文字能够描述复杂的信息，提高用户的操作效率。

文本的不足：它的形象比较抽象，需要用户耗费较长的认知时间。它不能够把信息一目了然地呈现给用户，而且影响美观。为了增强多媒体作品的艺术性，在某些情况下标题等文本通常使用艺术字或图片形式的文字进行呈现。

2. 图形与静态图像

从某种角度上讲，计算机处理的图一般有两种模式：图形(Graphic)和静态图像(Still Image，以下简称为“图像”)。图形采用矢量技术，它一般指用计算机绘制的画面，如直线、圆、圆弧、矩形、任意曲线和图表等，它的基本元素是图元，也就是图形指令。图像采用位图技术，它的基本元素是像素，通常指手机、数码相机、扫描仪等设备获取的图像。

图形与图像的优势：图形图像以静止的形式为用户提供信息，方便用户长时间去观看；它们的呈现形式直观、形象、具体，方便用户快速理解图形图像呈现的内容；图像获取便捷，更加容易实现。

图形与图像的区别在于：图形显示则更具抽象性，它是由点、线、面等元素构成，更适用于模拟与分析；图像显示更加真实，适用于对现实物体的呈现。

图形与图像在技术层面上的不同点如下。

1)　数据的记录方式和产生方式不同

在计算机中，图形是经过计算机绘制而成的。矢量图形是由一组描述点、线、面的大小、形状、位置、维度、颜色等指令构成的，它通常是由专业的绘图程序软件生成的。图像是由现实生活中的影像经过光电转换生成的，它的基本元素是空间中的一个点，称为像素点。

2)　描述的精确度不同

图形的记录方式比较直接，图像记录的是像素点本身的坐标和颜色等描述性信息，这些数据信息要比图形数据更有效、更精确。图像数据一旦成形后，无论在何种终端设备上显示，都不能改变其精确度。

3) 处理操作不同

矢量图形在运算过程中可以分别控制处理图形中的各个图元，在屏幕上进行移动、旋转、放大、缩小、扭曲等操作不会失真。矢量图形的图元可以在屏幕上进行重叠，不会失去自身的特性。图像的像素点之间是独立的，不易对局部进行处理，图像放大后，部分像素点会丢失，出现“马赛克”现象。

4) 表现力不同

图形的线条圆滑，适用于表现变化的曲线以及简单的图案，它主要用于工程设计图、线型图画等。图像层次和色彩比较丰富，表现力强，适用于表现自然和比较细致的图。

3. 音频

音频即声音。音频属于过程性信息，它有利于渲染和解释画面，吸引用户的注意力，还可以补充视觉信息。在多媒体创作过程中音频主要采用音乐、音效和解说进行呈现。

(1) 音乐用于烘托气氛、创设情感、渲染主题，也叫作背景音乐。

(2) 音效用于提示对象给予的反馈信息，它能够引起用户对即将呈现内容的注意，强调一些特别重要的内容。例如，在多媒体作品呈现过程中鼠标经过按钮时，按钮会有一个反馈的声音，这个反馈声音会提示用户该按钮是一个可触发的按钮。此外，当用户出现误操作时，系统会提供音效反馈，提示用户进行了错误的操作。

(3) 解说也称为旁白，它主要起到引导画面信息、补充视觉信息不足的作用。它通过画外的人声对作品的具体内容、故事情节、人物心理加以叙述、抒情或议论。旁白可以传递更丰富的信息，表达特定的情感，启发观众思考。

4. 动画

动画是连续播放一系列图形的集合，它利用人们视觉暂留的特性，形成连续变化的影像效果。动画实质是多幅内容连续呈现的静态图形序列，对事物的运动、变化过程进行模拟。动画常用于模拟和分析事物发展过程以及内部规律等现象，如植物的细胞分裂、地球的自转、公转，原子与分子的构成等。

动画是由人工或计算机绘制的多帧画面序列在时间轴上连续播放所形成的一种动态视觉感受，主要包括二维动画和三维动画两种类型。

5. 视频

视频是连续播放的图像，以帧为基本单位，当多幅图像连续播放的速度达到 24 帧/s 时，在人眼中就会产生图像“动”起来的效果，它主要是用来记录和还原事物真实发生的过程。它与动画不同的是：视频图像一般是对现实生活中所发生的事件进行记录，而动画通常指人工创造出来的连续图形所组合成的动态影像。

1.3 常见多媒体技术

常见多媒体技术

多媒体技术是继印刷术、无线电、电视和计算机技术之后的又一次新技术革命。常见的多媒体技术主要包括多媒体处理技术和多媒体集成技术两类。

1.3.1　多媒体处理技术

1. 文本处理技术

文本处理技术包括两个层面：①使用常见的文字处理软件进行文字编辑，主要有记事本、Word、WPS 等处理软件。记事本常用于处理少量的文本，不能对文字处理格式排版。Word 和 WPS 常用于大量文本的编辑，能对文字进行颜色、段落排版等处理，形成一个独立的作品。②特定格式的文字处理，主要有 PDF 格式文本和 CAJ 格式文本。

PDF 格式是由 Adobe 公司所开发的独特的跨平台文件格式。PDF 的优点是能够忠实地再现原稿的每一个字符、颜色以及图像，它被广泛地应用到 PC、网络和各类智能终端中。PDF 的缺点是无法使用 Word 等软件进行查看编辑，在默认的情况下，如果电脑中没有播放软件，则不能查看阅览。在电脑中需要安装 PDF 阅读器进行播放，如 Adobe Reader，需要使用 Adobe Acrobat 进行编辑。虽然 Word 无法编辑 PDF 文件，但在 Office 2007 以后的版本，能够将 Word、Excel、PPT 等文件直接存储为 PDF 文件。

CAJ(China Academic Journals)为中国学术期刊全文数据库英文缩写，它是中国学术期刊全文数据库中文件的一种格式。中国学术期刊全文数据库是目前世界上最大的连续动态更新的中国期刊全文数据库。CAJ 全文浏览器(CAJViewer)是中国期刊网的专用全文格式阅读器，它是光盘国家工程研究中心、清华同方知网(北京)技术有限公司的系列产品，它支持中国期刊网的 CAJ、NH、KDH 和 PDF 格式文件。它在线阅读中国期刊网的原文，也支持阅读下载中国期刊网全文。

2. 图像处理技术

数字图像处理的任务是将客观世界的景象进行获取并转化为数字图像，将一幅图像转化为另一幅具有新意义的图像。数字图像处理的主要研究内容有图像数字化、图像增强、图像变换、图像编码和压缩以及图像重建、识别等方面。图像处理技术包括图像浏览、管理、处理技术等，主要有 ACDSee 看图软件、Picasa 图像管理软件、光影魔术手、美图秀秀、Photoshop 等处理软件。Photoshop 是 Adobe 公司出品的平面制作与图像处理软件，也是现今最流行的平面制作与图像处理软件，它广泛应用于图像处理、平面广告设计、网页制作、多媒体软件制作、装潢设计、装帧设计等领域，是平面设计软件中的典型代表。

3. 音频处理技术

音频处理技术包括声音的录制、剪辑、合成等技术，主要有 Adobe Audition、Wave Lab、Sound Forge、Gold Wave 等处理软件。Adobe Audition 的应用最普遍，它是集录音、混音、编辑和控制于一身的音频处理工具软件。其功能强大，控制灵活，可以用来录制、混合、编辑和控制数字音频文件，也可以轻松地创建音乐、制作广播短片、恢复音频缺陷。通过与 Adobe 公司的视频处理程序相整合，它能将音频和视频内容结合在一起，获得实时的专业级效果。Adobe Audition 能记录来自 CD、线路输入、传声器等的音源，可以对声音进行降噪、扩音等处理，还可以添加淡入淡出、3D 回响等特效。理论上，它可以添加无限多的音轨数量，全新强大的低延迟混合引擎大大缩短了录制和混音的时间，还可以在 AIF、MP3、RAW、WAV 等文件格式之间进行转换。在编辑模式中，除了显示传统的波形外，它还可以显示频谱、声谱和相位谱，在不同的显示方式中提供不同的工具对音频进行精细的分析和加工。

4. 视频处理技术

视频处理技术包括视频的采集、编辑、合成等技术，主要有 Adobe Premiere，会声会影、Sony Vegas、iMovie、Movie Maker 等视频处理软件。

会声会影面向非专业的制作人员，它是一款功能强大的视频编辑软件，无须专业的视频编辑知识，常用于剪辑、合并、制作视频，屏幕录制和光盘制作。它具有丰富多样的模板素材和精美的滤镜转场，可为各类应用场景进行设计，如电子相册、时尚写真、企业宣传、毕业纪念、婚礼婚庆等。它无须太多专业操作，即可获得专业的视频剪辑体验。

Sony Vegas 是一款高效率的专业视频编辑软件，常用于专业视频编辑、音频编辑和光盘制作。它拥有较多的创新创意工具，如先进的运动跟踪、视频稳定和动态故事板等，它支持 HDR 颜色、支持 4K UHD 高清画面、支持视频稳定，可以将摇晃的镜头变成流畅的专业品质视频。它支持 360 全景视频，可以无缝拼接双鱼眼文件，使用 360 控制预览文件，应用 360 过滤器，并提供完整的 360 视频，通过 360 视频为观众提供完全身临其境的体验。

iMovie 是面向苹果操作系统的视频处理软件。它制作简单，用户只需选择视频片段，然后增加字幕、音乐和特效即可。iMovie 剪辑支持 4K 视频，可制作出令人震撼的影院级影片。它具有专业水准的字幕、与众不同的特效、媲美影院效果的滤镜、简捷的配音配乐制作以及跨终端剪辑。用户可以在 iPhone 上剪辑一个项目，然后使用隔空投送传至 iPad 中剪辑，还可以将 iPad 上的项目传至 Mac，再充分利用 Mac 上更多的功能进行最终修饰，如色彩校正、绿屏效果和动态地图。

Adobe Premiere 是数字视频处理软件中的典型代表，它是由 Adobe 公司开发的一套功能强大的非线性编辑软件。Premiere 是视频编辑爱好者和专业人士必不可少的视频编辑工具，它可以提升用户的创作能力和创作自由度，是一款易学、高效、精确的视频剪辑软件。Premiere 提供了采集、剪辑、调色、美化音频、字幕添加、输出、DVD 刻录的一整套流程，并和其他 Adobe 软件高效集成，满足用户创建高质量视频节目的全部要求。

5. 动画处理技术

动画处理技术包括二维动画和三维动画的处理。二维动画处理的关键是动画生成处理。目前国际上比较流行的专业二维动画制作软件主要有 Animo、Animation Stand、Retas、Toonz 等，以及基于网页的二维动画 Flash 等。Flash 支持动画、声音以及交互功能，它具有强大的多媒体编辑能力，可以直接生成主页代码。三维动画的制作主要依靠动画制作软件来完成，典型的三维动画制作软件有 3ds Max 和 Maya。3ds Max 是由美国 Autodesk 公司推出的基于个人计算机的三维造型与动画制作软件，它是当今世界上销量最大的软件之一，为用户提供了三维建模、动画及渲染的解决方案。

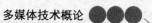

1.3.2　多媒体集成技术

1. 演示型多媒体集成工具

演示型多媒体集成工具主要用于制作课堂教学、会议报告、商业广告以及声光艺术作品等，它以展示、宣讲的形式向用户进行推送。PowerPoint 是 Microsoft 公司的办公软件 Office 的套件之一。自 Microsoft Office 问世以来，因其强大的功能、方便的操作步骤以及易学易用等特点，得到了用户的广泛认可。PowerPoint 是一款专门制作演示文稿的应用软件，它能够方便地制作出集文字、图形、图像、声音以及视频等多媒体元素于一体的演示文稿，它将用户需要表达的信息组织在一组图文并茂的画面中，方便用户观看和演示。一套完整的 PPT 文件一般包含：片头、动画、PPT 封面、前言、目录、过渡页、图表页、图片页、文字页、封底、片尾动画等。

2. 交互型多媒体集成工具

交互型多媒体集成工具主要用于学习系统以及电子出版物、游戏软件、过程模拟、仿真系统的开发。常见的交互型多媒体集成工具主要有 Authorware，它是 Macromedia 公司开发的一套多媒体创作工具。Authorware 是一个图标导向式的多媒体制作工具，它通过调用图标编辑流程图，替代传统计算机语言编程的设计思想，使非专业人员能够快速开发多媒体软件。Authorware 无须计算机语言编程，而是通过对图标的调用，编辑控制程序走向的活动流程图，将文字、图形、声音、动画、视频等各种多媒体项目数据汇在一起。Authorware 共提供了十多种系统图标和多种不同的交互方式，是交互功能较强的多媒体创作工具之一。

3. 网页型多媒体集成工具

Adobe Dreamweaver 是集网页制作和网站管理于一身的网页编辑器，它将可视化的布局工具、应用程序开发功能和代码编辑支持组合在一起，使得各个层次的开发人员和设计人员都能够快速地创建基于标准的网站和应用程序。它借助经过简化的智能编码引擎，轻松地创建、编码和管理动态网站。它使用视觉辅助功能减少错误并提高网站开发速度。它利用初始模板更快地启动并运行网站，通过自定义这些模板来构建 HTML 电子邮件、博客、电子商务页面、新闻稿和作品集。它可以构建自动调整以适应任何屏幕尺寸的响应式网站，实时预览网站并进行编辑，确保网页的外观和工作方式均符合用户的需求。

1.4　多媒体技术的应用领域和前景

多媒体技术的应用领域和前景

1.4.1　多媒体技术的应用领域

多媒体技术将音像技术、计算机技术和通信技术紧密地结合起来，为信息处理技术发展奠定了基础。多媒体技术主要应用在以下几个领域。

1. 教育与培训

多媒体教学能将教学内容直观形象地展示出来。在课堂教学过程中，教师使用多媒体课件进行教学。在网络教学过程中，学生使用微课视频和 MOOC 视频进行学习。在实验教学过程中，教师使用动画模拟事物发展的内在过程，使用视频真实再现无法现场操作的实验过程。此外，多媒体技术和虚拟仿真技术的结合，为各种复杂昂贵的实验设备创设虚拟实验情景，让学生在虚拟的环境下去操作各种设备，掌握实验设备所需要的基本技能，减少实验设备的无谓损耗。

2. 过程模拟领域

多媒体技术可以对生物形态进行模拟，如微观世界的原子、分子，种子发芽、开花、结果等运动过程，宏观世界的宇宙、太阳系、地球、海洋、气候等变化过程。多媒体技术模拟事物的发生过程，使无法用语言准确描述的变化过程变得形象具体，让人们能够形象地了解事物变化的基本原理和关键环节，建立必要的感性认识。

3. 商业广告

多媒体技术与我们离得最近的就是广告，如显示屏的广告、平面印刷的广告、公共招贴的广告，都是以图片的形式来为大家展示的。商业广告的丰富、绚丽色彩、多样的形态以及具有个性的创意让人们得到艺术上的享受。

4. 影视娱乐业

随着多媒体技术的日趋成熟，大量的计算机特效被应用到影视作品中，如电影的混编特技、仿真游戏以及 MTV 制作等，增加了影视作品的艺术效果和商业价值。多媒体技术在影视娱乐业中的主要应用还体现在视觉效果和听觉效果的制作、影视作品数字化与网络化上。

5. 旅游景点介绍

旅游是人们享受生活的一种重要方式，多媒体技术用于旅游业，充分体现了信息社会的特点。多媒体技术为旅游业带来了诸多明显的变化，从印刷品到数字化载体等诸多方面，宣传介质的革命在很大程度上强化了宣传效果，真实地反映了各个地方的风土人情、社会背景和语言文化等信息。

1.4.2 多媒体技术的应用前景

1. 虚拟现实技术

虚拟现实(Virtual Reality，VR)技术是多媒体技术的一个重要发展方向。虚拟现实技术是将计算机、传感器、图文声像等多种设置结合在一起，创造出一种虚拟的“真实世界”。一个典型的虚拟现实系统由计算机、头盔和数据手套组成，头盔上带有双目显示器，两个小显示器的图像略有不同，实现立体化的效果。虚拟现实技术是一种可以创建和体验沉浸感的计算机仿真系统，它利用计算机生成一种模拟环境，使用户沉浸其中。

2. 增强现实技术

增强现实(Augmented Reality，AR)技术是一种将真实世界信息和虚拟世界信息“无缝”集成的新技术，它能够实时地计算摄影机影像的位置及角度并加上相应图像的技术。增强现实技术包含了多媒体、三维建模、实时视频显示及控制、多传感器融合、实时跟踪及注册、场景融合等新技术。AR 技术具有对真实环境进行增强显示输出的特性，在医疗研究与解剖训练、精密仪器制造和维修、军用飞机导航、工程设计和远程机器人控制等领域，比 VR 技术具有更加明显的优势。

3. 信息可视化

信息可视化(Information Visualization)致力于以直观方式创建传达抽象信息的手段和方法，它将大量枯燥的数据以图形图像等直观的方式显示出来，使人们可以准确地发现隐藏在大量数据背后的规律，从而帮助人们更好地理解和分析这些数据。它主要包括信息图形、知识可视化、科学可视化以及视觉设计等方面。信息可视化与交互技术的结合，拓展了人类探索大数据的分析方法。

4. 智能多媒体技术

智能多媒体技术将人工智能与计算机多媒体技术进行结合。智能多媒体技术的研究领域十分广阔，从图形、图像、语言、文字的识别到自然语言的理解，从自动程序设计、自动定理证明到数据库的自动检索，从计算机视觉到智能机器人等，人工智能和多媒体计算机技术的有机结合是多媒体技术未来发展的方向之一。

1.5　多媒体作品的创作流程

多媒体作品的
创作流程

1.5.1　多媒体作品的意义

1. 满足人类获取信息的规律

人们获取的信息 83%来自视觉，11%来自听觉，两者之和为 94%。还有 3.5%来自嗅觉，1.5%来自触觉，1%来自味觉。多媒体技术既能看得见，又能听得见，还能用手操作。通过多种感官刺激，获取信息，优于单一媒介的推送形式。

2. 满足持久记忆的需要

人类通过五官来获取各种各样的信息。如果只使用听觉，三个小时以后剩下的信息为 60%，三天之后还有剩下 15%。如果只使用视觉，三个小时以后剩下 70%，三天之后剩下 40%。如果视听并用，三个小时剩下 90%，三天之后剩下 75%。从人类记忆信息的角度来看，多媒体技术应用可以更好地帮助人们记住各种各样的信息。

此外，从持久记忆的角度看，人们一般能记住自己阅读内容的 10%，自己听到内容的 20%，自己看到内容的 30%，自己听到和看到内容的 50%，在交流过程中自己所说内容的 70%。这意味着如果既能听到又能看到，再用自己的语言表达出来，信息的保持率将得到大幅提升。

1.5.2 多媒体作品的特点

多媒体作品是多媒体技术实际应用的产物，多媒体作品使用超文本(媒体)技术对媒介信息进行有效组织和管理。超文本(媒体)技术将包含不同媒体信息的内容组成一个有机整体。

多媒体作品的主要特点如下。

1. 多元化信息

多媒体产品能提供图、文、音、像等信息，使得媒介信息多元化。

2. 综合多种感官

多媒体产品能够调动视听觉感官，提升用户对产品的认知效果。

3. 友好人机交互控制模式

多媒体产品具备人机交互控制功能，用户可自行控制作品的运行进程。

1.5.3 多媒体作品的创作过程

1. 作品创意

创意设计是多媒体作品创作的内在灵魂，包括工具软件、内容选择、素材开发到交互设计等多个环节，多媒体作品的创意设计主要体现在以下几个方面。

(1) 确定作品的开发平台软件。根据作品的用途，选择合适的制作工具，如演示类可选择 PowerPoint，交互类可选择 Flash 或 Authorware，网页类可选择 Dreamweaver 等。

(2) 媒介内容的选择。根据每个多媒体对象的优势与不足，利用媒介的优化组合原则，选择媒介内容的呈现形式。

(3) 人机交互界面的设计。按照知识可视化和扁平化的设计原则，确定媒介信息的界面布局，确定按钮或菜单的设置，确定交互的实现形式。

2. 素材加工与媒体制作

各种媒体素材的收集和处理主要包括以下几个方面①。

(1) 文字资料的收集，并生成相应的文本文件。

(2) 音乐与音效的收集与剪辑，旁白或解说的录制与处理。

(3) 用摄像机和照相机采集图像和视频，并输入到计算机中。

(4) 用动画软件或多媒体制作工具制作动画。

(5) 用视频制作软件编辑视频文件。

---

① 赵子江. 多媒体技术应用教程[M]. 6 版. 北京：机械工业出版社，2008.

3. 集成制作

利用多媒体创作工具编辑程序、组织编排多媒体数据，进行多媒体作品的“屏幕设计”和“交互设计”，初步形成多媒体作品。

4. 测试、修改和发行

对作品进行调试，对各项功能进行测试，形成一个完整的多媒体产品。

1.5.4　多媒体作品的标准与制作能力

1. 多媒体作品的标准

多媒体作品应具备一定的创意设计。将多媒体各要素进行优势互补，图片适用于静态展示，动画善于模拟，声音善于烘托气氛，视频善于对真实情境的还原，各种手段优化组合，能够达到更好的展示效果。

(1) 产品呈现内容科学化。媒介信息符合科学规律，阐述准确，概念清晰。

(2) 表现手段多样化。媒介信息的显示富有变化，不同媒体间的关系协调。

(3) 风格个性化。产品不落俗套，具有强烈的个性。

(4) 产品趋向合理化。程序运行速度快、可靠，界面设计合理，操作简便舒适。

2. 多媒体作品的制作能力

1)　计算机专业能力

计算机专业能力主要包括素材的处理，比如文本、图片、声音、视频、动画等素材的处理技术，程序的编制能力，人机交互的实现能力与素材集成能力。

2)　相关领域的专门技能

多媒体作品创作涉及平面设计、美学与音乐、用户心理学、内容写作等多个方面。多媒体作品的封面应具备一定的艺术性，制作者需掌握一定的平面设计知识。多媒体作品应能给观众一种赏心悦目的感受，制作者需要具有一定的美学知识和音乐基础。多媒体作品应符合用户的使用习惯，制作者需了解一定的用户心理学。

计算机多媒体技术既是一门技术，也是一门艺术，随着计算机多媒体技术的发展，相关的软件功能越来越智能，艺术设计和创意变得更加重要，将技术与艺术进行结合，有助于制作出优秀的多媒体作品。

本章系统地阐述了多媒体技术的发展、多媒体对象的种类与特征、常见的多媒体技术、多媒体技术的应用领域和创作流程，本章的学习让您具备如下能力。

(1) 对常见的多媒体技术具有清晰的认知。

(2) 能根据实际需要准确选择多媒体对象。

(3) 能根据实际需要准确选择多媒体制作工具。

复习思考题

一、基本概念

媒体　多媒体　图形　图像　音频　视频　动画　多媒体技术　多媒体对象　制作工具　应用领域　创作流程

二、多选题

多媒体计算机中的媒体信息是指（　　）。

A. 数字、文字　　B. 音乐、语音、音效　　C. 图形、图形

D. 动画　　E. 视频

三、简答题

1. 什么是多媒体技术？其主要特性是什么？
2. 多媒体对象有哪些？各有什么特点？
3. 制作多媒体的过程有哪些环节？
4. 多媒体技术的应用领域有哪些？
5. 多媒体创意设计有什么作用？
6. 请列出你所知道的常用多媒体制作软件及用途。

阅读推荐与网络链接

[1] 赵子江. 多媒体技术应用教程[M]. 6 版. 北京：机械工业出版社，2008.

[2] 林福宗. 多媒体技术基础[M]. 4 版. 北京：清华大学出版社，2017.

[3] 鄂大伟. 多媒体技术基础与应用[M]. 4 版. 北京：高等教育出版社，2016.

[4] 汪红兵. 多媒体技术基础及应用[M]. 北京：清华大学出版社，2017.

[5] 多媒体论坛：https://bbs.csdn.net.

[6] 中国科研技术研修网：https://www.sogou.com.

[7] 科研与技术开发：http://www.china.com.cn.

第 1 章　多媒体技术概论.pptx

第 1 章　多媒体技术概论知识点纲要.docx

第 1 章　习题答案.docx

第 2 章　多媒体计算机系统

学习要点

- 了解和掌握多媒体个人计算机的定义、标准以及多媒体系统的组成。
- 重点掌握多媒体存储设备的硬件指标及使用方法。
- 掌握图像信息输入输出设备的使用。
- 掌握视频、音频基本设备的使用。

核心概念

MPC　I/O 设备　CCD 光学变焦　数码变焦　光学分辨率　插值分辨率

MPC 标准由“多媒体 PC 营销委员会”设定和命名，该委员会是软件出版商协会(SPA，现为软件和信息产业协会)的工作组。MPC 包括微软、Creative Labs、戴尔、Gateway 和富士通等公司开发的多媒体计算机。任何具有所需标准的 PC 都可以通过许可使用 SPA 中的徽标。CD-ROM 驱动器于 1990 年上市，它难以简明地向消费者传达使用“多媒体软件”的所有硬件要求，而 MPC 标准简明扼要，因此购买硬件或软件的消费者可以简单地寻找 MPC 标识并确保兼容性。由于不同品牌下销售的 PC 数量众多，指定最低或推荐的 Windows 版本和功能对消费者而言往往比 MPC 术语更清晰。

2.1　多媒体个人计算机系统

多媒体个人计算机系统

在多媒体计算机产生之前，传统计算机或个人计算机处理的信息通常局限于文字和图形，由于人机交互是通过键盘和显示器来实现，信息交流方式缺乏多样性。为了改善人机交互的界面，让计算机能够采集声音、文本、图片和图像等信息，计算机开始具备多媒体处理能力。多媒体个人计算机(MPC)的硬件结构与普通个人计算机没有太大不同，只是增加了一些硬件和软件配置。普通用户要获得 MPC 的途径有两个：一是直接购买具有多媒体功能的电脑；二是对现有个人计算机进行升级，增加多媒体套件以形成 MPC 多媒体计算机。

2.1.1 MPC的定义

一般来说，多媒体个人计算机(MPC)的基本硬件结构可以概括为七个部分：强大而快速的CPU、管理和控制各种接口和设备的软件、具有一定容量的存储空间、高分辨率显示接口设备、音频处理接口设备、图像处理接口设备、存放大量数据的配置等①。这样的配置是最基本的MPC硬件基础，它们构成MPC的主机。除此以外，MPC能扩充的配置还可能包括以下几个方面。

1. 光盘驱动器

光盘驱动器包括可重写光盘驱动器(CD-R)、WORM光盘驱动器和CD-ROM驱动器。其中，CD-ROM驱动器价格便宜，保存有图形、动画、图像、声音、文本、数字音频程序等资源，早已广泛使用，CD-ROM驱动器是计算机的标准配置。而可重写光盘、WORM光盘价格较贵，目前还没有普及。另外，DVD的存储量更大，双面可达17GB，现在也成为PC的标准配置之一。

2. 音频卡

音频卡用于连接音频输入和输出设备，如话筒、音频播放设备、MIDI合成器、耳机、扬声器等。支持数字音频处理是多媒体计算机的重要功能，音频卡具有A/D和D/A音频信号的转换功能，可以合成音乐、混合多种声源，还可以外接MIDI电子音乐设备。

3. 图形加速卡

图文并茂的多媒体表现需要高分辨率且色彩丰富的显示卡支持，同时还要求具有Windows的显示驱动程序。具有图形用户接口GUI加速器的局部总线显示适配器，让Windows的显示速度大大加快。

4. 视频卡

视频卡可细分为视频捕捉卡、视频处理卡、视频播放卡以及TV编码器等专用卡，其功能是连接摄像机、VCR影碟机、TV等设备，以便获取、处理和表现各种动画和数字化视频媒体。

5. 扫描卡

扫描卡是用来连接各种图形扫描仪的，它是静态照片、文字、工程图等媒体的输入设备。

6. 打印机接口

打印机接口用来连接各种打印机，包括普通打印机、激光打印机、彩色打印机等。打印机是最常用的多媒体输出设备。

---

① 薛为民. 多媒体技术与应用[M]. 北京：中国铁道出版社，2007.

7. 交互控制接口

交互控制接口用来连接触摸屏、鼠标、激光笔等人机交互设备，这些设备便于用户对 MPC 的使用。

8. 网络接口

网络接口是 MPC 实现多媒体通信的重要扩充部件。随着计算机和通信技术相结合时代的来临，数据量庞大的多媒体信息需要专门的网络外部设备进行数据传送和接收。网络接口相接的设备包括视频电话机、传真机、LAN 和 BSDN 等。

2.1.2　MPC 的技术标准和主要特征

1. MPC 的技术标准

1)　MPC1.0

1990 年，微软制定了 MPC 标准，同时规定，凡是使用 MPC 这个标志，都必须符合这个标准。

2)　MPC2.0

1993 年，微软发布了 MPC2.0 标准，它能够运行更大、更复杂化的多媒体程序，而且速度很快。

3)　MPC3.0

1995 年，微软制定了 MPC3.0 标准。MPC1.0、MPC2.0 和 MPC3.0 的具体指标如表 2-1 所示。当时的 MPC 和普通的 PC 相比，其中的中央处理器、内存、外存和输入/输出端口都相同。不同的是 MPC3.0 增加了 CD-ROM 驱动器、数字音频子系统和数字视频子系统。

表 2-1　MPC 的主要标准

要　求	MPC1.0 标准 (1990 年)	MPC2.0 标准 (1993 年)	MPC3.0 标准 (1995 年)
CPU	80386SX/25 或更高	80386SX/25 或更高	Pentium75 或更高
内存	2MB 或更多	4M～8MB 或更多	8M～12MB 或更多
硬盘	30MB	160MB	540MB
CD-ROM	150KB/s	300KB/s	600KB/s
音频	8 位声卡	16 位声卡	16 位声卡，MIDI 播放
图形性能	640×480，16 色	640×480，64K 色	800×600，16M 色
MPEG-1	不支持	不支持	支持
操作系统	Windows_3.X	Windows_3.X	Windows_3.X/95

2. MPC 的主要特征

多媒体计算机的主要特征如下。

(1)　具有 CD-ROM/DVD-ROM 驱动器。

(2)　输入手段丰富。

(3) 输出种类多、质量高。

(4) 显示质量高。

(5) 具有丰富的软件资源。

2.1.3 多媒体硬件系统

多媒体技术是对多媒体信息进行交互处理以及大信息量的高度集成，它要求计算机能支持声音、图像、文本等各种信息和多任务的工作。声音信号在播放时保持连续，视频图像信号能按一定的时间要求呈现画面，并实现声、图、文的同步与实时传输。这些处理任务必须得到计算机硬件系统的支持。多媒体计算机系统的组成结构如表 2-2 所示。

表 2-2 多媒体计算机系统的组成结构

类 别	层 级	系 统
多媒体应用软件	第八层	软件系统
多媒体创作软件	第七层	
多媒体数据处理软件	第六层	
多媒体操作系统	第五层	
多媒体驱动软件	第四层	
多媒体输入/输出控制卡及接口	第三层	硬件系统
多媒体计算机硬件	第二层	
多媒体外围设备	第一层	

多媒体硬件系统是由计算机传统硬件设备、光盘存储器(CD-ROM)、音频输入输出和处理设备、视频输入输出和处理设备等选择性组合而成，如图 2-1 所示。

1) 声卡

声卡是处理和播放多媒体声音的关键部件，它插入主板扩展槽中，与主机相连。声卡上的输入输出接口可以与相应的输入输出设备相连。常见的输入设备包括麦克风、收音机和电子乐器等，常见的输出设备包括扬声器和音响设备等。声卡由声源获取声音，经模拟/数字转换或压缩后存入计算机中进行处理。声卡还可以对计算机处理后的声音数字化，经过解压缩和数字模拟转换，送至输出设备进行播放或录制。声卡支持语音、声响和音乐的录制或播放，同时它还提供 MIDI 接口，以便连接电子乐器。

2) 视频卡

视频卡要插入主板扩展槽中，与主机相连。卡上的输入/输出接口可以与摄像机、影碟机、录像机和电视机等设备相连。视频卡能够采集来自输入设备的视频信号，并完成由模拟量到数字量的转换、压缩，以数字化形式存入计算机中。随着摄像机存储设备的数字化，视频卡已经很少在多媒体硬件系统中使用了。

3) 光盘存储器

光盘存储器由 CD-ROM 驱动器和光盘片组成。光盘片是一种大容量的存储设备，可存储任何多媒体信息。CD-ROM 驱动器用来读取光盘片上的信息。随着计算机存储设备的

便携化和云端化，CD-ROM 驱动器的使用频率正在减少。

在多媒体系统中，计算机是基础性部件，如果没有计算机，多媒体就无法实现。由于多媒体系统是多种设备、多种媒体信息的综合，这就要求计算机具有高速的 CPU、大容量的内外存储器、高分辨率的显示器、宽带传输总线等。

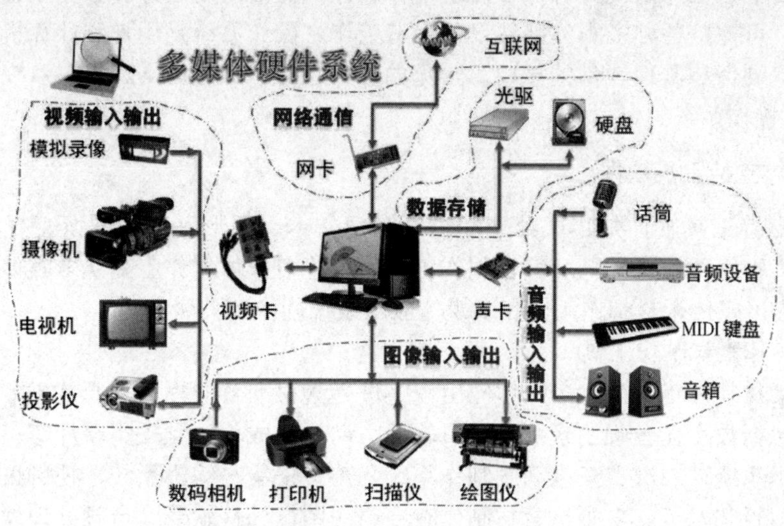

图 2-1　多媒体硬件系统组成

2.1.4　多媒体软件系统

多媒体软件系统包括多媒体设备驱动软件、多媒体操作系统、多媒体支持工具软件、多媒体应用软件四种类型，如图 2-2 所示。

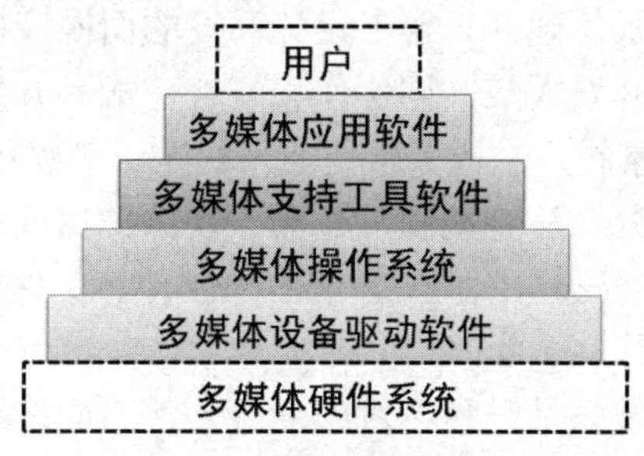

图 2-2　多媒体软件系统组成

1. 多媒体设备驱动软件

多媒体设备驱动软件是连接操作系统和多媒体硬件系统的桥梁，是用来驱动多媒体计算机的硬件系统。它是让计算机和硬件设备通信的特殊程序，相当于硬件的接口。操作系统只有通过这个接口，才能控制硬件设备的工作，假如某设备操作系统的驱动程序未能正确安装，便不能正常工作。

2. 多媒体操作系统

操作系统是多媒体系统的核心，它是管理和控制计算机硬件与软件资源的计算机程序，它是直接运行在“裸机”上最基本的系统软件，多媒体的各种软件都要运行于多媒体操作系统平台上。操作系统具有综合使用各种媒体、灵活调度多媒体数据进行信息传输和处理的能力，可控制各种多媒体硬件设备和谐工作。操作系统是用户和计算机的接口，同时也是计算机硬件和其他软件的接口。常见的操作系统有 Windows 操作系统、苹果 IOS 系统、Linux 操作系统等。

3. 多媒体支持工具软件

多媒体支持工具软件是集成处理和统一管理文本、图形、静态图像、视频图像、动画、声音等多种媒体信息的一套编辑制作工具，也称多媒体创作工具。多媒体创作工具按其功能可分为多媒体素材制作工具和多媒体应用系统创作工具两大类。

1) 多媒体素材制作工具

多媒体素材制作工具是为多媒体应用程序进行素材准备的程序，通常指多媒体数据的采集软件，包括数字化音频的录制、编辑软件、动画生成与视频采集软件等。常见的有图像设计与编辑系统，二维、三维动画制作系统，声音采集与编辑系统，视频采集与编辑系统以及数字剪辑艺术等。多媒体素材制作有专门的图像处理软件、音频处理软件、视频处理软件以及动画制作软件等。

2) 多媒体应用系统创作工具

多媒体创作工具和开发环境应用于编辑生成特定领域的多媒体应用软件，它是多媒体设计人员在多媒体操作系统上进行开发的软件工具。

4. 多媒体应用软件

多媒体应用软件是在多媒体硬件平台上设计开发的面向应用领域的软件系统，通常是由应用领域的专家和多媒体开发人员共同协作、配合完成。开发人员利用开发平台、创作工具制作和组织各种多媒体素材，生成多媒体应用程序。多媒体应用软件除了 Windows 系统所提供的多媒体应用软件外，还有动画、音频、视频的播放软件、光盘刻录软件等。它主要用于加工和处理各种数据媒体，如压缩/解压缩软件、文件格式转换程序、文件加密软件、语音转化文字软件等工具。

多媒体计算机软硬件系统只是一种相对的划分，在不同情况下，硬件和软件之间可以相互转换，在逻辑功能上具有等效性，而且多媒体应用软件的划分是相对的，某些多媒体应用软件既可以制作多媒体素材，也可以开发多媒体应用系统。

2.2 多媒体存储设备

多媒体存储设备

随着多媒体技术的广泛应用，媒介信息呈海量化发展，多媒体存储技术发展迅速，多媒体计算机的存储设备容量越来越大、存储速度越来越快、存储方式越来越多样化。

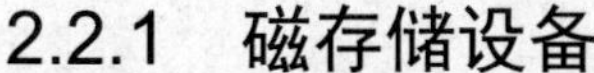

2.2.1　磁存储设备

磁存储设备使用磁存储原理存储数据。磁存储原理是指磁存储设备表面的磁性材料具有两种不同的磁化状态，分别用二进制信息的 0 和 1 来表示，再利用磁电变换原理存储和读取数据。

磁存储设备是利用磁技术对数据进行读写。对应的存储介质为磁盘、磁带等。磁盘系统靠磁场来更改已储存的数据。磁盘系统通过磁头以感应的方式从磁盘中读写数据，磁头与高速旋转的磁盘必须保持一定的间隙，否则容易造成磁头碰撞磁盘，损坏数据。磁存储设备的存储密度高、易于读写，但气候环境、磁环境、人为因素都有可能破坏磁记录，导致数据丢失。

机械硬盘是电脑主要的存储媒介之一，它由一个或者多个铝制或者玻璃制的碟片组成，碟片外覆盖铁磁性材料。

常见的机械硬盘(HDD)的参数如下。

1. 容量

容量是硬盘最主要的参数，目前流行 1T～2TB 硬盘。

2. 转速

转速是硬盘内电机主轴的旋转速度，也是硬盘盘片在一分钟内所能完成的最大转数，一般有 4200rpm、5400rpm 和 7200rpm。转速是标示硬盘质量的重要参数之一，它是决定硬盘内部传输率的关键因素，在很大程度上直接影响着硬盘的速度。

3. 传输率

硬盘的数据传输率(Data Transfer Rate)是指硬盘读写数据的速度，单位为兆字节每秒(MB/s)。硬盘数据传输率包括内部数据传输率和外部数据传输率。外部数据传输率(External Transfer Rate)也称接口传输率，它是系统总线与硬盘缓冲区之间的数据传输率，外部数据传输率与硬盘接口类型和硬盘缓存的大小有关。目前硬盘的传输速度一般为 100MB/s。

4. 缓存

缓存是硬盘控制器上的一块内存芯片，具有极快的存取速度，它是硬盘内部存储和外界接口之间的缓冲器。缓存的大小与速度是影响硬盘传输速度的重要因素，它能够大幅度地提高硬盘整体性能。当硬盘存取零碎数据时，需要不断地在硬盘与内存之间交换数据，大缓存可以将零碎数据暂存在缓存中，减小系统的负荷，也可以提高数据的传输速度。目前，固定式硬盘的缓存一般在 16MB 以上，有的已经达到 64MB，移动硬盘的缓存在 8MB 以上。

在硬盘使用过程中，需注意以下事项。

(1)　防止硬盘在工作时突然关机。

(2)　防止温度过高。

(3) 防震。

(4) 防止在通电或使用时拔出硬盘。

(5) 防止运行时不弹出而直接插拔硬盘。

2.2.2 光存储设备

光存储设备由光盘和光盘驱动器两部分构成。光存储技术是采用激光照射介质，通过激光与介质的相互作用，导致介质性质发生变化，将信息存储下来的技术。读出信息是用激光扫描介质，识别出存储单元性质的变化。在实际操作中，通常是以二进制数据形式存储信息的。下面介绍几种光盘存储设备。

1. CD 光盘

CD 光盘的容量为 650MB/74min，采用 780nm 波长的红色激光读写，1988 年 Philips 和 Sony 共同制定并正式公布 ISO 9660 标准，如表 2-3 所示。

表 2-3 CD 光盘标准

标 准 名	别 名	使用范围
CD-DA	红皮书	适用于存储高保真音乐的激光唱盘
CD-ROM	黄皮书	可分别存储文本、声音等不同类型的数据
CD-R	橙皮书	包括写一次的 CD-R 与可多次重写的 CD-RW
VCD	白皮书	VCD 影碟，采用 MPEG-1 标准压缩，存储时长约 74min

2. DVD 光盘

DVD 光盘采用 650nm 波长的红色激光读写。

DVD 光盘常见规格如下。

(1) DVD-ROM：用于存储计算机数据，用途类似于 CD-ROM。

(2) DVD-Video：用于存储影像，用途类似于 VCD。

(3) DVD-Audio：用于存储音乐，用途类似于音乐 CD。

(4) DVD-R：只可写入一次的刻录光盘，用途类似于 CD-R。

(5) DVD-RW：可重复写入的刻录光盘，用途类似于 CD-RW。

DVD 光盘的优势如下。

(1) 容量大。

(2) 视频图像质量高。

(3) 能够产生五声道的高品质立体声。

(4) 兼容已有的多种格式光盘。

(5) 性能/价格比高。

3. 蓝光光盘

蓝光光盘(Blu-ray Disc，BD)是 DVD 之后的下一代光盘格式，用以存储高品质的影音以及高容量的数据存储。它采用波长 405nm 的蓝色激光光束进行读写操作，一个单层的蓝光光碟的容量为 25G～27GB，能够以高清标准容纳 4h 左右的影片。

4. 光驱

光驱是电脑用来读写光碟内容的设备，是多媒体计算机里比较常见的一个部件。光驱可分为 CD-ROM 驱动器、DVD-ROM 驱动器、BD-ROM 驱动器和刻录机。

2.2.3　闪存

闪存(Flash Memory)是一种采用电子芯片为存储介质的无须驱动器的存储器，主要包括闪存盘、闪存卡和固态硬盘。

1. 闪存盘

闪存盘基于 USB 接口、采用闪存芯片作为存储介质，是一种无须物理驱动器的微型高容量移动存储产品，闪存盘接口有 USB、IEEE1394、E-SATA 等，采用 USB 接口的闪存盘简称 U 盘。

2. 闪存卡

闪存卡是利用闪存技术存储电子信息的存储器，一般在数码相机、PAD、MP3 等小型数码产品中作为存储介质。

3. 固态硬盘

基于闪存的固态硬盘采用 Flash 芯片作为存储介质，外观可以被制作成多种模样。固态硬盘具有传统机械硬盘无法比拟的读写速度、重量轻、能耗低以及体积小等特点，是笔记本电脑硬盘的主要形式。但固态硬盘的价格高、容量小，当前，固态硬盘的容量还不能满足大数据存储空间的需要。

2.2.4　云存储设备

云存储就是将储存资源放到云端上供人存取的一种新型方案。使用者可以在任何时间、任何地方，通过任何可获取网络的终端存取数据。云存储可分为以下三类。

1. 公共云存储

公共云存储主要有亚马逊公司的 Simple Storage Service(S3)和 Nutanix 公司提供的存储服务，它们以低成本为用户提供大容量的文件存储。

2. 私有云存储

私有云存储服务中，每个客户的存储都是独立的，其中以 Dropbox 为代表的个人云存储服务是一款免费网络文件同步工具，是 Dropbox 公司运行的在线存储服务，通过云计算实现因特网上的文件同步，用户可以存储并共享文件和文件夹。国内比较常用的私有云存储工具主要有百度云盘、乐视云盘、移动彩云、金山快盘、坚果云、酷盘、115 网盘、华为网盘、360 云盘、新浪微盘、腾讯微云等，如图 2-3 所示。

图 2-3　私有云存储

3. 内部云存储

内部云存储和私有云存储比较类似，不同点是它仍然位于企业防火墙内部。至 2014 年可以提供内部云存储的平台有：Eucalyptus、3A Cloud、Mini Cloud 安全办公私有云、联想网盘等。

图像信息输入输出设备

2.3　图像信息输入输出设备

2.3.1　扫描仪

扫描仪(Scanner)是一种图像输入设备，利用光电转换原理，通过扫描仪光电管的移动或原稿的移动，把黑白或彩色的原稿信息数字化后输入到计算机中，它还用于文字识别、图像识别等新的领域。

1. 扫描仪的结构原理[①]

1)　结构

扫描仪由电荷耦合器件(Charge Coupled Device，CCD)阵列、光源及聚焦透镜组成，CCD 排成一行或一个阵列，阵列中的每个器件都能把光信号转变为电信号，光敏器件所产生的电量与所接收的光量成正比。

2)　信息数字化原理

以平面式扫描仪为例，把原件面朝下放在扫描仪的玻璃台上，扫描仪内发出光照射原件，反射光线经一组平面镜和透镜导向后，照射到 CCD 的光敏器件上。来自 CCD 的电量送到模数转换器中，将电压转换成代表每个像素色调或颜色的数字值，每移动一步，即获得一行像素值。扫描彩色图像时分别用红、绿、蓝色滤镜捕捉各自的灰度图像，然后把它们组合成 RGB 图像。

2. 扫描仪的分类

1)　按扫描方式分类

扫描仪按扫描方式分有四类：手动式扫描仪、平面式扫描仪、滚筒式扫描仪和胶片(幻灯片)式扫描仪。

(1)　手动式扫描仪。

手动进行扫描，一次扫描宽度仅为 105m，分辨率通常为 40dpi，小巧灵活，如图 2-4

① 胡晓峰. 多媒体技术教程[M]. 4 版. 北京：中国邮电出版社，2015.

所示。

(2) 平面式扫描仪。

平面式扫描仪是用线性 CCD 阵列作为光转换元件，单行排列，称为 CCD 扫描仪。CCD 是一种广泛用于扫描仪和摄像机的器件，由几千个感光元件构成，集成在一片 20～30mm 长的衬底上。CCD 扫描仪使用长条状光源投射原稿，原稿可以是反射原稿，也可以是透射原稿。这种扫描方式速度较快，原稿安装也方便，价格较低，它的外形像一台复印机，如图 2-5 所示。

图 2-4　手动式扫描仪

图 2-5　平面式扫描仪

(3) 滚筒式扫描仪。

滚筒式扫描仪使用圆柱形滚筒设计，把待扫描的原稿装贴在滚筒上，滚筒在光源和光电倍增管 PMT 的管状光接收器下面快速旋转，扫描做慢速横向移动，形成对原稿的螺旋式扫描，如图 2-6 所示。其优点是，可以完全覆盖所要扫描的文件。PMT 在暗区捕获到的色彩效果很好，灵敏度很高，不易受噪声影响。滚筒式的光学成像系统是固定的，原稿通过滚轴馈送扫描，因此使用这种扫描仪进行扫描时，对原稿的厚度、硬度及平整度均有限制。

(4) 胶片(幻灯片)式扫描仪。

胶片(幻灯片)式扫描仪主要用来扫描透明的胶片，如图 2-7 所示。有的扫描仪只使用 35mm 格式，而有的则最大可扫描(4×5)英寸的胶片。专用胶片扫描仪的工作方式较特别，光源和 CCD 阵列分居于胶片的两侧。这种扫描仪的电机驱动不是光源和 CCD 阵列，而是胶片本身，光源和 CCD 阵列在整个过程中是静止不动的。

图 2-6　滚筒式扫描仪及其图像数字处理过程

图 2-7　胶片(幻灯片)式扫描仪

2) 按扫描幅面分类

扫描幅面表示可扫描原稿的最大尺寸，最常见的为 A4 和 A3 幅面的台式扫描仪。此外，还有 A0 大幅面扫描仪。

3) 按扫描分辨率分类

扫描分辨率有 600dpi、1200dpi、4800dpi，甚至更高。

4) 按灰度与彩色分类

扫描仪分为灰度和彩色两种。对于黑白或彩色图像，用灰度扫描仪扫描只能获得黑白的灰度图像。灰度级表示图像的亮度层次范围，级数越多，图像亮度范围越大，层次越丰富。目前多数扫描仪为 256 级灰度。

5) 按反射式或透射式分类

扫描仪包括反射式扫描仪和透射式扫描仪。反射式扫描仪用于扫描不透明的原稿，它利用光源照在原稿上的反射光来获取图形信息。透射式扫描仪用于扫描透明胶片，如胶卷、X 光片等。

扫描仪的扫描原理：扫描仪将光电耦合器(CCD)作为光电转换元件，在扫描图像画面时，线性 CCD 将扫描图像分割成线状，每条线的宽度大约为 10μm。光源将光线照射到待扫描的图像原稿上，产生反射光(后透射光)，CCD 图像传感器根据反射光线强弱的不同转换成不同大小的电流，经 A/D 转换处理，将电信号转换成数字信号，即产生一行图像数据。随着 CCD 扫描装置在传动导轨上与图像做相对平行移动，图像画面被一条线一条线地扫入电脑中。反射式扫描仪和透射式扫描仪的扫描原理如图 2-8 和图 2-9 所示。

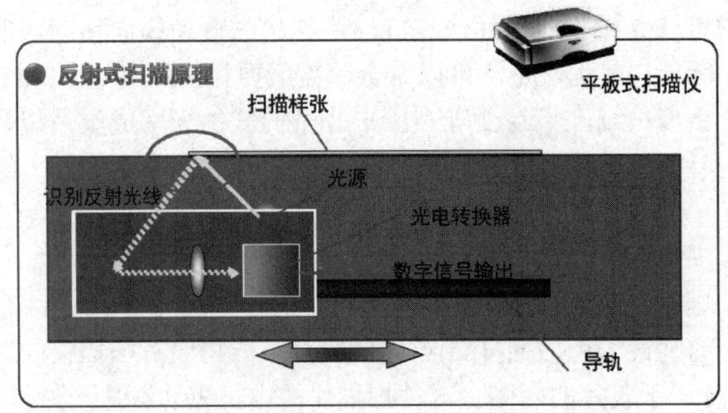

图 2-8 反射式扫描仪扫描原理

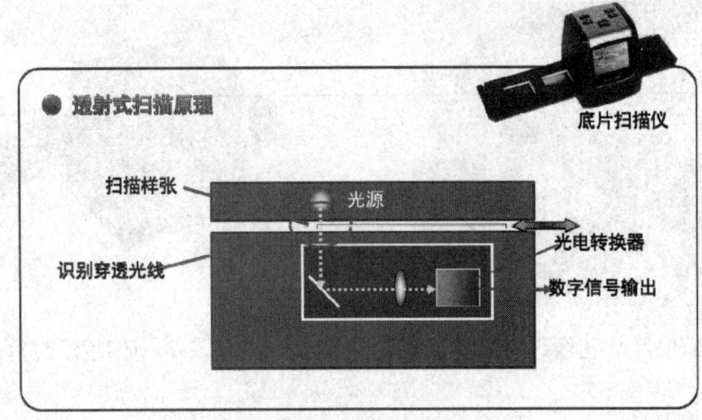

图 2-9 透射式扫描仪扫描原理

3. 扫描仪的技术指标

1)　扫描分辨率

分辨率是用每英寸能分辨的像素点来表示，以 dpi 为单位。输入分辨率的高低直接决定了扫描仪的精度，分辨率越高，采样图像的清晰度也越高。扫描仪的分辨率有 150dpi、200dpi、300dpi、400dpi、600dpi、1200dpi、4800dpi 等。对反射原稿，最高分辨率为 600～4800dpi 即可；对透射原稿，最高输入分辨度通常为 3000～5000dpi，有的甚至更高。

扫描分辨率分为光学分辨率和间插分辨率两种。选择扫描仪时，光学分辨率(采集到的图像细节数量)是首先要考虑的因素，光学分辨率取决于扫描头里的 CCD 数量。间插分辨率又称插值分辨率或逻辑分辨率，间插分辨率取决于扫描仪的硬件和软件，通过算法在两个像素之间插入另外的像素，间插分辨率高于光学分辨率。使用时，输入分辨率的设定取决于输出图像分辨率和缩放倍率。印刷时图形的放大倍数越大，扫描时所需的分辨率就越高，对半色调输出的推算公式如下。

扫描分辨率=输出网线数×2×倍率

以 CCD 为光电转换器件的平台式扫描仪，分辨率受 CCD 集成的制约。高分辨率大幅面地扫描输入，建议使用滚筒式扫描仪(以光电倍增器作为光电转换器件)。

2)　色彩精度

彩色扫描仪要对像素分色，把一个像素点分解为红(R)、绿(G)和蓝(B)三基色的组合。对每一基色的深浅程度也要用灰度级表示，称为色彩精度。高档扫描仪对每一基色可识别和表达 1024(10bit)级灰度，处理时取每色 8bit，能确保 1677 万种颜色再现，通常称为真彩色。

3)　扫描仪接口

扫描仪接口包括 SCSI、EPP、USB 等类型。SCSI(Small Computer System Interface，小型计算机系统接口)是扫描仪最早使用的接口标准。EPP(Enhanced Parallel Port，增强型并行接口)的安装方便，价格便宜。USB(Universal Serial Bus，通用串行总线)是即插即用的接口标准。

4)　扫描速度

图像扫描包括预览、采样、数据处理、传输、呈现等步骤，扫描速度的快慢受到系统硬件配置、分辨率设置和图像尺寸的影响，通常扫描灰度图像为 2～100ms/线，扫描彩色图像为 5～200ms/线。

5)　其他参数

此外，阶调、灰阶、鲜锐度、色彩再现能力等也是扫描仪常见的技术标准。

2.3.2　数码相机

数码相机英文全称 Digital Camera，简称 DC。数码相机是光学、机械、电子一体化的产品，它集成了影像信息的转换、存储和传输等部件。常见的数码相机有时尚型(卡片型)、高级家用型、家用变焦型、专业单反型等，如图 2-10 所示。

图 2-10　常见的数码相机类型

1. 数码相机的工作原理

数码相机中的镜头将光线聚到感光器件 CCD 上，CCD 代替的是传统相机中胶卷的位置，它的功能是将光信号转换为电信号。电子图像通过译码器进行模数处理，将数字信号进行压缩并转化为特定的图像格式，如 JPEG 格式。最后图像文件被存储在内置的存储介质中，如图 2-11 所示。

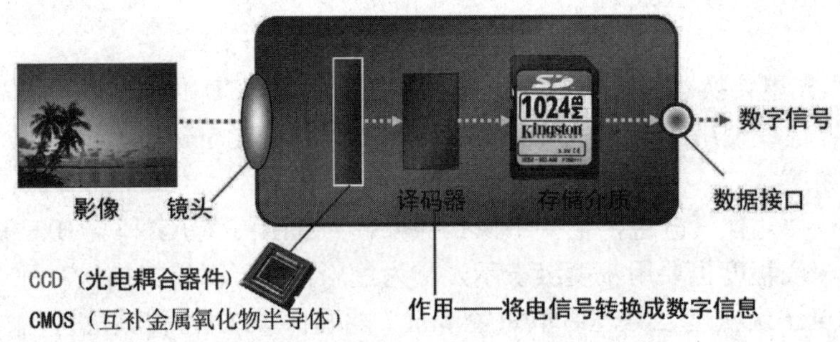

图 2-11　数码相机的工作原理

2. 数码相机的感光器件

传统相机使用“胶卷”作为记录信息的载体，而数码相机的“胶卷”就是感光器件，它是数码相机的心脏。感光器是数码相机的核心，也是其关键的技术。目前数码相机的核心成像部件有两种：一种是广泛使用的 CCD(光电耦合)元件；另一种是 CMOS(互补金属氧化物半导体)器件。

1)　光电耦合器件图像传感器

光电耦合器件图像传感器(Charge Coupled Device，CCD)是使用一种高感光度的半导体材质制成，将光线转变成电荷，通过模数转换器芯片转换成数字信号，数字信号经过压缩以后由相机内部的存储器保存下来，图像数据传输到计算机进行修改和处理。

2)　互补金属氧化物半导体

互补金属氧化物半导体(Complementary Metal-Oxide Semiconductor，CMOS)是利用硅和锗这两种元素制作的，它是共存着带 N(带-电)和 P(带+电)级的半导体材料，这两个互补效应所产生的电流可被处理芯片记录和解读成影像。CMOS 的缺点就是容易出现杂点。

3. 数码相机的主要性能参数

1)　CCD/CMOS 尺寸

CCD/CMOS 的尺寸表示感光器件的面积大小。感光器件的面积越大，即 CCD/CMOS

面积越大，捕获的光子越多，感光性能越好，信噪比越低。感光器件的大小直接影响数码相机的体积重量，薄轻的数码相机的 CCD/CMOS 尺寸较小，专业的数码相机的 CCD/CMOS 尺寸较大。当前消费级数码相机 CCD/CMOS 主要有 2/3 英寸、1/1.8 英寸、1/2.7 英寸、1/3.2 英寸四种类型。

2)　光学变焦与数码变焦

光学变焦(Optical Zoom)是依靠光学镜头结构调整实现的，即通过镜头、物体和焦点三方的位置发生变化产生。当成像面在水平方向运动的时候，视觉和焦距就会发生变化，远处的景物逐渐变得清晰。

数码变焦(Digital Zoom)是通过数码相机内的处理器，把图片内的每个像素面积增大，达到放大的目的。与光学变焦不同，数码变焦通过感光器件垂直方向上的变化，实现变焦效果。数码变焦如同用图像处理软件把图片的面积放大，把影像感应器上的一部分像素使用“插值”处理手段放大。数码变焦后，图像单位面积内的有效像素数反而减少，数码变焦后的图像质量不如光学变焦后的图像质量。

3)　最大像素和有效像素

最大像素(Maximum Pixels)是指经过插值运算后获得的图像像素数，插值运算通过设在数码相机内部的 DSP 芯片，在需要放大图像时用最临近法插值、线性数值等运算方法，在图像内添加图像放大后所需要增加的像素。插值运算后获得的图像质量不如感光成像的图像质量。

有效像素数(Effective Pixels)是指真正参与感光成像的像素值。最高像素的数值是感光器件的真实像素，这个数据通常包含了感光期间的非成像部分，有效像素是在镜头变焦倍率下所换算出来的值。以美能达的 Dimage7 为例，其 CCD 像素为 524 万(5.24Megapixel)，因为 CCD 有一部分并不参与成像，有效像素只为 490 万。因此，在选择数码相机时，应该注重看数码相机的有效像素是多少，有效像素的数值是决定图片质量的关键。

4)　存储介质

数码相机将图像信号转换为数据文件保存在磁介质设备上，存储记忆卡除了可以记载图像文件以外，还可以记载其他类型的文件，通过 USB 接口和计算机相连。当前，常见的存储介质有 CF 卡、SD 卡、MM 卡、SM 卡、记忆棒(Memory Stick)、XD 卡及小硬盘 Microdrive 等。

5)　接口类型

数码相机和计算机的连接有多种方式，常见的就是 USB 接口和 IEEE1394 接口。两者的传输速率不同，USB1.0 的传输速率约为 12Mbps/s，IEEE1394 的传输速率达 400Mbps/s。过去，人们多会选用 IEEE1394 传输文件，其流量比 USB1.0 版本快百倍。现在，USB3.0 的传输速率为 500MB/s，它已经满足数码相机的数据传输需要。

2.3.3　打印机

随着家用计算机拥有量的迅速增长，作为计算机最常用外部设备之一的打印机已经比较普及了。在办公自动化日益发展的今天，打印机更是现代化办公领域不可或缺的重要配套外设。

1. 打印机的分类[①]

从打印原理上来说，打印机大致分为针式打印机、喷墨打印机、激光打印机(包括黑白和彩色激光打印机)。

1) 针式打印机

针式打印机(Dot-matrix Printer)也称撞击式打印机，基本工作原理类似于用复写纸复写资料。针式打印机中的打印头是由多支金属撞针组成，撞针排列成一直行。当指定的撞针到达某个位置时，便会弹射出来，在色带上打击一下，让色素印在纸上作为其中一个色点，配合多个撞针的排列样式，在纸上打印出文字或图形。针式打印机的打印成本低，打印分辨率也较低，耗材便宜，操作简便，目前广泛应用于银行、税务、证券、邮电、航空、铁路和商业等领域。针式打印机如图 2-12 所示。

2) 喷墨打印机

喷墨打印机(Ink Jet Printer)使用大量的喷嘴，将墨点喷射到纸张上。由于喷嘴的数量较多，且墨点细小，打印的图片较为清晰。喷墨打印机具有结构简单、设备体积小、可靠性好、机身价格便宜、工作噪声小、彩色效果逼真等优点，常用于高品质彩色照片的打印，是目前家庭用户的首选打印机类型。喷墨打印机对纸张要求较高，一般要选用稍厚、有一定硬度的纸，太薄的纸在打印时，容易起皱，纸面不平整。喷墨打印机的耗材价格较高，喷嘴容易堵塞，造成打印品质下降，需要定期对喷嘴进行清洗。喷墨打印机如图 2-13 所示。

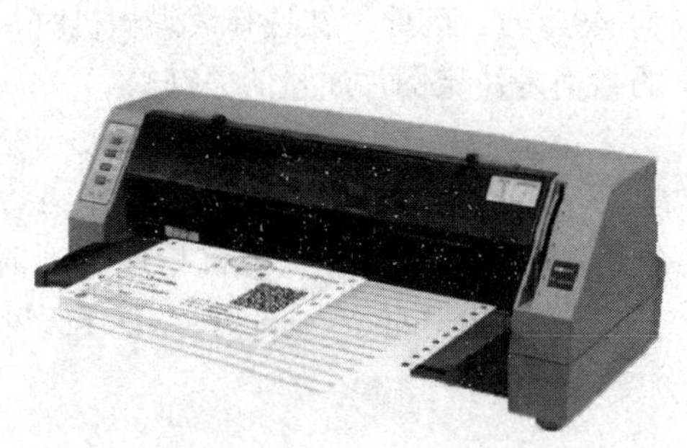

图 2-12 针式打印机

图 2-13 喷墨打印机

3) 激光打印机

激光打印机(Laser Printer)是利用碳粉成像的打印机。激光打印机工作原理是利用硒鼓来控制激光束的开启和关闭，当纸张在硒鼓之间卷动时，上下起伏的激光束照射在硒鼓中，产生带电荷图像区，硒鼓内部的碳粉受到电荷吸引，附着在纸上，形成文字或图形。由于碳粉属于固体，激光束不受环境的影响，可长时间保持高质量的印刷效果。激光打印机的优点是打印速度快、品质好、工作噪声小，它广泛应用于办公自动化(OA)和各种计算

① 赵子江. 多媒体技术应用教程[M]. 6 版. 北京：机械工业出版社，2017.

机辅助设计(CAD)领域。相对于喷墨打印机，激光打印机特别是彩色激光打印机的机身和耗材价格昂贵，当前使用较多的是黑白激光打印机，如图 2-14 所示。

图 2-14　激光打印机

2. 打印机的基本指标

衡量打印机质量的技术指标主要指分辨率、打印速度、噪声和打印接口。

1)　分辨率

打印质量是衡量打印机最重要的标准之一。衡量打印质量的主要标准是分辨率，单位是 dpi(代表每英寸能够打印多少点)。分辨率越高，代表在一定范围内的像素越多，图像打印质量越清晰。当前，主流产品分辨率为 600～1440dpi，最好的产品可以达到 2400dpi。由于文字自带矢量特性，打印后，具有较高的辨识度，因此，打印机高分辨率主要应用在图像打印方面。600～720dpi 的分辨率可以保证较为清晰的图文混排文件输出，1200dpi 分辨率可以打印出非常精美的图像。

2)　打印速度

打印速度是打印机每分钟输出的页数(ppm)。打印速度越快，打印机的质量越好。

3)　噪声

喷墨打印机的墨盒来回运动会发出声响，激光打印机的噪声是由于内部传动机构发出的声响。噪声越低，打印机质量越好。

4)　打印接口

早期，打印机采用增强型并行接口(Enhanced Parallel Port，EPP)，传输速率是 1MB/s。当前，打印机主流的接口是 USB(Universal Serial Bus)接口，最大传输速率为 12MB/s 或更高。

2.4　视频信息采集和播放设备

视频信息采集和播放设备

2.4.1　视频卡

1. 视频采集卡

视频采集卡的作用是将摄像机、录像机、LD 视盘机、电视机等设备输出的模拟视频信号输入到计算机，转换成计算机可辨别的数字数据，存储在计算机中，成为可编辑处理的数据文件。

2. 视频采集卡的原理

视频采集是将视频源的模拟信息通过处理转变成数字信息，并将数字信息存储在计算机硬盘上的过程。这种模拟数字转换是通过视频采集卡上的采集芯片进行的，在采集过程中，需要对数字信息进行一定形式的实时压缩处理。高端的采集卡依靠自带的处理芯片进行实时压缩数据处理；低端的采集卡不配备实时压缩功能的硬件卡，需要使用 CPU 进行软件压缩处理，但会降低计算机的运行速度和视频采集的质量。

3. 视频采集卡的分类

视频采集卡按照其用途可分为广播级视频采集卡、专业级视频采集卡和民用级视频采集卡。

1) 广播级视频采集卡

广播级视频采集卡的优点是采集的图像分辨率高，视频信噪比高；缺点是视频文件所需硬盘空间大，每分钟数据量至少为 200MB。一般连接摄像机或录像机，多用于录制电视节目。

2) 专业级视频采集卡

专业级视频采集卡的档次比广播级视频采集卡的性能稍微低一些，两者的分辨率是相同的，但其压缩比稍微大一些，最小的压缩比一般在 6∶1 以内，输入输出接口多为 AV 复合端子与 S 端子，多适用于广告公司和多媒体节目制作以及视频作品制作。

3) 民用级视频采集卡

民用级视频采集卡的动态分辨率一般较低，通常采用 1394 接口，直接将数码影像资料输入到计算机中。①

2.4.2 摄像头

摄像头(Camera 或 Webcam)又称为电脑相机、电脑眼、电子眼等，是一种视频输入设备，被广泛地运用于视频会议、远程医疗及实时监控等方面。

1. 摄像头的分类

摄像头分为数字摄像头和模拟摄像头两大类。数字摄像头直接和计算机连接，捕捉影像，然后通过 USB 或 1394 接口传到计算机里，无须另外的视频采集卡。模拟摄像头需要配合视频捕捉卡一起使用，将视频采集设备产生的模拟视频信号转换成数字信号。目前，多媒体计算机配备的摄像头多以数字摄像头为主，模拟摄像头很少使用。

2. 摄像头的参数

像素是摄像头最重要的参数，体现了摄像头的基本性能。像素是指感光元件上的光敏单元的数量，光敏单元越多，摄像头捕捉到的图像分辨率越高，画面越清晰。利用摄像头的最大分辨率可以计算摄像头的像素值，例如，一款摄像头的最大分辨率为 640×480，那么像素就是 640×480=307200，即 30 万像素的标准。当前主流摄像头的分辨率为 1920×1080，那么摄像头的像素水平至少为 200 万像素。

2.4.3 投影仪

投影仪主要用于教学、办公室简报或教育训练等方面。投影仪分为高亮度型(LCD 型)与便携式(DLP 型)两种。LCD 又称为穿透式投影技术，它是较早开发出来的技术，如

① 薛为民. 多媒体技术与应用[M]. 北京：中国铁道出版社，2007.

Panasonic、Epson、Sony 等品牌；LCD 投影仪色彩较高、亮度柔和饱满，分为单片式和三片式，如图 2-15 所示。DLP 是由美国德州仪器所开发的技术，与 LCD 原理不同；DLP 投影仪是由 DMD 芯片上的微细镜片反射光线，产生图像。DLP 投影仪体型小巧，将传统投影仪的 8～15kg 重量减到 2.5kg 以下，能提供较好的光学效率及更高的分辨率，如图 2-16 所示[①]。

图 2-15 Panasonic LCD 系列投影仪

图 2-16 明基 DLP 系列投影仪

投影仪的主要技术参数如下。

1. 亮度(Brightness)

投影仪的亮度是以流明数量来表示，流明(Lumens)是光束的能量单位，ANSI(American National Standards Institute，美国国家标准协会)对投影仪的流明设有标准，投影仪的亮度都以 ANSI Lumens 表示。流明数量越高，投影仪图像越亮，适用的空间越大。投影仪的亮度与使用场所空间大小关系，如表 2-4 所示。

表 2-4 投影仪使用场所大小与亮度搭配

空间面积	亮度级别
小于 $50m^2$	800～1000lm
50～$100m^2$	1000～1500lm
100～$200m^2$	1500～1800lm
大于 $200m^2$	1800～2400lm

2. 分辨率(Resolution)

投影仪投射的画面是由许多小投影点组成，分辨率就代表这些投影点的数目，分辨率越高，投射出来的图像越清晰。投影仪的分辨率的几种标准规格，如表 2-5 所示。

表 2-5 投影仪分辨率规格

类 型	分 辨 率
VGA	640×480
SVGA	800×600

① 吴逸贤. 多媒体应用教程[M]. 北京：中国水利水电出版社，2004.

续表

类　型	分 辨 率
XGA	1024×768
SXGA	1280×1024
UXGA	1600×1200

3. 对比度(Contrast)

对比度是指图像最亮与最暗区域之间的比例，对比度越高，代表色彩越饱和、鲜艳；反之，对比度越低，画面越模糊、不鲜明。

4. 梯形修正(Keystone Adjustment)

当投影仪将画面投射到屏幕上时，有时会因为角度的关系造成图像呈现梯形变形。为了让图像更平整、不变形，梯形修正以插补点计算的数字方式来修正图像，改善画面变成梯形的问题。

5. 常见接口

投影仪主要通过接口连接各种输入设备，常见的接口有 HDMI 接口、VGA 接口、视频接口、音频接口，如图 2-17 所示。

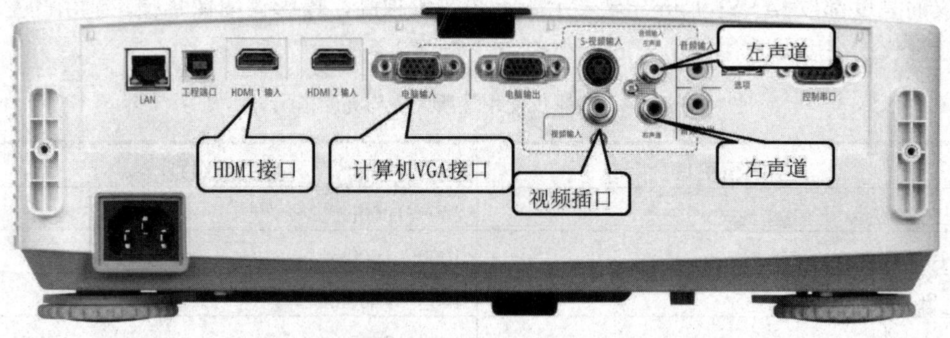

图 2-17　投影仪的常见接口

HDMI 属于高清多媒体接口(High Definition Multimedia Interface)，它是一种全数字化视频和声音发送接口，可以发送未压缩的音频及视频信号，常用于连接 DVD 播放机、个人计算机、笔记本电脑等设备。由于 HDMI 可以同时发送音频和视频信号，采用同一条线材，大大简化了系统线路的安装难度。

VGA(Video Graphics Array)属于模拟信号接口，它是使用模拟信号电脑的显示标准，主要用于电脑显示信号的连接。投影仪的视频接口属于复合模拟信号，也叫 AV 接口，它是目前最普遍的一种视音频接口，主要用于连接 DVD、VCD 等播放设备。由于投影仪通常用于放大输出设备的影像，音频接口较少使用。电脑、DVD 等输出设备的音频信号通常是连接到功率放大器或音箱进行播放输出。

2.5　音频信息采集和播放设备

音频信息采集和播放设备

2.5.1　音频卡

音频卡(Audio Card)也称为声卡(Sound Card)，它是多媒体技术中最基本的组成部分，是 MPC 录制声音、处理各种类型数字化声音信息和输出声音的专用功能卡。声卡除了处理音频信号外，还提供对 CD 的支持，早期音频卡多以独立插件的形式安装在微型计算机的扩展槽上，如图 2-18 所示。

图 2-18　音频卡

1. 音频卡的主要功能

音频卡主要由数字声音处理器、混合信号处理器、音乐合成器、MIDI 接口控制器组成。数字声音处理器的主要任务是音频信号模/数(A/D)、数/模(D/A)转换及声音的音调、音色和幅度的控制。音频卡的主要功能如下。

1)　录制声音

自然声音的模拟信号通过麦克风、电子线路等输入设备传送到音频卡内，通过采样，将其量化为计算机能够处理的数字信号。

2)　音频信号的编辑与合成

音频卡中的数字信号处理器能够实时、动态地处理数字化声音信号。处理器通过程序完成高质量的声音处理，进行音乐合成，对声音文件进行多种特效和数字音响效果的编辑处理，如回声、倒放、淡入或淡出等。

3)　语音合成与语音识别

音频卡是控制数字与模拟音量的混音器芯片，通过语音合成技术使计算机朗读文本，通过语音识别功能，让用户通过口述指挥计算机。

2. 音频卡的主要类型

音频卡将来自话筒、磁带、光盘的原始声音信号加以转换，输出到耳机、扬声器、扩音机、录音机等声响设备，或通过音乐设备数字接口(MIDI)使乐器发出美妙的声音。音频卡主要有板卡式声卡、集成式声卡、外置式声卡三种类型。

1) 板卡式声卡

早期的板卡式声卡通常是 ISA 接口，ISA 接口的不足之处在于总线带宽较低、功能单一、占用系统资源过多。但 ISA 接口拥有更好的性能及兼容性，支持即插即用，安装使用方便。

2) 集成式声卡

集成式声卡大致可分为软声卡和硬声卡。软声卡一般集成在主板上，声音部分的数据处理运算由 CPU 来完成。硬声卡的声音处理芯片是独立的，声音数据由声音处理芯片独立完成，不需要 CPU 来协助运算，这样可以减轻 CPU 的运算负担。

3) 外置式声卡

外置式声卡具有独立的供电设计和音频控制芯片，可以实现更好的声音品质与更多的功能。

2.5.2 麦克风

麦克风又叫话筒，学名为传声器，它是将声音信号转换为电信号的能量转换器件。

1. 麦克风分类

1) 根据换能方式分类

根据麦克风换能方式的不同，可以将麦克风分为动圈式麦克风和电容式麦克风。最常见的是动圈式麦克风，它使用悬挂在磁场中的线圈，利用电磁感应现象，当声波使膜片振动时，连接在膜片上的线圈(叫作音圈)随着一起振动，音圈在磁场里振动，产生感应电流(电信号)，电信号经扩音器放大后传给扬声器，从扬声器中发出放大的声音。

电容式麦克风采用振动膜片作为电容器板，其核心组成部分是极头，由两片金属薄膜组成；当声波引起其震动时，金属薄膜间距的不同造成了电容的不同，产生电流。电容话筒一般需要使用 48V 幻象电源供电，具有灵敏度高、指向性高的特点，多用于各种专业的录音上。

2) 按信号传递方式分类

根据信号传递方式的不同，可以将麦克风分为有线麦克风和无线麦克风。无线话筒和收音机与电台的原理相似，包括拾音头和发射机，发射机相当于广播电台，它在工作时向外发射载有音频负载波的调频信号；话筒接收机相当于微型收音机，它将接收到的无线调频信号解调出电信号，最后经功放和音箱，形成声音信号，如图 2-19 所示。

3) 根据指向性分类

麦克风指向性是麦克风对来自空间各个方向声音灵感度模式的一种描述，它是麦克风的一个重要属性。根据麦克风指向性的不同，分为心型指向性、超心型指向性、无指向(全向型指向)性、双指向性、单指向性和锐角指向性等。

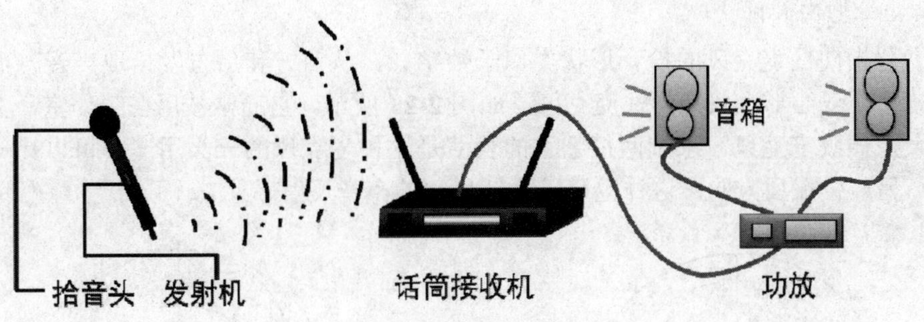

图 2-19　无线话筒原理

(1)　心型指向性。

心型指向性麦克风前端灵敏度最强，后端最弱，也可以说，心型指向性麦克风只会拾取面对麦克风方向的声音，如图 2-20 所示，拾音效果常被描述成为一个心型图案，适合舞台等喧闹的场景，因此歌手最常使用这种麦克风。在工作室中，使用心型指向性麦克风可以有效地降低环绕声和麦克风反射回来的声音，即使在不太理想的环境中录音，也可以减少对周围其他声音的录制。心型指向性麦克风是麦克风中使用率比较高的一种。

(2)　超心型指向性。

超心型指向性麦克风的拾音区域比心型的更窄，能更有效地消除周围噪声，如图 2-21 所示。它特别适合近距离拾音，比如架子鼓和钢琴的定点录音，也能隔离乐器之间的干扰。对于自弹自唱的演奏录音，超心型指向性麦克风的串扰是最小的，但是后端也会拾取声音，因此，监听音箱不能放在面前。它通常在音频工作室中使用，可以最大限度地隔离其他的声音，很少用作录制人声。

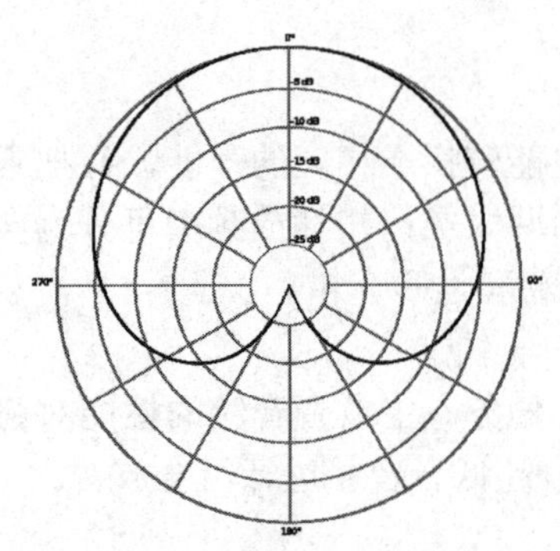

图 2-20　心型指向性麦克风

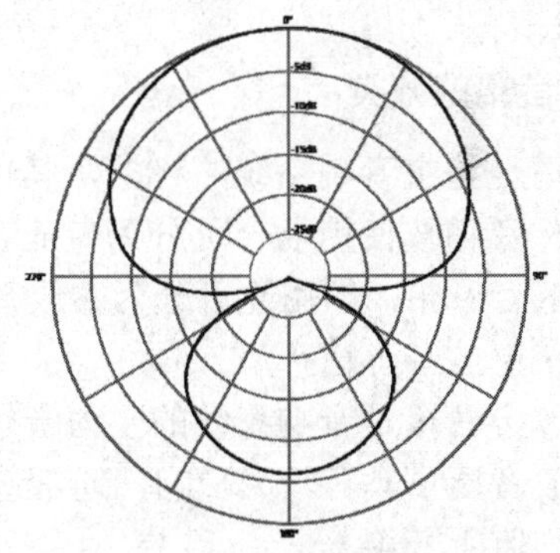

图 2-21　超心型指向性麦克风

(3)　全向型指向性。

全向型指向性麦克风对所有的角度都有相同的灵敏度，也就是说，它可以从所有的方向均衡地拾取声音，这对领夹式话筒而言特别有意义，如图 2-22 所示。其缺点是，无法避开不必要的声源，会有回音，很少用在现场录制中。在工作室内，尤其是想拾取到所有声音的时候非常有效。它的另一个特性是不会随着距离的变化而改变较多的声音特性，比如歌手在舞台上走动，收录的声音也会很自然，在歌手、乐手聚集表演时，全向型指向性麦克风也可以在全场来平衡整体的演出效果，空间感特别出色。

(4) 8 字型指向性。

8 字型指向性麦克风的拾音形状类似于数字 8，从前方和后方发拾取声音，而不是两侧，也被称作双心形、双指向性麦克风，如图 2-23 所示。它通常被用在工作室，大部分为铝带或大型振膜麦克风。录制两位歌手的表演是这种麦克风的一大用途，可以让一位歌手在前方，另一位在反方向，这样也可以降低房间的声音反射。

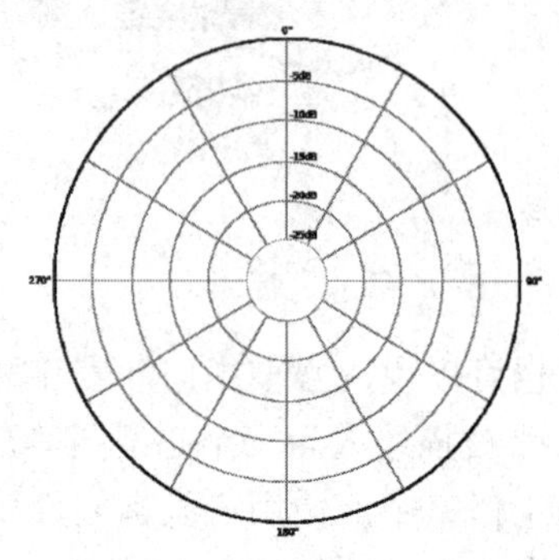

图 2-22　全向型指向性麦克风

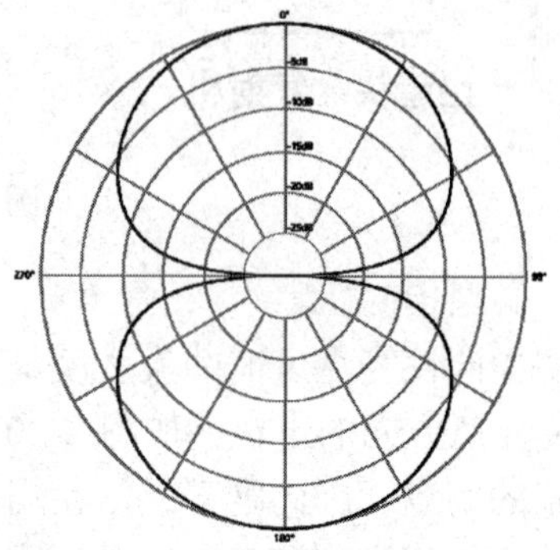

图 2-23　8 字型指向性麦克风

2. 使用话筒的注意事项

(1) 在选择话筒时，要注意指向特性。

(2) 在现场扩音时，要防止话筒与音箱间产生信号的回授，形成刺耳的啸叫声。

(3) 在使用中不能对着话筒吹气，或拍打，这会损坏内部的振动薄膜。

2.5.3　音箱

1. 音箱的分类

音箱是整个音响系统的终端，其作用是把音频电能转换成相应的声能，并把它辐射到空间去。音箱按使用场合可分为专业音箱与家用音箱两大类；按播放频率可分为全频带音箱和超低音音箱；按用途可分为主放音音箱、监听音箱和返听音箱。

1) 主放音音箱

主放音音箱是音响系统的主力音箱，承担主放音任务。主放音音箱的性能对整个音响系统的放音质量具有较大影响，通常选用全频带音箱+超低音音箱进行组合放音。

2) 监听音箱

监听音箱用于控制室、录音室中节目监听，它具有失真小、频响宽等特性。监听音箱对信号很少修饰，它能真实地重现节目音响的本来面貌。

3) 返听音箱

返听音箱又称舞台监听音箱，一般用作舞台中的歌手监听自己演唱或演奏声音。在舞台上，主音箱是面向观众的，歌手位于舞台上主放音音箱的后面，他们听到是传播到观众席后反弹回来的声音，这些返回的声音会有 1～2s 的延迟，影响演出效果。将返听音箱做成斜面形，置于舞台，即可使主放音音箱放音时舞台上的人能够听清楚，同时避免声音反馈到传声器造成啸叫现象。

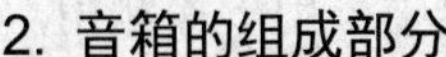

2. 音箱的组成部分

音箱是整个音响系统的终端，其作用是把音频电能转换成相应的声能，并把它辐射到空间去，主要包括扬声器、箱体、分频器三部分。

1)　扬声器

扬声器虽是音响设备中最薄弱的器件，但却是影响音响效果的最重要部件，扬声器一般包括磁铁、框架、定心支片、模折环锥型纸盆等部分。扬声器的种类繁多，差异较大，主要包括锥盆式、球顶式、号筒式、带式等类型，如图 2-24 所示。

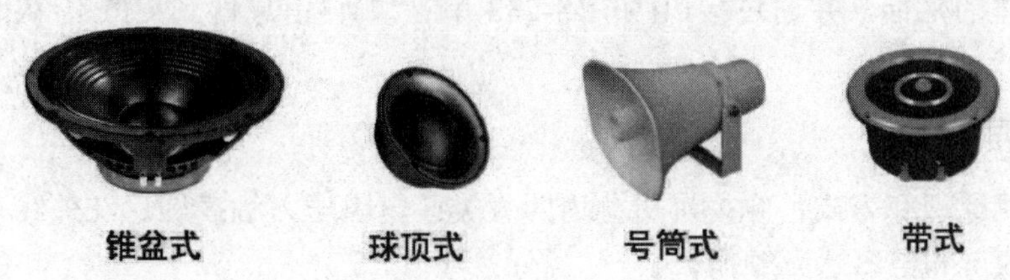

图 2-24　扬声器的种类

2)　箱体

箱体用来消除扬声器单元的声短路，抑制其声共振，拓宽其频响范围，减少失真。箱体内部结构有密闭式、倒相式、带通式、空纸盆式、迷宫式、对称驱动式和号筒式等多种形式，使用最多的是密闭式、倒相式和带通式。

3)　分频器

音箱分频器将声音信号分成若干频段，它是音箱的大脑，对音质的好坏有至关重要的作用。分频器分为功率分频器和电子分频器两类，起到频带分割、幅频特性与相频特性校正、阻抗补偿与衰减等作用。

3. 音响系统

(1)　高保真音响系统。具有左右两只音箱，即 2.1 声道。

(2)　环绕声音箱系统。前置左(L)右(R)主声道，左后(Ls)环绕声道，右后(Rs)环绕声道，即 4.1 声道。

(3)　杜比环绕声音箱系统。前置左(L)右(R)主声道，中置声道(C)，左后(Ls)环绕声道，右后(Rs)环绕声道，即 5.1 声道。

2.6　多媒体操控设备

多媒体操控设备

2.6.1　触摸屏

触摸屏是最基本的多媒体系统界面之一，它反应迅速、灵敏可靠。触摸屏技术使人机接口进一步简单化，使人能基于自然的本能与计算机进行交流。触摸屏具有坚固耐用、反应速度快、节省空间和易于交流等优点，主要应用于服务查询类，如医院、政府机构、宾馆、商场、商业街、证券交易所、图书馆、公园、机场、教育训练等场所和领域。

触摸屏系统一般包括两部分：传感器和触视屏控制器。传感器主要用于探测用户以触摸屏的方式输入信息，根据所用介质不同，探测原理和方式也不同，如电阻式触摸屏、电容式触摸屏等。触摸屏控制器的主要功能是接收用户在屏上的触摸点来检测信息，将其转换为数字信号并传送给主机，同时还可以接收主机命令并加以执行，控制器一般有固化好的监控程序。

1. 触摸屏的原理

触摸屏的原理是当手指或其他物体触摸安装在显示器前端的触摸屏时，触摸屏控制器检测触摸位置的坐标，并通过接口(如 RS-232 串行口)将信息送到 CPU，从而确定输入的信息。①

2. 触摸屏的分类

根据探测原理和方式，触摸屏可分为四大类：电阻压力触摸屏、红外线感应触摸屏、表面声波触摸屏和电容感应触摸屏。

1) 电阻压力触摸屏

电阻压力触摸屏的屏幕表面有两层导电层，中间用隔高点隔开。其原理是当手指触摸屏幕时，两层导电层在触摸点位置进行接触，电阻发生变化，在 X 和 Y 两个方向上产生信号，传送到触摸屏控制器；控制器侦测到接触并计算出(X，Y)的位置，再根据模拟鼠标的方式运作。由于电阻压力触摸屏的本身特性，定位特别准确，不受工作环境、污秽、尘埃、油渍的影响，任何物品触摸都能产生反应；基材采用防暴、高透光性钢化玻璃，完全适合在公众场所使用；其分辨率为 4096×4096，单点触摸次数高达 3000 万次，满足特殊软件环境的使用。电阻压力触摸屏触摸感应灵敏，控制器提供了 RS-232 接口，可与 RS-232 接口鼠标或 PS/2 接口鼠标同时使用，节省 PC 资源，屏幕本身还具有防辐射、防磁功能。电阻压力触摸屏表面怕刮伤，使用时要注意。

2) 红外线感应触摸屏

红外线感应触摸屏是利用 X、Y 方向上密布的红外线矩阵来检测并定位用户的触摸。红外触摸屏在显示器前面安装电路板外框，电路板在屏幕四边排布红外发射管和红外接收管，一一对应形成横竖交叉的红外线矩阵。用户在触摸屏幕时，手指会挡住经过该位置的横竖两条红外线，据此可判断出触摸点在屏幕的位置。任何触摸物体都可改变触点上的红外线而实现触摸屏操作。红外线感应触摸屏采用红外发射及接收原理制成，受加工工艺及本身反应原理限制，其分辨率较低，使用寿命较短。红外线感应触摸屏采用外挂框架式结构，安装方便，无透光限制。

3) 表面声波触摸屏

表面声波触摸屏可以利用声波发射及接收原理，在屏幕上有 X、Y 轴向发射器及接收器，可实现电信号与声波之间的转换。当人体触摸屏幕的时候，通过该点的声波信号被阻挡，其波形形成一个衰减，控制器通过分析接收到的衰减信号而确认被触摸的位置。表面声波触摸屏的分辨率为 4096×4096，它的表面没有涂层，所以清晰度较高、透光率好、反应灵敏、分辨率高，基材采用钢化玻璃，保证了高度耐久，抗刮伤性能良好，不受温度、

---

① 薛为民. 多媒体技术与应用[M]. 北京：中国铁道出版社，2007.

湿度等环境因素影响，寿命长。受其反应原理的限制，表面声波触摸屏表面必须保持清洁，使用时会受尘埃的影响。

4)　电容感应触摸屏

电容感应触摸屏利用人体的电流感应进行工作。电容式触摸屏是一块四层复合玻璃屏，玻璃屏的内表面和夹层各涂有一层 ITO，最外层是由一层土玻璃作为保护层，夹层 ITO 涂层作为工作面，四个角引出四个电极，内层 ITO 为屏蔽层以保证良好的工作环境。当手指触摸在金属层时，由于人体电场，用户和触摸屏表面形成一个耦合电容，对于高频电流来说，电容是直接导体，手指从接触点吸走一个很小的电流。这个电流分别从触摸屏的四角上的电极中流出，并且流过这四个电极的电流与手指到四角的距离成正比，控制器通过对这四个电流比例的精确计算，确定触摸点的位置。电容感应触摸屏分辨率为 4096×4096，表面有涂层，透光率低并且有反光，电容感应触摸屏不受尘埃或油漆的影响。电容感应触摸屏采用电场耦合原理，会不同程度地受到周围环境的影响，存在严重的漂移现象。

3. 触摸屏的基本技术特性

1)　连接接口

触摸屏与计算机的通信接口一般是通过串行口 RS-232 或是增加一块接口卡来实现的。由于多媒体应用程序大多用鼠标来操作，触摸屏通常提供模拟鼠标驱动程序，直接在触摸屏环境下使用。

2)　检测与定位

各种触摸屏技术都是依靠传感器来工作的，各自的定位原理和各自所用的传感器决定了触摸屏的反应速度、可靠性、稳定性和寿命。

3)　透明性能

在屏幕上加触摸屏后，其屏幕的亮度和清晰度会受到影响，所以在选择触摸屏时，应当注意其透光性是否良好，从不同的角度观看屏幕时，清晰度是否良好，还应注意透明度、色彩失真度、反光性和清晰度四个特性。

4)　绝对坐标系统

触摸屏是一种绝对坐标系统，绝对坐标系统的特点是，每一次定位坐标与上一次定位坐标没有关系，每次触摸的数据都是通过校准转为屏幕上的坐标，触摸屏这套坐标在同一点的输出数据是稳定的。由于技术原因，同一点触摸每次采样的数据并不能保证绝对坐标定位准确，质量差的触摸屏会出现漂移现象。

2.6.2　手柄

手柄包括动作按钮以及一个或多个全向控制杆或按钮。动作按钮通常用右手处理，方向输入用左手控制。手柄是大多数现代视频游戏机的主要输入方式。由于游戏手柄的易用性和用户友好性，它们已经从传统游戏机的原点扩展到计算机，各种游戏和模拟器支持其输入，作为键盘和鼠标输入的替代品。大多数现代游戏控制器都是标准游戏手柄的变体，如 Xbox 的游戏手柄。手柄按照其形状和针对游戏类型的不同主要包括以下三种。

(1) 普通手柄。普通手柄一般设计成左手方向、右手按钮，便于使用。

(2) 飞行游戏手柄。飞行游戏手柄的外形如同飞机的操作杆一样，在一个底座上安装可以四面摆动的转杆。部分手柄中还加入了 G-Force 技术，让用户在进行“飞行”时，体验一下控制难度。

(3) 赛车类手柄。赛车类手柄如同汽车的驾驶系统。在一个方向盘上设有几个用于切换视角和鸣笛的按钮，在方向盘的下面安装了一部可以挂挡的杆，部分产品还会另外配备一套脚踏板，用来模拟油门和刹车。

本章小结

本章系统地阐述了多媒体个人计算机系统的组成，并重点介绍了多媒体存储设备、图像信息输入/输出设备、视频信息采集和播放设备、音频信息采集和播放设备、多媒体操控设备的原理及应用。通过本章的学习您已具备以下能力。

(1) 对多媒体计算机的组成及软、硬件环境具有清晰的认知。

(2) 能够掌握常用的 I/O 设备、存储设备的作用与指标，并根据实际情境选择合适的设备并正确使用。

复习思考题

一、判断题

1. 红外触摸屏必须用手等导电物体触摸。 ( )
2. 音频卡是按声道数分类的。 ( )
3. 光电耦合器件(CCD)是一种实现光信号到电信号转换的半导体材质。 ( )

二、单项选择题

1. 视频卡的种类繁多，主要包括( )。
   (1)电视卡　(2)电影卡　(3)视频捕捉卡　(4)视频转换卡
   A. (3)　B. (1)(2)　C. (1)(2)(3)　D. 全部
2. 多媒体硬件系统中应该有的硬件配置是( )。
   (1)CD-ROM 驱动器　(2)高质量的音频卡
   (3)计算机最基本配置　(4)多媒体通信设备
   A. (1)　B. (1)(2)　C. (1)(2)(3)　D. 全部
3. 媒体系统软件可分为( )。
   A. 多媒体操作系统，多媒体支持软件　B. 多媒体操作系统，多媒体编程语言
   C. 多媒体支持软件，多媒体著作工具　D. 多媒体操作系统，多媒体驱动程序
4. 在 PC 中，一般用于存储主板 BIOS 程序的内存储器类型为( )。
   A. 寄存器　B. Cache　C. RAM　D. ROM

5. 光盘驱动器包括(　　)。

(1)可重写光盘驱动器(CD-R)　(2)WORM 光盘驱动器　(3)CD-ROM 驱动器

A. (1)　　B. (2)　　C. (1)(2)(3)　　D. (2)(3)

6. CCD/CMOS 的尺寸，即感光器件的面积大小。感光器件的面积越______，捕获的光子越________，感光性能越好，信噪比越低。(　　)

A. 大；多　　B. 小；多　　C. 大；少　　D. 小；少

三、填空题

DVD 按存储容量可分为单面单层、单面双层、双面单层和双面双层四种，其中常见的是单面单层，其存储容量为________。

四、简答题

1. 音频卡的主要功能是什么？
2. 打印机如何分类？
3. 麦克的指向性有哪些？各有什么特点？
4. 简述数码相机的工作原理及特点。
5. 请列出常见光盘存储介质的规格、容量和种类。
6. 标准声卡都有哪些输入/输出接口？
7. 触摸屏的种类和技术特点是什么？
8. 按扫描方式划分，扫描仪种类有哪几种？
9. CD-ROM 具有哪些读写性质？

阅读推荐与网络链接

[1] 薛为民. 多媒体技术与应用[M]. 北京：中国铁道出版社，2017.
[2] 普运伟. 多媒体技术与应用[M]. 北京：中国邮电出版社，2015.
[3] 赵淑芬. 多媒体技术教程[M]. 北京：机械工业出版社，2009.
[4] 卢官明. 多媒体技术及应用[M]. 北京：高等教育出版社，2006.
[5] 程清钧. 多媒体技术与应用[M]. 北京：高等教育出版社，2001.
[6] 张明. 多媒体技术及其应用[M]. 北京：北京大学出版社，2017.
[7] 肖平. 多媒体技术应用基础[M]. 北京：科学出版社，2008.
[8] 胡晓峰. 多媒体技术教程[M]. 4 版. 北京：中国邮电出版社，2015.
[9] 李泽年. 多媒体技术教程 [M]. 北京：机械工业出版社，2006.
[10] 雷运发. 多媒体技术与应用[M]. 北京：中国水利水电出版社，2001.
[11] 吴逸贤. 多媒体应用教程[M]. 北京：中国水利水电出版社，2004.
[12] 维基百科：http//en.wikipedia.org/wiki/.

第 2 章　多媒体计算机系统.pptx

第 2 章　多媒体计算机系统知识点纲要.docx

第 2 章　习题答案.docx

第 3 章　多媒体美学基础

学习要点

- 了解多媒体美学的价值。
- 掌握多媒体美学的画面构图。
- 掌握多媒体色彩的构成。
- 掌握多媒体对象美学的基本方法。

核心概念

多媒体美学　三基色原理　明度　色相　纯度　相邻色　互补色

随着读图时代的来临，图像的价值得到扩大，用户喜欢观看图像或以图形为主体内容的产品。图像、图表的可视化运用将抽象的概念具体化，它比文本和语言描述更能展现事物内部的逻辑结构关系，增强知识信息的呈现效果，让用户以直观交互的方式实现对信息进行观察和浏览，发现信息隐藏的特征、关系和模式，实现信息可视化。信息可视化的图表形式最早出现于 18 世纪，历史和政治学家 Playfair 和数学家 Lambert 首次创建了可视化图表，他们认为，将复杂的数据转化为图表可以帮助人们了解数据。19 世纪的法国科学家 Minard 和 Marey 首次采用非纯手工方式绘制了图表。进入 21 世纪，现代计算机技术的进步拓展了数据处理的能力并且可以提供多种交互方式，使用户可以更便利地观察自己感兴趣的数据，可视化应用也更加广泛。当前，信息可视化主要是计算机将数据信息生成视觉形式，多媒体美学的中视觉要素对于可视化效果具有重要的指导意义，信息可视化理念是多媒体作品设计的主要思想。

(资料来源：杨彦波，刘滨，祁明月. 信息可视化研究综述[J]. 河北科技大学学报，2014，35(01)：91-102.)

3.1　多媒体美学的价值

媒体美学的价值

自古以来，“爱美之心人皆有之”，这是美学发展最基本的条件。随着社会的发展，美学已经从“直觉”“爱好”演变成具有共性的审美标准以及符合科学的视觉规律，它是大多数人都能够接受的科学，通过学习多媒体美学，人们可以设计出更加完美、更加具有竞争性的多媒体产品。

1. 多媒体美学的概念

多媒体美学是指在多媒体创作过程中恰当运用绘画、色彩和版面等美学知识。绘画、色彩和版面是美学设计的三要素，多媒体作品的观赏性和艺术价值是美学运用的最终目的。

2. 多媒体美学的作用

多媒体美学的作用具体表现在以下几个方面。

1)　形成视觉冲击力

多媒体美学通过色彩运用、画面布局和绘画渲染，将美学观念融入多媒体作品创作中，使产品具有舒适的色调、协调的界面、鲜明的个性，形成视觉冲击力，产生独特的画面效果。可见，美学能够帮助多媒体作品产生一个良好的视觉效应，也就是说，通过色彩的运用、布局、绘画等手段，可以使多媒体产品具有舒适的色调、醒目的标题，以及鲜明的个性，进而刺激视觉神经，具有某种吸引眼球效应。眼球效应指的是利用各种各样的方法和手段，创造醒目的效果，吸引人的目光和注意力，达到推广宣传自己的目的。

2)　满足用户的使用习惯

多媒体美学采用人们最容易接受的方式来传达展示的内容，多媒体美学的根本原则是采用最直接的形式向用户传递最容易接受的信息，满足用户认知的“生理习惯”与“心理习惯”。生理习惯是指人们固有的阅读习惯、聆听习惯等，如人们习惯于从左向右、自上而下进行观看，在多媒体美学设计过程中，重要信息内容通常放在左侧和上方。心理习惯是指阅读的心态、操作的感觉、对产品的感受、接受的程度等，在多媒体美学设计过程中，导航栏通常位于界面的左侧或者底部，菜单栏位于界面的顶部，退出或关闭等按钮位于界面的右上角。

3)　增加产品的附加值

多媒体美学让用户对产品具有“爱看”“爱试”“爱用”等偏好。它不仅可以扩大产品的知名度，而且还可以增加产品的附加值。多媒体美学的应用程度与产品价值密切相关，在产品的应用初期，多媒体美学的应用能够让使用者快速入手，在较短的时间内了解产品的功能，如图 3-1 所示[①]。

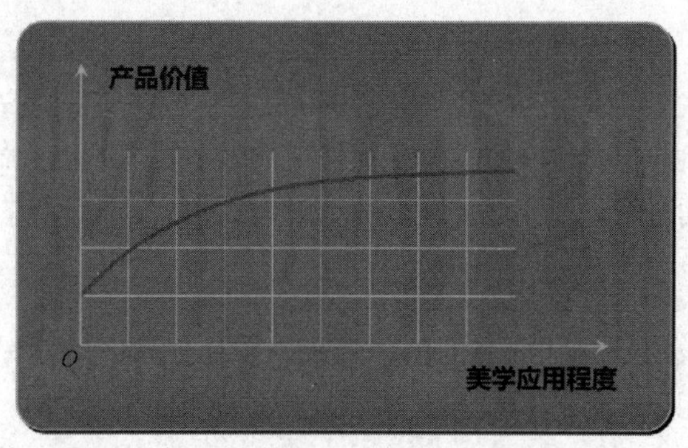

图 3-1　美学应用程度与产品价值的关系

① 赵子江．多媒体技术应用教程[M]. 6 版．北京：机械工业出版社，2017.

3. 多媒体美学的表现手段

多媒体美学在艺术表现手段上主要包括绘画、色彩和版面三种形式[①]。

1) 绘画

绘画是指利用手工、电脑等绘制工具或图像处理将无意义的线条、色块等赋予美学意义，构成图画、图案以及文字等形象化的图形。绘画解决了多媒体中多种元素的混合问题，它是多媒体美学的基石。

2) 色彩

色彩一直以来是人们最敏感的部分，它是美学的精华。两种以上的色彩关系、精确到位的色彩组合、良好的色彩搭配是色彩构成的主要内容，它对多媒体元素起到画龙点睛的作用。

3) 版面

版面是美学的逻辑规则，版面解决了多媒体对象位置的逻辑关系。

3.2 多媒体平面构图

多媒体平面构图

平面构图是平面构成的具体形式，主要针对平面上两个或两个以上的对象进行设计和研究。平面构成可简单归纳为“点、线、面”等现象的研究。以美学为基础的平面构图需遵循一定的构图规则，以便准确地表达设计意图和思想。

3.2.1 平面构图的特点

1. 艺术性

艺术性是为了追求感觉、时尚与个性。为了突出艺术性，往往采用绚丽的色彩、抽象的几何形状、简练的文字进行搭配，以此强调艺术性。突出作品在色彩、构图、文字与图案的搭配方面融入了设计者的意图和感觉，注重艺术表现力[②]。

2. 装饰性

装饰性是为了追求效果。采用舒展的线条和纹理、具有象征意义的图案以及漂亮的文字，再加上适当的排列、组合和夸张，实现装饰性的目的。突出装饰性的作品把对称性强的纹理图案作为创作的主线，强调了相对抽象的图案感觉，从而具有装饰性。

3. 整体性

整体性追求的是表现形式和内容的整体效果。整体性构图通常采用整幅图片或者形式统一的完整素材，再配以必要的标题和文字，让视觉感受浑然一体。

---

① 赵子江. 多媒体技术应用教程[M]. 6 版. 北京：机械工业出版社，2017.

② 赵子江. 多媒体技术应用教程[M]. 6 版. 北京：机械工业出版社，2017.

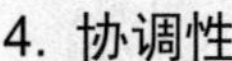

4. 协调性

协调性强调版式、内容的协调统一。当平面中摆放的元素较多时，需要把这些元素协调布局，使构图具有匀称、协调、均衡的视觉效果。

3.2.2　平面构图的规则

构图是画面中形状、色彩以及色调的排列和结构的方式，优秀的构图通过色彩搭配和形状配合传达美感，更能表现摄影者的思想和精神内涵。简单地理解，作品的好坏首先取决于构图是否合理，如果作品表现出某种构图形式，就会具有相应的视觉效果和特点。平面构图的规则一般有点、线、面三种形式。

1. 点的构图规则

点的构图是为了突出局部效果设计的，它是在版面上以主题点形式存在的一种构图方式。当人们在观察以点形式构成的画面主体时，会不由自主地关注细节，达到突出主体的视觉效果。因此，在平面构图过程中可以使用多个点产生新的构图形式，实现新的画面效果，如图 3-2 和图 3-3 所示。

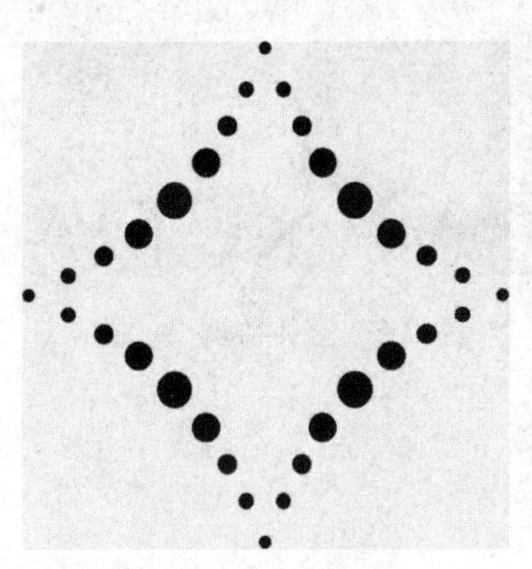

图 3-2　点构图

图 3-3　局部效果图

2. 线的构图规则

线的构图是指在版面上使用直线、曲线等线段，对需要表现的内容进行分隔，实现版面的多样性，达到突出思想性和个性化的效果。不同线条之间的配合，能够产生不同的立体效果。线条种类的变化还可以产生其他效果，如竖直线条给人以清晰肯定、坚强有力的感觉；曲线条给人以柔和、高雅的感觉；横线条给人以稳定的感觉。线的分割主要有三种类型：空间分割、有形分割和无形分割，如图 3-4～图 3-6 所示。

3. 面的构图规则

面的构图占据比较大的空间，比线、点具有更强的视觉效果，强调画面的整体效果，如图 3-7 和图 3-8 所示。

图 3-4　空间分割　　图 3-5　有形分割　　图 3-6　无形分割

图 3-7　占据空间

图 3-8　整体协调

3.2.3　平面构图的方法

1. 重复与交错

重复与交错用于多个对象在同一画面的出现。重复的设计有利于产生安定、整齐、规律的统一，但有时会显得呆板、平淡，缺乏趣味性的变化。在版面中可安排一些交错，打破版面呆板、平淡的格局。重复与交错的视觉效果如图 3-9、图 3-10 所示。

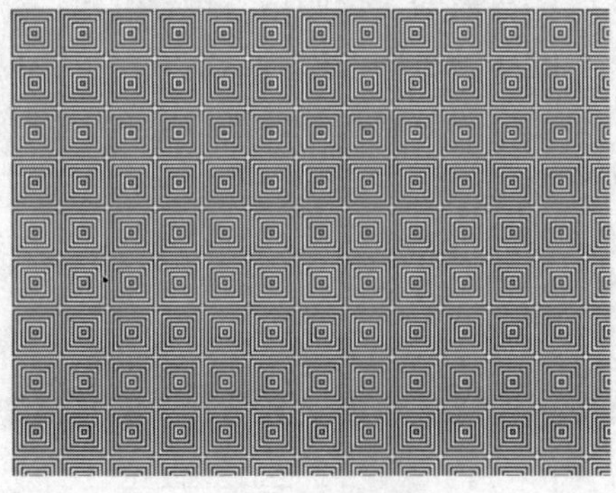

图 3-9　重复

图 3-10　交错

2. 对称与均衡

对称用于画面中至少两个以上尺寸相同的对象，它们上下对称、左右对称或者对角线对称，让画面达到平衡、稳重、整齐的效果，如图 3-11 所示。对称在形态上具有安定、自然、均匀、协调、整齐、典雅、庄重、完美的朴素美感，符合人们的视觉习惯，作为对称元素的对象可以完全相同，也可以不同，还可以反称。

均衡用于实现画面的面积、色彩、重量等方面的大体平衡，它是一种自由稳定的结构形式，如图 3-12 所示。对称与均衡产生的视觉效果是不同的，对称画面端庄静穆，有统一感、格律感，但过分均等就容易显呆板；均衡画面生动活泼，有运动感。在构图过程中，要注意把对称、均衡两种形式有机地结合起来灵活运用。

图 3-11　对称

图 3-12　均衡

3. 对比与调和

对比主要面向画面中两个对象或者更多对象之间的差异，对比是将相对的两要素互相比较，产生尺寸大小、明暗、黑白、强弱、粗细、疏密、高低、远近、动静、轻重等对比效果，如图 3-13 所示。对比的最基本要素是显示主从关系和统一关系变化的效果，使画面具有强烈的视觉冲击力。

调和与对比正好相反，它主要面向两个或更多对象之间的近似性和共同性，强调适合、舒适、安定、统一的感觉，如图 3-14 所示。对比与调和是相辅相成的，在版面构成中，一般事例版面宜调和，局部版面宜对比。

图 3-13　对比

图 3-14　调和

4. 节奏与韵律

节奏是单调的重复，韵律是富有变化的节奏。节奏主要面向视觉艺术中线条、色彩、形体、方向等因素进行有规律的运动变化，激发人们的心理感受。节奏有等距离的连续，也有渐变、大小、明暗、长短、形状、高低等排列构成。韵律是在节奏中注入个性化的变异，形成丰富而有趣味的反复与交替，增强版面的感染力，开阔艺术的表现力。

3.2.4 平面构图的应用

平面构图的应用是指利用构图绘制设计产品。在多媒体产品设计制作过程中引入了平面构图的规则，产品的操作界面和演示画面将更符合美学的要求，更具有个性化。

1. 多媒体作品界面设计

界面是多媒体软件产品与使用者交流的介质，界面能够给使用者提供显示信息和操作控制的功能，多媒体作品的界面设计应充分利用构图规则。根据多媒体作品的用途，多媒体作品主要包括交互型和演示型。

1) 交互型

交互型作品主要用于自主型多媒体作品等，在设计界面时，应在保证基本功能的前提下最大限度地应用构图规则。这类作品具有以下特点①。

(1) 说明性文字相对较多，字号较小。

(2) 为了容纳更多的信息，图片和视频尺寸相对较小。

(3) 菜单和按钮设置齐全，便于自主选择。

(4) 具备完善的交互功能，便于互动练习。

2) 演示型

演示型作品主要用于教学、会议、商品展示、广告等领域。随着投影仪的普及，演示型软件的用途得到了扩展，在设计演示型软件时，应尽量发挥软件的特点，如图 3-15 所示。这类作品具有以下特点②。

(1) 文字精练。

(2) 文字、图片和视频尺寸相对较大，便于远距离观看。

(3) 有限的控制功能和交互功能。

(4) 演示窗口采用大尺寸，有利于演示信息的清晰显示，扩大信息量。

(5) 演示控制采用不占界面空间的悬挂菜单实现，平时不显示。

2. 网页构图设计

网页的一般形式包括标题、内容、动画和图标四类，在网页版面设计时，要分别对这四项进行设计，网页的美学设计应遵循以下原则。

1) 引入线面构图的概念

网页的媒介包括标题、文字内容、图像、动画、图标、声音等。通过这些媒介，网页

① 李湛. 多媒体技术应用教程[M]. 北京：清华大学出版社，2013.

② 李湛. 多媒体技术应用教程[M]. 北京：清华大学出版社，2013.

能够提供信息显示、交互操作、检索、娱乐、访问链接等内容。网页版面设计实质是媒介的摆放位置，让其更符合多媒体美学的设计要求。

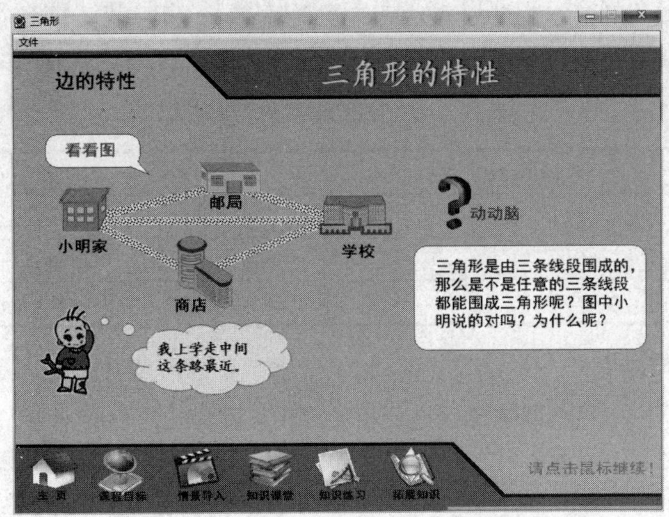

图 3-15　多媒体演示型软件的设计界面

2)　图像、动画尺寸适度

在一个网页版面设计中，图像、动画的尺寸需参照整体版面效果进行调节，图像、动画过大或过小都不方便使用者观看，容易让用户产生视觉疲劳。图像、动画尺寸适中，更符合多媒体美学的基本要求。

3)　运用色彩构成，形成风格

色彩构成主要研究多种颜色之间的构成关系，它能够让网页设计更加符合美学要求，形成和谐的色调和个性化的风格。

4)　符合阅读习惯

在网页设计中需要考虑用户的视觉心理，运用直线来分割各个不同的功能区域，使版面具有丰富多样性，不仅突出了主体，而且在视觉上使人产生规则、平稳、庄重的效果，满足用户阅读习惯的需要。

多媒体色彩构成

3.3　多媒体色彩构成

色彩是美学的重要组成部分，构成是指两种或两种以上的元素组合在一起。色彩构成是为了某种目的，将两种或两种以上的色彩按照一定的原则进行组合和搭配，形成新的色彩关系。

3.3.1　三基色原理

1. 颜色波长

在自然界中，物体本身没有颜色，人们之所以能看到物体的颜色，是由于物体不同程度地吸收和反射了某些波长的光线所致。1931 年国际照明委员会(CIE)把波长为 700nm、546.1nm、435.8nm 的单色光作为红(R)、绿(G)、蓝(B)三基色，也就是三原色，在三基色的基础上，人们将颜色的基本类型划分为红、橙、黄、绿、青、蓝、紫七个颜色，这七种颜色对应的波长范围如表 3-1 所示[①]。

表 3-1　七种颜色对应的波长范围

颜　色	波长范围/nm	颜　色	波长范围/nm
红	770～622	绿	577～492
橙	622～597	青、蓝	492～455
黄	597～577	紫	455～380

2. 三基色加色原理

红绿蓝三种原色按照不同的比例进行相加混合，称为三原色的混色。如红色+绿色=黄色，红色+蓝色=品红，蓝色+绿色=青色，红色+绿色+蓝色=白色。由于黄色、青色、品红色是由两种原色混合而成，这三种颜色又称为二次相加色。如红色+青色=白色，绿色+品红色=白色，蓝色+黄色=白色。因此，青色、品红色、黄色分别又是红色、绿色、蓝色的补色。

3.3.2　色彩三要素

根据人类的视觉生理感觉，色彩要素主要包括明度、色相和纯度，它们也被称为颜色的三要素。

1. 明度

明度通常指物体表面颜色的明亮程度，也称为亮度。同一个物体所受光照程度不同，物体表面颜色明度不同，照射光越强，反射光越强，物体看起来越明亮，如图 3-16 所示。在光线谱中，黄色的明度最强，显得最亮；其次是橙色和绿色；然后是红色和蓝色；最后是紫色。需要注意的是，明度对纯度也会产生影响，明度降低，纯度也随之降低，反之亦然。

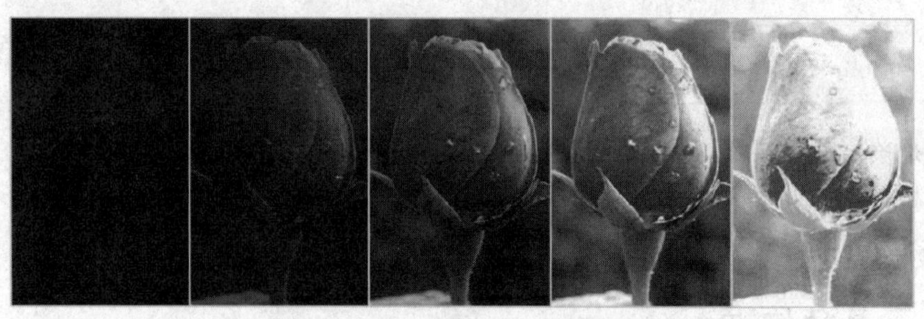

图 3-16　受光不同产生的明度变化

① 百度百科. 可见光 [DB/OL]. https://baike.baidu.com/item/%E5%8F%AF%E8%A7%81%E5%85%89/1241853?fr=aladdin, [2019-5-22]

2. 色相

色相也称色调，它是指颜色的基本相貌，如红、黄、绿、蓝、紫等颜色特性，常用于区别颜色的种类。色相和波长有关，当某种颜色的明度、纯度发生变化时，其波长不会变，即色相不变。在色彩构成中，色谱的变化常用色相环表示，它是一个色彩连续变化的色环。色相包括六个标准色和六个中间色，即红、红橙、橙、黄橙、黄、黄绿、绿、蓝绿、蓝、蓝紫、紫、红紫，合称十二色相[①]，如图 3-17 所示。在美学设计中，对色相敏感的人往往采用最精练的颜色表现最丰富的内容。

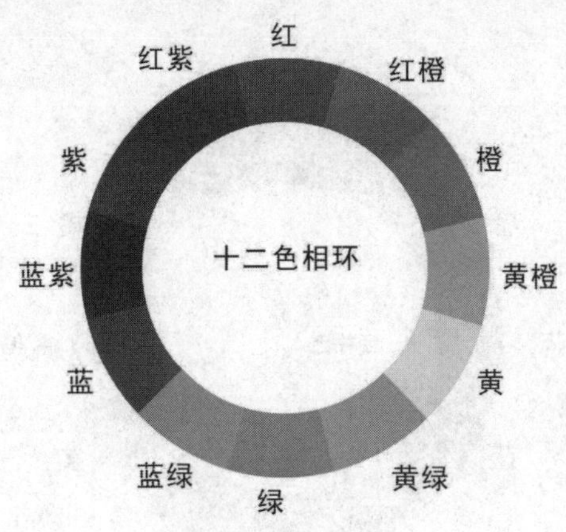

图 3-17　十二色相环

3. 纯度

纯度亦称“鲜艳度”“纯净度”，它是指色彩的饱和程度。对于同一色调的彩色光，饱和度越高，颜色越鲜明，颜色越纯；反之，饱和度越低，颜色越淡，如图 3-18 所示。在自然光中，颜色纯度最高的是红色、橙色、黄色、绿色、蓝色、紫色，没有纯度的是黑色、白色和灰色。注意，明度、色相、纯度三者之间互相制约、互相影响。明度降低，纯度也随之降低；纯度降低，色相的区分度也会降低；纯度降低，明度也会随之降低。

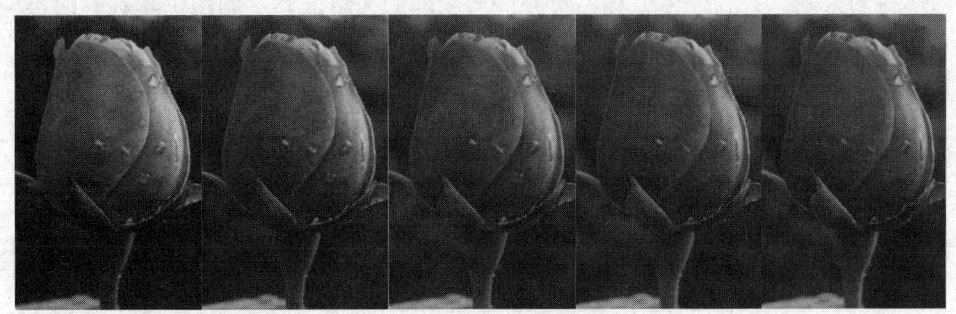

图 3-18　同一色调的不同饱和度对比

① 赵淑芬. 多媒体技术教程[M]. 北京：清华大学出版社，2012.

3.3.3 色彩搭配

1. 颜色的关系

在色相环中，颜色的关系分为相邻色和互补色。在色相环中，任意两个相邻的颜色叫作相邻色，如红色和橙色，蓝色和紫色等。在色相环中，对角线上的颜色叫作互补色，如红色和绿色、蓝色和橙色等。色轮中轴线上左侧颜色看起来偏冷，如紫色和蓝色，这些颜色属于冷色；中轴右侧的颜色偏暖，称为暖色，如图 3-19 所示。

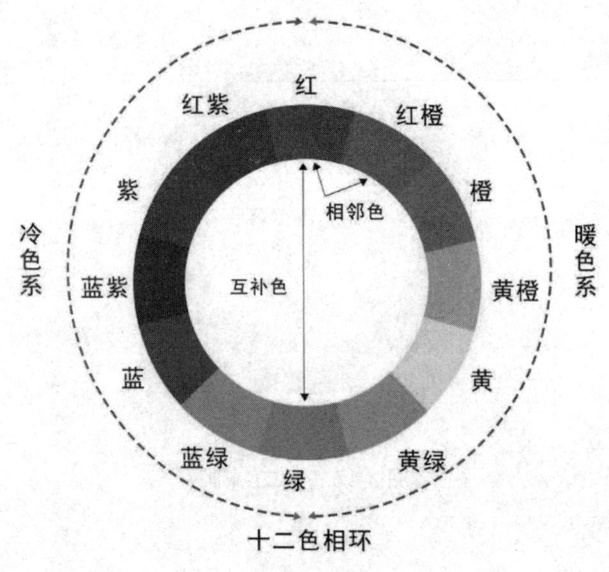

图 3-19　颜色之间的关系

2. 色彩的象征意义

色彩的象征意义能够引起人们对色彩的联想，它是有效地使用色彩的重要依据。人们对色彩的理解源于经验、经历和学习，如看到蓝色就自然联想到天空和大海，看到红色就联想到鲜花和太阳，看到绿色就犹如看到一望无际的大草原。不同的色彩具有的不同象征意义，如表 3-2 所示。

表 3-2　色彩的象征意义

颜　色	直接联想	象征意义
红	太阳、旗帜、火、血	热情、奔放、喜庆、幸福、活力、危险
橙	柑橘、秋叶、灯光	金秋、欢喜、丰收、温暖、嫉妒、警告
黄	光线、迎春花、香蕉	光明、快活、希望、帝王、古罗马高贵色
绿	森林、草原、青山	和平、生机盎然、新鲜、可行
蓝	天空、海洋	理智、平静、忧郁、深远、西方名门血统
紫	葡萄、丁香花	高贵、庄重、昔日最高等级、古希腊国王
黑	夜晚、无灯光的房间	严肃、刚直、恐怖

续表

颜　色	直接联想	象征意义
白	雪景、纸张	纯洁、神圣、光明
灰	乌云、路面、静物	平凡、朴素、默默无闻、谦逊

3. 色彩的搭配

颜色搭配是色彩构成的重要内容，人们需要根据作品所要表达的思想，选择合适的颜色进行搭配，以使其产生美感。颜色搭配要根据不同的需要、不同场合、不同的表达内容，选择不同类型的颜色，以获得满意的整体视觉效果，做到该醒目的地方醒目，该柔和的地方柔和。在颜色搭配的过程中应牢记以下两点：①用三色法来提高醒目程度；②前景与背景不能使用相邻色。

3.4　多媒体对象美学

多媒体对象美学

在多媒体产品中，除了界面需要美学设计以外，对文本、图像、动画、声音等素材也需要进行美学设计，这样才会使得整个多媒体作品看起来更有品质，体现出以人为本的设计思想。

3.4.1　文本美学

在视觉传达的过程中，文字作为画面设计的形象要素，具有传达感情的功能。设计效果良好的文字能使人感到愉快，留下美好的印象，从而获得良好的心理反应；反之，设计效果低劣的文字会使人心理不愉快，造成视觉污染，进而拒绝继续阅读。文本美学设计主要包括字体(Font)、格式(Style)、大小(Size)、行距(Line Spacing)、定位(Align)和颜色(Color)等部分。

1. 字体

字体及其大小决定了文本的可读性。一个页面中最好不要使用超过三种以上的字体，否则会显得杂乱，没有主题。有些中文字体如宋体、仿宋、楷体线条比较纤细，如将其作为标题，投射在屏幕上后，清晰度一般，将文字加粗后，效果会有所改善，不同字体的特点如表 3-3 所示。

表 3-3　不同字体的特点

字　体	醒目程度	易读程度	适用范围
黑体	★★★★★	★★★★	标题、正文、醒目文字
宋体	★★	★★★★★	标题、正文
楷体	★	★★★★	正文
仿宋	★	★★★★	正文

续表

字　体	醒目程度	易读程度	适用范围
幼圆	★★★	★★★	标题、正文、醒目文字
隶书	★★★	★★	标题、醒目文字、装饰文字
新魏	★★★	★	标题、装饰文字
行楷	★★	★★	标题、装饰、醒目文字
姚体	★	★★	装饰标题
舒体	★	★	装饰标题、装饰文字
琥珀	★★★★★	★	装饰标题、装饰文字
彩云	★	★	装饰文字

由于不同的计算机系统中安装的字库不同，计算机界面能否显示该字体，取决于计算机系统的字库里是否安装了该字体。在字体选择时不要使用通用性差的特殊字体，由于这些字体在计算机系统中没有被默认安装，可能导致在其他电脑中字体无法显示，影响文本显示效果。

2. 格式

字体格式主要包括普通、加粗、斜体、下画线、字符边框、字符底纹和阴影等类型。通过字体格式设置，可以使文字的表现更加丰富多样。

3. 大小

中文字体大小以字号为单位，从初号到八号，由大到小。西文字体的大小以磅为单位，磅值越大，文字越大。字号的选择主要依据作品的使用环境而定。如果是演示环境，文字在大屏幕中显示，字号要大一些，便于观众观看，正文字号一般在 24 磅以上，标题字号在 30 磅以上。如果是网页阅读类，文字在电脑屏幕中显示，文字的字号变化不宜太大，建议网页标题字号使用 14 磅，网页副标题字号使用 12 磅，网页正文字号使用 9 磅。

4. 行距

接近字体尺寸的行距设置适合正文。加宽字距和行距有轻松、疏朗之感。行与行之间要考虑适当增加空白，以便阅读。

5. 定位

字体的定位主要有左对齐、右对齐、居中、两端对齐以及分散对齐。一般大标题采用居中对齐，小标题选择左对齐，正文选择两端对齐。

6. 颜色

根据色彩的象征意义为文字指定不同的颜色。使用三色法进行字体颜色搭配，即标题字体颜色、强调内容的字体颜色以及正文的字体颜色。

3.4.2 图像美学

图像是多媒体演示画面的主体，在图像处理过程中融入美学设计思想，使图像更具有

美感和丰富表现力。图像美学主要包括图像色调、图像清晰度、图像的选材规则三个方面。

1. 图像色调

图像色调用来表达人们的心情、创造某种意境。图像色调可以渲染情感，使人们产生遐想，具有某种象征意义。图像色调通常分为正常色调和单色调。正常色调具有真实感，常用于反映现实生活，如图3-20所示。单色调具有怀旧或渲染某种气氛的作用，单色调常用于表现某种单一主题氛围，如图3-21所示。在图像美学设计过程中，为了使图像表达某一种情调，通常采用以下几种方法。

(1) 如果图像需要表现出黑白艺术感时，通常对图像进行去色处理。

(2) 如果图像需要表现某种怀旧题材时，可以调整图像色调，使其色调偏暗黄，并适当地降低对比度。

(3) 如果图像需要调整到特定色调，可根据色彩的象征意义调整图像色调，使人们产生相应的联想。

(4) 如果图像需要朦胧感时，可以对图像整体进行适度柔化或添加图像蒙版或添加遮罩图层。

(5) 如果将图像用作背景时，可适当降低图像的对比度、亮度、透明度，对图像进行适度模糊处理，并做相应的色调调整。

图3-20　正常色调

图3-21　单色调

2. 图像清晰度

图像清晰度与图像分辨率以及颜色数量相关。图像分辨率是由像素深度来进行度量的，图像分辨率的单位是PPI，即每英寸长度内的像素点数。图像所包含的像素数量(PPI)越多，图像越清晰。颜色数量也被称为色彩深度，它是图像单一像素存储颜色所用的位数，色彩深度决定了图像中每个像素所包含的颜色数量，它既可以是彩色图像中每个像素的颜色数量，也可以是灰色图像中的灰色级数，图像的颜色位数越高，图像色彩还原效果越好。如图3-22和图3-23所示，图3-22的图像分辨率PPI=300、色彩位数=24，图3-23的图像分辨率PPI=96、色彩位数=4，通过对比发现，图3-22的清晰度明显优于图3-23的清晰度。

为了保证图像的清晰度，应注意以下几点。

(1) 适度调整图像的明度和对比度，虽然这种方法没有提升图像的分辨率和颜色数量，但可以从视觉感知上提高图像的清晰度。

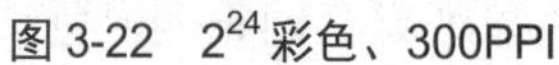
图 3-22　2^{24}彩色、300PPI

图 3-23　2^4彩色、96PPI

(2) 不要随意改变图像尺寸的大小，这可能导致图像有效像素水平的降低。如将一张图像的尺寸由 1920×1080 修改为 640×480，图像像素数将会减少，再次调整为 1920×1080，图像的清晰度将会降低。

(3) 注意选择有损压缩的图像文件格式，JPG、PNG、GIF 等均为有损压缩图像文件格式。GIF 对图像清晰度影响最大，高清晰度的图像不能选择 GIF 格式保存。如选择 JPG 和 PNG 格式，应选择高品质的图像选项，减少对图像清晰度的影响。

3. 图像的选材规则

(1) 根据平面构图法则拍摄图像，获取高质量的图片。

(2) 根据图像分辨率获取图像，使用扫描仪获取高保真的图像。

(3) 根据图像尺寸大小获取图像，使用图像搜索引擎获取大尺寸的图像。

3.4.3 声音美学

声音美学主要侧重于声音的质量以及声音所表现的特殊效果。影响声音美学的主要因素有清晰度、噪声、音色和旋律等。

1. 清晰度

清晰度是指录制水平的好坏。录音设备的优劣、采样频率的高低、采样位数的多少，都会影响声音的清晰度。

2. 噪声

噪声来源于录制本底噪声和介质附加噪声两个方面。录制本底噪声是由于声音本身在录制过程中产生的。介质附加噪声是由于声音在放大、保存过程中产生的。

3. 音色

音色是声音的特质，影响音色的因素主要有声源的材质和结构，不同的发声体的材质

和结构不同，发出声音的音色也不同。

4. 旋律

旋律是作曲、演奏等音乐本身的属性。优美的旋律会使听众愉悦，具有较强的欣赏价值。

3.4.4　动画美学

动画是随着时间连续变化的图形，动画美学研究的是画面的运动模式。动画美学中主要包括画面布局、动画调度、动态视觉规律、动画时间掌握、造型设计和动作设计等方面。

(1) 画面布局。在动画设计中应注意为动画主体留出活动空间。

(2) 动画调度。动画调度主要包括镜头推移、纵深运动、平面移动顺序等方面。

(3) 动态视觉规律。动画制作中应符合视觉规律，灵活使用慢动、流畅、快动等方法引起人们的注意。

(4) 动画时间掌握。动画时间掌握是指在动画设计中应把握动画运动的节奏。动画运动的节奏应符合自然规律，可适度夸张。

(5) 造型、动作设计。动画的造型和动作设计是动画美学中的基础条件，它决定了制作的动画是否具有观赏性。

本章系统地阐述了多媒体美学的价值、画面构图、色彩构成、对象美学设计，通过本章的学习，您已具备以下能力。

(1) 对多媒体美学的价值具有清晰的认知。

(2) 能根据作品需要设计多媒体界面。

(3) 能根据作品需要准确地选择颜色进行搭配。

(4) 能根据作品需要设计多媒体对象的美学。

复习思考题

一、基本概念

多媒体美学　三基色原理　明度　色相　纯度　相邻色　互补色　重复　交错　对称　均衡　对比　调和

二、多选题

1. 多媒体美学的表现手段主要有哪些？(　　)

A. 绘画　　B. 色彩　　C. 版面　　D. 设计　　E. 创意

2. 画面构图的特点是(　　)。

A. 艺术性　　B. 装饰性　　C. 整体性　　D. 协调性　　E. 原创性

3. 电脑三原色是哪三种颜色？(　　)

A. 红　　B. 绿　　C. 蓝　　D. 青　　E. 紫

4. 电脑三原色的 R、G、B 按照等比例叠加后可能产生什么颜色？(　　)

A. 橙色　　B. 粉色　　C. 白色　　D. 灰色　　E. 黑色

三、简答题

1. 要保证动画的美感，应注意什么问题？
2. 影响声音美感的因素有哪些？
3. 常见的平面构图规则有哪些？
4. 常见的色彩要素有哪些？
5. 色环中相邻色和互补色的区别是什么？
6. 常见色彩的象征意义是什么？
7. 美学设计的三要素是什么？

阅读推荐与网络链接

[1] 赵子江. 多媒体技术应用教程[M]. 6 版. 北京：机械工业出版社，2017.

[2] 李湛. 多媒体技术应用教程[M]. 北京：清华大学出版社，2013.

[3] 赵淑芬. 多媒体技术教程[M]. 北京：清华大学出版社，2012.

[4] 游泽清. 多媒体画面艺术设计[M]. 2 版. 北京：清华大学出版社，2013.

[5] 陈高雅. 色彩构成与设计原理[M]. 北京：机械工业出版社，2016.

[6] 李艳麒，李凌. Photoshop CS：色彩构成[M]. 长沙：湖南大学出版社，2008.

[7] [美]泽特尔. 图像 声音 运动：实用媒体美学[M]. 3 版. 赵淼淼，译. 北京：中国传媒大学出版社，2003.

[8] 动画艺术与影像美学研究所：https://www.caa.edu.cn.

第 3 章　多媒体美学基础.pptx

第 3 章　多媒体美学基础知识点纲要.docx

第 3 章　习题答案.docx

第 4 章　图像处理技术

学习要点

- 了解图像的基本原理和颜色模式。
- 掌握各种图像文件格式的特点。
- 掌握图像的获取技术。
- 掌握图像的尺寸修改、色彩调整、修补、合成的基本方法。

核心概念

矢量图　位图　色彩深度　图像分辨率　颜色模式　选区　色彩调整　图层

数字图像处理是利用计算机对图像进行转换、加工、处理与分析的方法和技术的总称。数字图像处理技术始于 20 世纪 60 年代，1964 年美国加州理工学院的喷气推进实验室，首次对太空飞船“徘徊者七号”发回的月球照片进行了处理，得到了前所未有的清晰图像，这标志着图像处理技术开始得到实际应用。经过半个多世纪的发展，数字图像处理技术已经广泛应用到教育培训、科学研究、通信、文化传播、气象、交通等众多领域。进入 21 世纪以后，随着多媒体技术、网络技术、人工智能技术、智能终端、社交媒体的快速发展，图像处理呈现数字化、网络化和智能化等趋势。当前，人们能够便捷地使用智能终端拍摄图像，利用 APP 软件或图像编辑软件编辑图像，在社交媒体中分享、传播图像，数字图像处理技术已经是人们社会生活中不可或缺的组成部分。

4.1　图像基本原理

图像基本原理

1. 图像的类型

根据图的产生、处理、显示方法和存储方法的不同，图像主要包括矢量图和位图两种类型。

1)　矢量图

矢量图又称为图形，它通过一系列计算指令描述和记录图像，如画点、画线、画曲线、画圆、画矩形等。在矢量图中，图元对象是相互独立的，它们具有各自的属性，当用户对矢量图进行编辑时，改变的是图形的线条、颜色、长度、宽度等属性。矢量图广泛存在于工程制图、广告设计、二维动画制作中，Adobe Illustrator 以及 Flash 是矢量图的常见制作工具。矢量图的主要特点如下。

(1) 矢量图放大后，图像不会出现明显失真现象，如图 4-1 所示。

(2) 文件的存储量比较小，通常只有几千字节，它常用于卡通人物的呈现。

(3) 矢量图由图元对象组成，色彩和层次不够丰富，不适用于展现真实的影像。

图 4-1 矢量图局部放大后的效果

2) 位图

位图也称为点阵图像或像素图像。它由一系列小点(像素)构成，每个像素用亮度、色度等参数进行描述，手机、相机、扫描仪等设备生成的图片均是位图。当用户编辑点阵图像时，修改的是像素的亮度与色度等参数，像素的长度或宽度并没有改变。位图的主要特点如下。

(1) 位图在无限放大后，在图像周边会产生锯齿状的马赛克现象，导致图像显示失真，如图 4-2 所示。

(2) 相对于矢量图形来说，位图文件的存储量较大，需要对其进行压缩处理。

(3) 位图色彩层次丰富、表现力强，能够还原物体的真实原貌。

图 4-2 位图局部放大后的效果

2. 图像的色彩深度

色彩深度是指图像单一像素所占的数据位数。图像像素点的数据位数越高，图像的色彩越丰富，画面呈现的效果越逼真，图像数据量也就越大。根据图像的色彩位数，图像主要包括以下类型。

1)　单色图像

单色图像的颜色深度为 1 位，也称为黑白图像或二值图像。在单色图像中，“0”代表“黑”，“1”代表“白”。图像的每个像素只能是黑或者是白，而没有中间的过渡色。

2)　灰度图像

灰度图像颜色深度为 8 位，它可以理解为传统意义上的黑白照片，图像像素信息由一个量化的灰度级进行描述，具有 256 级的明暗变化，包括黑、白、灰三种颜色类型，没有彩色信息。

3)　真彩色图像

真彩色图像的颜色深度为 24 位，也称为全彩色图像(Full Color)。当彩色深度达到或高于 24 位时，图像所包含的颜色数量约为 1677(2^{24})万个，达到全色彩的标准，图像的颜色数量已经基本能够还原自然影像时，人们习惯上把这种图像叫作“真彩色”图像。

3. 图像分辨率

根据应用领域的不同，图像分辨率包括图像分辨率、屏幕分辨率、显示分辨率和设备分辨率四种类型。

1)　图像分辨率

图像分辨率 PPI(Pixels Per Inch)是指每英寸图像中所含有的像素数多少，它是图像像素密度的度量方法，常见有 72PPI、100PPI、300PPI 等。图像分辨率越高，图像在单位面积内含有的像素越多，打印的图像越清晰，反之图像越模糊。

2)　屏幕分辨率

屏幕分辨率是指计算机显示器屏幕显示图像的最大显示区，以水平和垂直的像素点数表示，如 800×600、1024×768 等。屏幕分辨率与显示尺寸、显像管点距、视频带宽和刷新频率等因素有关，刷新频率对屏幕分辨率的影响比较大①。

3)　显示分辨率

显示分辨率是指数字化图像的像素比例及数量多少，其表示是“横向像素×纵向像素”，如 1920×1080，1280×720 等。显示分辨率是图像呈现的最大像素水平，屏幕分辨率是计算机呈现的最大精细程度，当图像的显示分辨率大于屏幕分辨率时，那么图像会在计算机中清晰呈现；当图像的显示分辨率小于屏幕分辨率时，图像放大后会出现模糊现象。

4)　设备分辨率

设备分辨率代表成像设备的解析能力，设备分辨率(DPI)是用每英寸可产生的点数来度量，即不考虑该点的亮度，只考虑点个数。图像分辨率(PPI)可以更改，但显示器、扫描仪和数码相机等设备都有各自固定的分辨率(DPI)，无法更改。当前，大多数印刷设备的解析能力是 300DPI，当图像分辨率为 300PPI 时，一个像素刚好对应一个点，不需要栅格处理，图像清晰度最佳；当图像分辨率低于 300PPI 时，打印后的图像清晰度低；图像分辨率大于 300PPI 时，图像会被栅格化处理，打印后的图像清晰度高。

---

① 黄纯国，殷常鸿. 多媒体技术与应用[M]. 北京：清华大学出版社，2011.

4.2 图像颜色模式

颜色是视觉系统对可见光的感知结果。图像颜色模式能够客观统一地对色彩进行描述，常见的图像颜色模式有 RGB 模式、HSB 模式、CMYK 模式、位图模式、灰度模式等。

1. RGB 颜色模式

RGB 模式是由红(R)、绿(G)、蓝(B)三个颜色任意叠加产生颜色，电视屏幕中显示的任何一种颜色均可由红、绿、蓝(RGB)这三种颜色波长按照不同的光强混合得到。

RGB 模式主要具有以下特点。

(1) R、G、B 的取值范围是 0～255，RGB 模式能够呈现彩色数目为“256×256×256”种颜色，达到“真彩色”的标准。

(2) 当所有分量的值相等时，结果是中性灰度色。

(3) 当所有分量的值均为 255 时，结果是纯白色。

(4) 当所有分量的值都为 0 时，结果是黑色，如图 4-3 所示。

图 4-3 RGB 模式拾色器

2. HSB 颜色模式

HSB 色彩模式是基于人眼的一种颜色模式，该模式是利用颜色的三要素来表示颜色的，它与人眼观察颜色的方式最接近，它是一种定义颜色的直观方式。其中，H 表示色度(也称色相，Hues)，S 表示饱和度(Saturation)，B 表示亮度(Brightness)。

1) 色度 H(Hues)

色度表示颜色的基本特征，在 0°～360°的标准色环上，按照角度值标识。比如红是 0°或 360°、黄色是 60°、绿色是 120°、青色是 180°、蓝色是 240°、洋红是 300°等，如图 4-4 所示。

2) 饱和度 S(Saturation)

饱和度是指颜色的强度或纯度。饱和度表示色相中彩色成分所占的比例，用从 0%(灰

色)～100%(完全饱和)的百分比来度量。在色立面上饱和度是从左向右逐渐递增，左边线为0%，颜色显示为灰色，右边线为 100%，颜色显示为纯色，如图 4-5 所示。

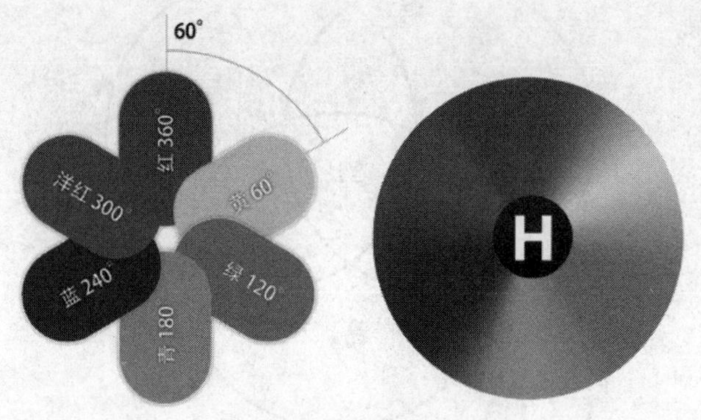

图 4-4　色度

图 4-5　饱和度

3)　亮度 B(Brightness)

亮度是颜色的明暗程度，通常是从 0%(黑)～100%(白)的百分比来度量的，也简称为L(Lightness)，在色立面中从左至右逐渐递增，左边线为 0%，颜色显示为黑色，右边线为100%，颜色显示为白色，如图 4-6 所示。

图 4-6　亮度

3. CMYK 颜色模式

CMYK 颜色模式是一种基于四色印刷的印刷模式。从理论上来说，任何一种颜色都可以用三种基本颜料按一定的比例混合得到。这三种颜色是青色(Cyan)、品红色(Magenta)和黄色(Yellow)，通常写成 CMY。但是，在实际应用中，青色、洋红色和黄色很难叠加形成真正的黑色，因此在印刷中常又加入一种黑色颜料(Black)，黑色的作用是强化暗调，加深暗部色彩，CMY 模式又写作 CMYK 模式，也称为减色模式。

CMYK 模式主要具有以下特点。

(1)　当三种基本颜料按等量的比例混合时，所得到的颜色为黑色。

(2)　当黄色和绿色等量，品红为 0 时，得到绿色。

(3)　当黄色和品红等量，青色为 0 时，得到青色。

(4) 当青色和品红等量，黄色为 0 时，得到蓝色，如图 4-7 所示。

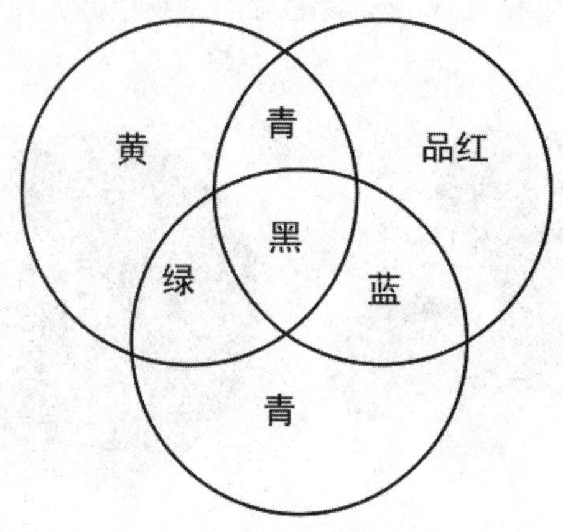

图 4-7 CMYK 模式

4. 位图模式

位图颜色模式的色彩深度为 1 位，它只能用黑色和白色来表示图像。当图像由彩色模式转变为位图模式以后，图像会丢失大量的色彩。但彩色图像不能直接转变为位图模式，它们必须先转换为灰度模式，才能转换为黑白图像。也就是说，一幅图像先转换为灰度模式图像，然后将灰度模式图像转换为黑白两色的图像，即位图模式的图像，灰度模式图像效果如图 4-8 所示，位图模式图像效果如图 4-9 所示。

图 4-8 灰度模式

图 4-9 位图模式

5. 灰度模式

灰度模式是由黑、白、灰组成的单色调图像，每个像素都以 8 位表示，有一个 0(黑色)到 255(白色)之间的亮度值，灰度模式能够展示 256 个灰度级。

4.3 图像文件格式

图像文件格式

文件格式主要用于标识文件的类型。图像的文件格式是记录和存储影像信息的一种格式，同时也是计算机中存储图像文件的一种方法，常用于数字

图像的存储、处理、传播等，它代表不同的图像信息，如图像类型、色彩位数和压缩程度等。

1. BMP 文件格式

BMP 是英文 Bitmap(位图)的简写，扩展名为.bmp，它是 Windows 操作系统中的标准位图图像文件格式，BMP 格式得到了几乎所有 Windows 应用程序的支持。

BMP 格式主要具有以下特点。

1)　读取速度快

图像信息较丰富，文件几乎不进行压缩，文件读取速度快，多用于应用软件中的底层文件。

2)　存储空间大

文件占用存储空间过大，如一张分辨率仅为 1600×900 的 BMP(24 位，真彩色)，图像的存储空间就高达 4.12MB。当前，BMP 格式在媒体创作领域中较少使用。

2. JPEG 文件格式

JPEG 是英文 Joint Photographic Experts Group(联合图像专家)的缩写，扩展名为.jpg 或.jpeg，它是常用的图像文件格式。

JPEG 格式主要具有以下特点。

1)　高保真有损压缩

JPEG 文件格式是一种较常用的有损压缩方案，文件占用存储空间较小，下载速度快，常用来批量存储图片。

2)　存储空间小

JPEG 文件格式支持各种格式的彩色图像，画面质量与 BMP 没有太大差别，但文件大小远小于同尺寸的 BMP 文件，压缩比通常在十几分之一以上。如一个图片将其保存为 BMP 格式，图像存储量为 7.11MB，使用同样的方法，将其另存为 JPG 格式，则图像存储量缩小为 0.22MB。同样，将之前的 BMP 格式的图片(1600×900，24 位，真彩色)保存为 JPG 格式(1600×900，24 位，真彩色)，图像的存储空间则由 4.12MB 降低至 244KB。

3)　通用性强

JPEG 文件格式是当前手机、数码相机默认的存储格式，也是多媒体创作与网页制作过程中图像应用的首选格式。

3. GIF 文件格式

GIF 是英文 Graphics Interchange Format(图像交换格式)的缩写，扩展名为.gif。GIF 格式主要具有以下特点。

1)　存储颜色少(8 位)

GIF 文件格式只能够存储 256 个颜色(8 位，索引颜色)，图像质量无法与真彩色(24 位)的图像相比，通常用于一些卡通图像或者动画表情中。

2)　文件存储空间小

GIF 文件的存储量非常小，如将之前的 BMP 格式的图片(1600×900，24 位，真彩色)保存为 GIF 格式(1600×900，8 位，索引颜色)，图像的存储空间则由 4.12MB 降低至 160KB。早期，GIF 因文件最小，多用于网页图像呈现，常被用作网页中 Logo 图像文件格式，现在，多用于社交软件中表情图像。

3) 具有背景透明效果

GIF 格式支持 Alpha 通道，可将图像背景设置为透明，让图像主体部分与界面背景进行融合。

4) 支持动画效果

GIF 文件格式可以在一个图像文件中重复播放多张图像，形成简单的动画效果，也被称为 GIF 动画。

4. PNG 文件格式

PNG 是英文 Portable Network Graphics(便携式网络图形)的缩写，它是一种无损压缩的位图格式。

PNG 格式主要具有以下特点。

1) 兼具 GIF 和 JPEG 两者优点

PNG 格式吸取了 GIF 和 JPEG 二者的优点。它在 JPEG 高保真图像质量的基础上，支持图像的透明效果。

2) 支持过渡透明效果

PNG 格式可以为原图像定义 256 个透明层次，使得彩色图像的边缘能与任何背景平滑地融合，从而彻底地消除锯齿边缘，这是 GIF 所不具备的，GIF 只支持透明和不透明两个层次。

3) 应用广泛

不同的文件格式对图像的呈现效果具有明显的影响，如图 4-10 所示，三张图片的处理方法完全相同，但文件的保存格式不同。JPG 格式不支持背景透明，图像背景自动填充为白色。GIF 格式不支持过渡透明效果，图像的背景呈现透明，图像的边缘具有明显的锯齿状模糊。PNG 格式支持 256 个透明层级，图像边缘柔和，是三个格式中呈现效果最好的。由于 PNG 格式能够将图像的透明度保存并显示出来，它被广泛应用于网页制作、视频合成、平面设计中。

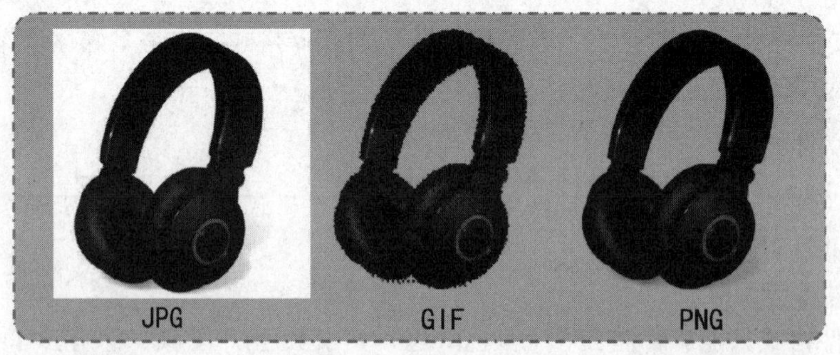

图 4-10 JPG、GIF、PNG 文件格式对图像的呈现效果比较

5. PSD 文件格式

PSD 是图像编辑工具 Photoshop 的专有格式，它可以存储成 RGB 或 CMYK 模式，是目前唯一能够支持全部图像色彩模式的格式。

PSD 格式主要具有以下特点。

1)　源文件格式

PSD 格式能够保存 Photoshop 的图层、通道、路径等信息，便于对图像内容二次修改，通常作为图像处理的源文件保存。

2)　兼容性差

PSD 格式很少得到相关应用程序的支持，在图像制作完成后，通常需要转化为一些比较通用的图像格式，如 JPG、PNG 等格式。

6. TIFF 文件格式

TIFF 是英文 Tag Image File Formats(标记图像文件格式)的缩写，其文件扩展名为.tif。它是由 Aldus 和微软联合开发的，是为了跨平台存储扫描图像。TIFF 是一种灵活的位图图像格式，得到大多数绘画、图像编辑和页面排版应用程序的支持，几乎所有桌面扫描仪都可以生成 TIFF 图像。

4.4　图像获取技术

图像获取技术

常见的图像获取技术主要有数码相机拍摄、图像扫描、网络资源下载、屏幕截图等。

4.4.1　数码相机拍摄

数码相机是一种光、电、机一体化的产品，数码相机在拍摄过程中，要注意以下因素对拍摄画面的影响。

1. 快门对画面的影响

快门指相机感光时间的长短，即相机快门开启的有效时间长度，例如 1/30s、1/8s、1/90s 等。曝光时间越短，进光量就越少，相对的感光量就越少；反之，曝光时间越长，进光量越多，感光量也就越多。高速快门多用于拍摄移动的主体，它可以凝固物体运动的瞬间画面。慢速快门多用于拍摄夜景或拖尾现象等特殊效果。如同样的瀑布场景，使用高速快门能够拍摄出水花四溢的溅射效果，如图 4-11 所示。而使用慢速快门则会拍摄出水流攒动的效果，如图 4-12 所示。

图 4-11　高速快门效果

图 4-12　慢速快门效果

2. 光圈对画面的影响

光圈用来控制光线透过镜头进入机身内感光面的光量大小，光圈的大小用光圈系数表示，如 F2.8、F8、F16 等，光圈大小与光圈系数成反比。在快门不变的情况下，光圈系数大小的调整直接影响画面的亮度，光圈系数越大，画面越暗；光圈系数越小，画面越亮。此外，光圈还影响画面的景深效果，光圈系数越小，景深越小；光圈系数越大，景深越大。如图 4-13 所示，当光圈系数为 F2.8 时，画面的景深最小，画面主体清晰，背景虚化；当光圈系数为 F16 时，画面的景深最大，画面主体和背景均清晰可见。

3. 感光度对画面的影响

感光度，又称为 ISO(International Standards Organization)值，用于衡量相机对于光的灵敏程度。感光度的数值越高，接受的光量越多，在相同的光圈与快门条件下，画面会随着感光度的增加而明亮。随着感光度值的升高，画面的噪声(颗粒感)也会增加。感光度的选择应注意以下事项。

(1) 外景拍摄，阳光充足时，建议采用低 ISO 值，可以得到好的影像质量。

(2) 室内拍摄，光线较暗时，建议提高 ISO 值，增加快门速度，可以得到好的影像质量。

图 4-13 光圈系数与画面景深的关系

4. 景深对画面的影响

景深是一个摄影专业术语，当相机对某一拍摄物体聚焦时，从该物体前面的一段距离到其后面的一段距离内的所有景物都是清晰的，这段围绕聚焦物体前后的清晰范围，被称为景深。随着相机设置的不同，画面景深效果不同，大景深常用于表现风景或大场面的画面，如图 4-14 所示。小景深常用于拍摄画面主体，它主要通过虚实对比，达到突出主体的目的，如图 4-15 所示。

图 4-14　大景深画面效果

图 4-15　小景深画面效果

影响景深的因素有光圈、镜头焦距和拍摄对象的距离三种①。

1)　光圈

光圈系数越小，景深越小；光圈系数越大，景深越大。

2)　焦距

镜头焦距越长，景深越小；镜头焦距越短，景深越大。镜头焦距是焦点到光心的距离，常见的有 28mm、50mm、70mm 等。短焦距、视角大，能拍摄的画面越多；长焦距，能拍摄的画面少。

3)　物距

物距是镜头距离被拍摄对象的远近。物距越远，景深越大；物距越近，景深越小。

4.4.2　图像扫描仪

图像扫描仪是利用光电技术将图形或图像信息转换为数字信号的装置。分辨率设置直接影响图像采集的大小和质量，分辨率越高，采集后的图像像素水平越高。当图像用于计算机屏幕上显示或者网页制作时，分辨率设为 100PPI 即可；当图像用于精细修改时，分辨率可设为 300PPI 或 500PPI 以上。

4.4.3　网络资源下载

由于浏览器对图像呈现的技术支持，可以直接通过鼠标右键对图像进行复制或存储，图像搜索引擎和图像专题网站是人们获取图像的常用途径。需要注意的是，网络只是图像呈现的平台，图像的知识产权归属于图像的制作者和提供者，网络图片的应用应在知识产品允许的范围内②。

1. 使用图像搜索下载引擎

(1)　百度图片搜索 http://image.baidu.com/。

---

① Jeff Wignall. 数码摄影工坊——曝光[M]. 张波，译. 北京：人民邮电出版社，2008.

② 黄纯国，殷常鸿. 多媒体技术与应用[M]. 北京：清华大学出版社，2011.

(2) 360 图片搜索 http://image.so.com。

(3) 微软图片搜索 http://cn.bing.com/images/trending?form=z9lh。

2. 常用的图片资源库

(1) 素材中国 http://www.sccnn.com。

(2) 视觉 ME 设计师社区 http://www.shijue.me。

4.4.4 屏幕截图

屏幕截图可以将计算机屏幕上的桌面、窗口、对话框、选项卡等屏幕元素保存为图片。常见的截图方法有屏幕打印键、软件截图、视频截图等。

1. 屏幕打印键

标准键盘中屏幕打印键(Print Screen)位于 F12 键的右侧，按下 Print Screen 键，相当于对整个电脑屏幕执行复制命令，在 Photoshop、Word、PowerPoint、画图等应用软件中执行“粘贴”(Ctrl+V)命令，可将电脑屏幕转变为图像。Print Screen 键是对整个屏幕进行复制，使用 Alt+Print Screen 组合键可以把当前活动的窗口捕捉下来。

2. 软件截图

屏幕捕捉软件可以对屏幕对象自动识别或自定义屏幕大小，实现对屏幕的精确捕捉。常用的截图软件有 SnagIt、QQ 截图等。QQ 截图软件的优点是功能简单、使用快捷、应用方便。SnagIt 是 Windows 一个非常著名的优秀屏幕、文本和视频捕获、编辑与转换软件，可以捕捉、编辑、共享计算机屏幕上的一切对象，具有完备的图像捕获、处理、保存，常用于对计算机屏幕图像进行批量捕获。

3. 视频截图

视频截图不同于计算机屏幕图像，视频在硬件加速的支持下以数据流的形式进行播放，Print Screen 键或截图软件无法对其进行精准捕获。使用视频播放器可以对视频图像进行截取，如暴风影音播放器中按下 F5 快捷键可自动将正在播放的视频存储为.bmp 格式的图像。

4.5 图像处理软件

图像处理软件

图像处理软件是对图像进行浏览、查看、修改、合成等应用软件的总称，图像应用的领域不同，使用的图像处理软件也不同。常见的图像处理软件有 Adobe Photoshop、美图秀秀、光影魔术手、ACDSee、PICASA 等。

4.5.1 Adobe Photoshop

Adobe Photoshop 简称 PS，它是由 Adobe 公司开发和发行的图像处理软件，用于处理以像素所构成的数字图像，实现对图像的编辑、色彩调整、修补、合成等功能，应用领域非常广泛。

1. 平面设计

平面设计是 Photoshop 应用最为频繁的领域，无论图书、海报，还是软件界面、媒介素材，都需要使用 Photoshop 软件对图像进行处理。

2. 广告摄影

广告摄影对视觉要求非常严格，最终成品往往要经过 Photoshop 的修改才能得到满意的效果。

3. 影视创作

Photoshop 不仅能够制作具有透明效果的 PNG 图片，还可以与 Premiere 和 After Effects 无缝对接，将图层、通道等技术应用到影视后期创作的软件中，提高影视创作的效率和质量。

4. 网页制作

Photoshop 常用于网站首页面和主页面的制作，Photoshop 的切片工具能够将图像按照网页表格的需要进行分割，将静态图像转换为动态网页格式。

4.5.2　美图秀秀

美图秀秀是一款免费图片处理软件，操作简单，提供人像美化、拼图、场景、边框、饰品等功能，独有磨皮祛痘、瘦脸、瘦身、美白、眼睛放大等多种强大美容功能。美图秀秀支持多平台应用，包括在线网页版、PC 版和 APP 版，具有以下特色功能。

(1) 拥有的图片特效轻松打造各种影楼、LOMO 效果。

(2) 强大的人像美容功能：一键美白、磨皮祛痘、瘦脸瘦身等。

(3) 自由拼图、模板拼图等多种拼图模式。

(4) 支持一键分享到微博、微信等多个平台。

4.5.3　光影魔术手

光影魔术手是对图像画质进行改善提升及效果处理的软件。其优点是简单、易用，不需要任何专业的图像技术，是摄影作品后期处理、图片快速美容、数码照片冲印整理时必备的图像处理软件，具有以下特点功能。

1. 拥有强大的调图参数

光影魔术手拥有自动曝光、数码补光、白平衡、亮度对比度、饱和度、色阶、曲线、色彩平衡等一系列调图参数。

2. 丰富的数码暗房特效

光影魔术手拥有多种丰富的数码暗房特效，如 LOMO 风格、背景虚化、局部上色、褪色旧相、黑白效果、冷调泛黄等效果。

3. 海量精美边框素材

光影魔术手可给照片加上各种精美的边框，轻松制作个性化相册。

4. 随心所欲的拼图

光影魔术手拥有自由拼图、模板拼图和图片拼接三大模块，为用户提供多种拼图模板和照片边框选择。

5. 便捷的文字和水印功能

文字水印可随意拖动操作。横排、竖排、发光、描边、阴影、背景等各种效果，让文字加在图像上更加出彩。

6. 图片批量处理功能

光影魔术手充分利用 CPU 的多核，快速批量处理海量图片，用户可以批量调整尺寸、加文字、水印、边框等各种特殊效果。

4.5.4 ACDSee

ACDSee 是目前非常流行的看图工具之一。它提供了良好的操作界面，简单人性化的操作方式，优质的快速图形解码方式，支持丰富的图形格式，强大的图形文件管理功能等，如图 4-16 所示。

图 4-16 ACDSee 界面

4.5.5 Picasa

Google 的免费图片管理工具 Picasa(毕加索)，在数秒钟内就可找到并欣赏计算机上的图片。Picasa 的界面美观华丽，功能实用丰富，如图 4-17 所示。它最突出的优点是搜索硬盘中图片的速度很快。

图 4-17　Picasa 界面

图像尺寸修改

4.6　图像尺寸修改

为了满足作品内容呈现和界面布局的需要，在媒体创作过程中常常对图像进行裁切和尺寸修改。图像的应用领域不同，图像尺寸的要求不同，如网页制作中的图片尺寸以满足计算机屏幕标准为宜，视频制作中图像尺寸以满足视频分辨率标准为宜，照片打印中图像尺寸以满足图像分辨率标准为宜。

4.6.1　图像处理工具

Photoshop 的操作主要通过工具、属性、浮动面板完成。工具是 Photoshop 操作的基础，Photoshop 的大部分功能是通过工具来实现的；属性是对工具功能的拓展，通过设置属性，能够让工具实现特定功能；浮动面板用于完成工具使用过程中相关的辅助操作，如“历史记录”“图层”“导航栏”等浮动面板。

1. 常见工具

在工具箱中有 60 多种工具，它们能够完成 Photoshop 的大部分操作，在这些工具中较常用的有“选框”工具，“魔棒”工具、“移动”工具、“裁剪”工具、“文字”工具、“缩放”工具、“抓手”工具、“前景色/背景色”工具、“橡皮擦”工具、“吸管”工具等，Photoshop CC 2019 软件中新增了“图框”工具。具体分析如表 4-1 所示。

表 4-1 Photoshop 工具详解①

项　目	标　识	名　称	功　能
制作选区		选框工具	制作矩形、椭圆形、单行、单列选区
		套索工具	制作不规则、多边形的选区
		魔棒工具	选取颜色相同或相近的选区
		钢笔工具	创建或编辑直线、自由线条及形状，可转为选区
修复图像		仿制图章工具	从图像中取样，然后可将样本应用到其他图像
		修补工具	修补或复制图像
裁剪图像		裁剪工具	可对图片进行大小、尺寸及透视角度进行裁剪
遮盖图像		图框工具	创建矩形或椭圆形占位符图框
填充工具		油漆桶工具	填充颜色
		渐变工具	填充各种颜色间的逐渐混合
		画笔工具	以毛笔风格在图像或选区中绘制图像
		形状工具	绘制各种各样的形状
颜色工具		吸管工具	获取图像或色板中的颜色
		前/背景色工具	设置当前使用的前景色/背景色
查看图像		缩放工具	放大或缩小图像
		手形工具	在窗口移动图像
文字工具	T	横排文字工具	在图像中输入横排文字
	IT	竖排文字工具	在图像中输入竖排文字
构图工具		裁切工具	用于裁剪图像
删除工具		橡皮擦工具	用于擦除图像

2. 基础概念

1) 羽化

羽化是图像选区的重要参数。羽化是在选区边缘内外建立一个过渡区域，它将选区划分为内区域、过渡区、外区域三个区域。内区域为不透明区域，外区域为透明区域，过渡区为不透明向透明的转化区。羽化值越大，过渡区域越大，虚化范围越宽，图像边缘渐变越柔和；羽化值越小，过渡区域越小，虚化范围越窄，图像边缘越清晰。

羽化起到图像边缘透明度渐变的作用。当羽化值为 0 时，选区没有羽化效果，图像边缘的锯齿明显，看起来比较生硬，无羽化效果。当羽化值增大时，选区具有羽化效果，图像的边缘逐渐虚化，出现半透明的过渡效果，图像能够与背景很好地融合在一起，如图 4-18 所示。

2) 不透明度

不透明度是图层和橡皮擦、油漆桶、渐变、画笔、仿制图章等多个工具的重要属性。当透明度为 0%时，图像完全透明；当透明度为 100%时，图像完全显示；当图像透明度介

① 高铁刚等. 信息化教学资源制作基础[M]. 北京：清华大学出版社，2011.

于 0%～100%时，图像呈半透明效果，如图 4-19 所示。

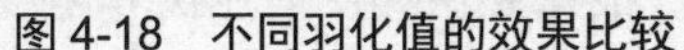
图 4-18　不同羽化值的效果比较

图 4-19　不同透明度的效果比较

3)　容差

容差是魔棒工具的重要属性，容差越大，选区颜色范围越广泛。容差取值在 0～255 之间，默认值为 32。当容差值为 0 时，选取颜色范围较少，只能选取鼠标选中的单一颜色区域；当容差值为 50 时，将对这一颜色区域进行扩展；当容差值为 255 时，拓展范围将包括图像的全部颜色区域，如图 4-20 所示。

图 4-20　不同容差值效果对比

4)　通道

通道层中的像素颜色是由一组原色的亮度值组成的，实际上通道可以理解为选择区域的映射。通道主要用于存储图像的色彩资料、存储和创建选区、抠图等操作。

5)　缩放平移

工具箱中的“缩放”工具，单击图像即可放大一倍，按 Alt 键的同时单击，图像缩小一半。拖动鼠标选定某一区域，则该区域将被放大至充满整个窗口。在图像放大后，单击“抓手”工具(快捷键为空格键)，在显示窗口拖动光标即可改变显示区域，实现图像平移，查看完毕后，双击“缩放”工具，即可以 100%比例显示图像。

6)　历史记录

历史记录面板用于记录图像操作步骤，在“历史记录”面板中单击该操作的前一步操作记录即可撤销该操作以后的所有操作，在某些操作被撤销后，还可以再进行恢复，单击要恢复的记录，即可恢复该记录之前所有被撤销的记录。此外，执行“编辑”选项下的“还原”(Ctrl+Z)命令可以撤销或恢复一步操作，按下 Ctrl+Alt+Z 快捷键，可以进行多步恢复。

4.6.2　图像二次构图

在实际拍摄过程中常常因为各种因素导致图像构图出现偏差，单击 Photoshop 的“放大镜”和“裁切”工具，能够很好地对图像进行放大、裁切，实现对图像的二次构图。具体操作步骤如下。

(1) 单击 Photoshop 工具箱中的“缩放”工具。

(2) 根据图像构图的需要，在图像窗口拖出一个矩形，可将该部分放大至整个窗口。

(3) 图像大小构图合适后，单击“裁切工具”，根据图像构图的比例和角度，对图像进行裁切和旋转，修改图像构图比例，如图 4-21 所示。

图 4-21　图像的缩放

(4) 按 Enter 键，对图像进行尺寸修改，完成图像的裁切。

4.6.3　图像大小调整

1. 图像像素大小调整

像素大小是图像屏幕显示的尺寸，在默认情况，图像像素大小调整是进行等比例缩放，宽度或者高度其中一项进行调整，另一项会自动进行调整。如果取消约束比例选项，图像大小可进行自定义调整，但这会导致图像变形，出现失真现象。具体操作方法如下。

(1) 执行“图像/图像大小”命令，取消约束比例。

(2) 在“图像大小”对话框中的“像素大小”栏输入宽度或高度值，完成图像大小的修改，如图 4-22 所示。

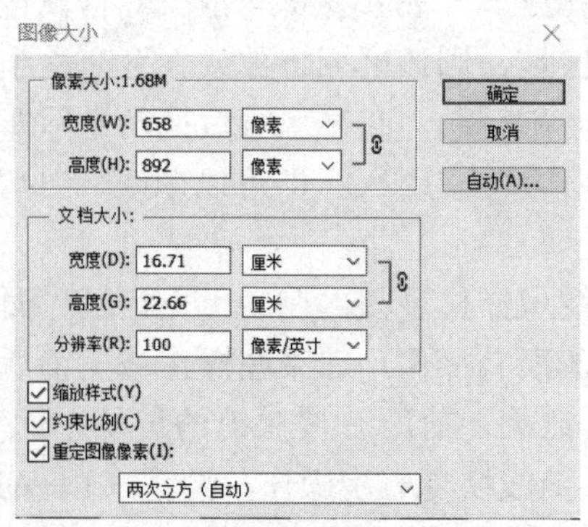

图 4-22　“图像大小”对话框

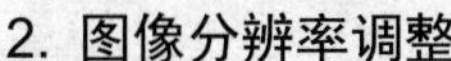

2. 图像分辨率调整

图像分辨率调整常用于照片打印，由于 Photoshop 中新建文档默认分辨率为 100PPI，而照片打印的图像分辨率需要设置在 300PPI 以上，才能保证图像的清晰度。因此，照片的正确打印需要满足两个条件：一是选择正确的相纸大小，如常见的 A4 相纸；二是设置正确的分辨率。

具体操作步骤如下。

(1) 新建 A4 相纸文档，在属性面板中将其设置为 300PPI。

(2) 将需要打印的图片拖曳至新建图片文档中。

(3) 按下 Ctrl+T 组合键，对图片进行等比例缩放。注意，如果拖曳后的图片在文档中显示的尺寸较小，表示图像的像素水平不能满足打印分辨率的需要，即使对图像进行放大，打印后，图像的清晰度也会受到影响。

图像选区绘制

4.7　图像选区绘制

选区是 Photoshop 命令执行的区域，选区能够确保 Photoshop 对指定的区域进行修改。制作合适的选区对处理图像是非常重要的，选框工具、魔棒工具、套索工具、路径工具都是用来制作选区的。

4.7.1　选区工具属性

1. 选区工具属性

在创建选区时，不管是使用规则选区工具，还是不规则选区工具，其选项栏中都会出现左边的四个属性，如图 4-23 所示。

1) 新选区

新选区是指创建新选区，当创建第二个选区时，第一个选区会自动消失。

2) 添加到选区

添加到选区是指在原有的选区上添加新的选区，相当于两个选区合并。

3) 从选区中减去

从选区中减去是指在原有的选区中减去部分选区，剩下的这部分选区是新的选区。

4) 与选区交叉

与选区交叉是指原有选区和新选区的交叉部分是新的选区。

图 4-23　矩形选框工具选项栏

2. 选区创建过程

在图像处理过程中绘制选区的目的是对图像局部进行处理，绘制选区应用包括三个步骤。

1) 绘制选区

采用适合的工具对图像区域进行精准选取，选区的精准度直接影响图像的局部调整效果。

2) 执行操作

根据图像效果的需要，执行恰当的命令，如复制、删除、色彩、亮度、对比度调整等。

3) 取消选区

快捷键为 Ctrl+D，如果没有取消选区，则 Photoshop 的其他命令会一直停留在该区域，无法对其他区域进行操作。

4.7.2 规则选区

规则选框工具组中有四种选框工具，分别是矩形选框工具、椭圆选框工具、单行选框工具、单列选框工具。

1. 矩形选框工具

“矩形选框工具”可以在图像或图层中创建正方形或长方形选区，鼠标移到图像中，单击鼠标并拖动即可创建一个矩形选区。选择矩形选框工具以后，按住 Shift 键单击鼠标并拖动即可建一个正方形选区。

2. 椭圆选框工具

“椭圆选框工具”可以在图像或图层中创建圆形或椭圆形选区，单击工具箱中的“矩形选框”，右击鼠标，在弹出的快捷菜单中选择“椭圆选框工具”。鼠标移到图像中，单击鼠标并拖动即可创建一个椭圆选区。选择椭圆选框工具后，按住 Shift 键，单击鼠标并拖动即可建一个圆形选区。

3. 单行选框工具

“单行选框工具”可以在图像或图层中创建一个宽度为 1 像素的选区，单击工具箱中的“矩形选框”，右击鼠标，在弹出的快捷菜单中选择“单行选框工具”。鼠标移到图像中，单击鼠标并拖动即可创建单行选区。

4. 单列选框工具

“单列选框工具”可以在图像或图层中创建一个高度为 1 像素的选区，单击工具箱中的“矩形选框”，右击鼠标，在弹出的快捷菜单中选择“单列选框工具”。鼠标移到图像中，单击鼠标并拖动即可创建单列选区。

4.7.3 不规则选区

不规则选区工具组中有三种选框工具，分别是套索工具、多边形套索工具、磁性套索工具。

1. 套索工具

“套索工具”适合创建形状不规则的选区，一般用于一些外形比较复杂的图形。单击工具箱中的“套索工具”，在任意位置单击并拖动鼠标，鼠标松开后，选区将自动闭合，

形成新创建的选区。

2. 多边形套索工具

“多边形套索工具”主要用来创建不规则的多边形选区，一般用于一些边缘转折比较明显的图形。单击工具箱中的“套索工具”，右击鼠标，在弹出的快捷菜单中选择“多边形套索工具”。在需要创建选区的边缘单击鼠标，在需要选取的转折点处单击鼠标，起点和终点重合时，单击鼠标，即可创建一个多边形选区。多边形套索工具创建的选区是由一条条线段组成的闭合图形。

3. 磁性套索工具

“磁性套索工具”主要用来创建边界明显的不规则选区，一般用于一些边缘较为清晰的图形。单击工具箱中的“套索工具”，右击鼠标，在弹出的快捷菜单中选择“磁性套索工具”。在需要创建选区的边缘单击鼠标，然后沿着图形的边缘拖动鼠标，起点和终点重合时，单击鼠标，即可创建一个选区。

4.7.4　自定义选区

1. 魔棒工具

“魔棒工具”是通过选取颜色范围创建选区。选择“魔棒工具”在所要选取颜色的区域内单击任意一点，与附近颜色相同或相近的区域便被自动选中。“容差”选项用来控制“魔棒工具”选取的颜色范围(0～255)，数值越大，范围越大。“消除锯齿”复选框用于消除所选定区域边缘的锯齿，让选区变得平滑。“连续”复选框用于选择相邻且与之连接的相近颜色，如取消该复选框的选中，可选择图像中所有的相邻或不相邻的相同颜色。

2. 钢笔工具

“钢笔工具”是用来创造路径的工具。钢笔工具属于矢量绘图工具，其优点是可以勾画平滑的曲线，在缩放或者变形之后仍能保持平滑效果。钢笔工具画出来的矢量图形称为路径，当路径的起点与终点重合绘制时，就可以得到封闭的路径。

钢笔工具创建选区的方法如下。

(1) 单击“钢笔工具”。

(2) 将钢笔工具定位到所需的直线段起点并单击，以定义第一个锚点(不要拖动)。

(3) 再次单击希望结束的位置(按 Shift 键并单击，角度限制为 45° 的倍数)。

(4) 继续单击，以便为其他直线线段设置锚点。最后添加的锚点总是显示为实心方形，表示已选中状态。当添加更多的锚点时，以前定义的锚点会变成空心，并被取消选择。

(5) 闭合路径。请将“钢笔工具”定位在第一个(空心)锚点上。如果放置的位置正确，钢笔工具指针旁将出现一个小圆圈。单击或拖动可闭合路径。

(6) 将路径转变为选区。单击“路径”面板，选择路径面板下方的“将路径作为选区载入”按钮，路径自动转化成选区。或按 Ctrl+Enter 组合键，将路径转换为选区。

4.8 图像色彩调整

图像色彩调整

4.8.1 亮度与对比度调整

1. 亮度与对比度

亮度(Lightness)是颜色的一种性质，特指画面的明亮程度。对比度指的是一幅图像中明暗区域最亮的白和最暗的黑之间不同亮度层级的测量，差异范围越大，代表对比越大，差异范围越小，代表对比越小。当图像偏暗或偏亮时，可以使用 Photoshop 对图像的亮度/对比度进行调整，使其达到正常的效果。

2. 具体操作方法

(1) 在 Photoshop CC 中，执行“图像→调整→亮度/对比度”命令。

(2) 在弹出的对话框的“亮度”选项中拖动滑块，也可手动输入数字，“对比度”操作与“亮度”相同，“亮度/对比度”设置的数值根据实际图片的明暗程度调整。

(3) 设置完成后，单击“确定”按钮，如图 4-24 和图 4-25 所示。

图 4-24 “亮度/对比度”调整前

图 4-25 “亮度/对比度”调整后

4.8.2 色阶调整

1. 色阶

色阶是图像亮度强弱的指数标准，表现一幅图的明暗关系。“色阶”调整能够改变图像的阴影、中间调和高光的强度级别，从而校正图像的色调范围和色彩平衡。

2. 具体操作方法

(1) 在 Photoshop CC 中，执行“图像→调整→色阶”命令。

(2) 在弹出的对话框中，左侧的黑色三角标表示纯黑，右侧的白色三角标表示纯白，中间的灰色三角标就是表示中间的色调。在“输入色阶”下拖动滑块，也可在“输出色阶”文本框中输入数值。设置完成后，单击“确定”按钮，如图 4-26 和图 4-27 所示。

图 4-26　“色阶”调整前

图 4-27　“色阶”调整后

4.8.3　曲线调整

1. 曲线

曲线是 Photoshop 的一种基本调色方法，它能准确地把控图像细节的颜色，是颜色调整工具。

2. 具体操作方法

(1)　在 Photoshop CC 中，执行“图像→调整→曲线”命令。

(2)　在弹出的对话框中，单击鼠标向上拖动曲线一次改变曲线形状，向上拖动图像变白，向下拖动图像变暗，也可对 RGB 通道单独进行调节；或者在其下方的“输入”和“输出”文本框中输入数值。

(3)　设置完成后，单击“确定”按钮，如图 4-28 和图 4-29 所示。

图 4-28　“曲线”调整前

图 4-29　“曲线”调整后

4.8.4　曝光度调整

1. 曝光度

曝光度是指图像拍摄时接收光线的多少。曝光度越大，图像越发白；曝光度越低，图像越暗。

2. 具体操作方法

(1) 在 Photoshop CC 中，执行“图像→调整→曝光度”命令。

(2) 在弹出的对话框中，拖动“曝光度”“位移”“灰度系数校正”等选项的滑块，也可手动输入各项参数。

(3) 设置完成后，单击“确定”按钮，如图 4-30 和图 4-31 所示。

图 4-30 “曝光度”调整前

图 4-31 “曝光度”调整后

4.8.5 色相/饱和度调整

1. 色相和饱和度

色相就是指颜色的品相，如红、黄、青、蓝等，色相改变，图像中整体颜色也会随之发生变化。饱和度是指颜色的饱和程度，饱和度改变，图像颜色的鲜艳程度也会随之发生变化。

2. 具体操作方法

(1) 在 Photoshop CC 中，执行“图像→调整→色相/饱和度”命令。

(2) 在弹出的对话框中，拖动“色相”“饱和度”“明度”选项的滑块，也可手动输入各项参数。

(3) 设置完成后单击“确定”按钮，如图 4-32 所示。

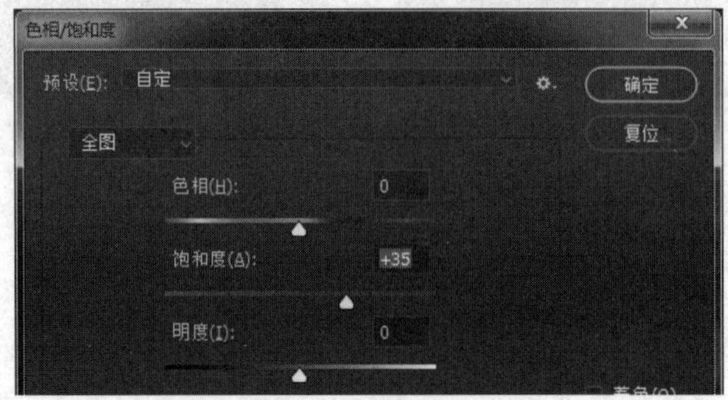

图 4-32 图像“饱和度”调整

4.8.6　色彩平衡调整

1. 色彩平衡

色彩平衡用来控制图像的颜色分布，使图像达到色彩平衡的效果。色彩平衡可以校正图像的色偏，如饱和度过高或饱和度不足的情况，也可以根据自己的喜好，调制需要的色彩，实现更好的画面效果。

2. 具体操作方法

(1) 在 Photoshop CC 中，执行“图像→调整→色彩平衡”命令。

(2) 在弹出的对话框中，选中“中间调”单选按钮，拖动“色阶”选项下方的颜色滑块，也可在“色阶”文本框中手动输入各项参数。

(3) 设置完成后，单击“确定”按钮，如图 4-33 所示。

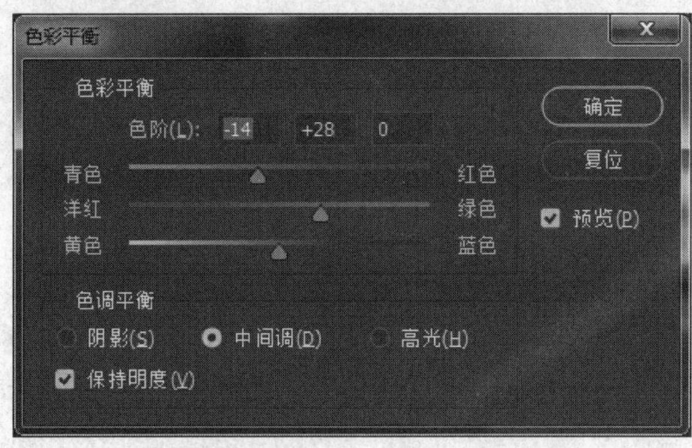

图 4-33　图像“色彩平衡”调整

4.9　图 像 修 补

图像修补

图像的修补对局部图像进行复制、抠除等操作，图像修补是对局部图像进行的无痕操作，不影响图像整体的显示效果。在 Photoshop 中主要通过内容识别、仿制图章、修补等工具实现。

4.9.1　内容感知移动工具及其操作

1. 内容感知移动工具

“内容感知移动工具”是 Photoshop CC 的新增工具，只需选择图像场景中的某个物体，然后将其移动到图像中的任何位置，实现极其真实的 Photoshop 合成效果。“内容感知移动工具”包括感知移动功能和快速复制功能。感知移动功能主要是用来移动图片中的主体，并随意放置到合适的位置，移动后的空隙位置 Photoshop 会智能修复。拓展功能用于选取想要复制的部分，移到其他需要的位置就可以实现复制，复制后的边缘会自动柔化处理，与周围环境融合。

2. 具体操作方法

(1) 右击工具箱中的“污点修复画笔工具”，选择“内容感知移动工具”，鼠标上就有出现 X 图形，在模式中选择“移动”或“扩展”，单击鼠标并拖动就可以画出选区，如图 4-34 所示。

(2) 在选区中按住鼠标进行拖动，移到想要放置的位置后松开鼠标后系统就会智能修复，按 Enter 键确认即可，如图 4-35 所示。

图 4-34 内容感知移动工具

图 4-35 “移动”调整后效果

4.9.2 图像修补工具及其操作

1. 图像修补工具

“修补工具”适用于图像的大面积修补。它是通过对“目标”和“源”的设置，对要修补图像和替换图像进行自定义选择。图像修补工具具有“目标”和“源”两个选项。“目标”选项用于图像的复制，“源”选项用于图像的修补。

2. 具体操作方法

(1) 单击工具箱中的“污点修复画笔工具”，右击鼠标选择修补工具，设置工具属性为“源选项”。

(2) 按住鼠标左键，选取需要复制图像的区域，松开鼠标，选区自动闭合。

(3) 按住鼠标左键，将选区移动至图像周边的适当位置，如图 4-36 所示。

(4) 松开鼠标，则图像被目标区域的图像替换，完成图像的修补，如图 4-37 所示。如果设置为目标，源图像被复制到指定的区域。

图 4-36　图像修补工具

图 4-37　修补调整后

4.9.3　仿制图章工具及其操作

1. 仿制图章工具

“仿制图章工具”是通过图像采样将一幅图像的全部或部分复制到其他区域的图像中[①]，主要用于对图像细节的精确修补。

仿制图章工具不足之处在于：仿制图章工具是将目标区域图像直接复制到源区域图像上，复制后的目标区域图像与源区域图像之间缺少融合过程，修补后的图像具有明显的修改痕迹。

① 葛平俱，李光忠，陈江林. 多媒体技术与应用[M]. 北京：中国水利水电出版社，2018.

2. 具体操作方法

图像采样是仿制图章工具使用的关键，采样方法是：选择在源区域图像的适当位置，然后按 Alt 键，单击鼠标完成取样，然后将鼠标移动到目标区域，单击鼠标，源区域的采样图像被复制到目标区域的图像上面。

仿制图章工具使用的注意事项是，在图像修补过程中根据源区域图像修补的需要，对目标区域图像进行多次采样。

仿制图章工具的具体操作方法如下。

(1) 单击工具箱中的“仿制图章工具”。

(2) 在工具属性面板中，设置画笔的大小(根据实际涂抹的大小来设置)，“模式”为“正常”，选中“对齐”选项。

(3) 将鼠标放在图像中所要采样的区域，按 Alt 键，单击鼠标进行采样。

(4) 采样完成后，松开 Alt 键，单击鼠标进行描绘即可，描绘过程中可能需要连续多次采样，完善修改效果，如图 4-38 和图 4-39 所示。

图 4-38 “仿制图章”调整前

图 4-39 “仿制图章”调整后

4.9.4 修复画笔工具及其操作

1. 修复画笔工具

“修复画笔工具”弥补了仿制图章工具在目标图像与原图像之间缺少融合的过程。它的使用方法与仿制图章工具相似，通过对源区域图像的采样，将其复制到目标区域图像上，完成融合。在图像修补过程中，人们常常使用修补画笔工具取代仿制图章工具，对图像进行修补。

2. 具体操作方法

(1) 单击工具箱中的“修复画笔工具”。

(2) 设置画笔的大小(根据实际涂抹的大小来设置)，在模式中单击“正常→对齐”。

(3) 将鼠标放在图像中所要采样的区域，按 Alt 键，单击鼠标进行采样。

(4) 采样完成后，松开 Alt 键，单击鼠标进行描绘即可，描绘过程中可能需要连续多次采样，完善修改效果，如图 4-40 和图 4-41 所示。

图 4-40　“修复画笔”调整前

图 4-41　“修复画笔”调整后

4.9.5　红眼工具及其操作

1. 红眼工具

“红眼工具”是专门用来消除人物眼睛因灯光或闪光灯照射后瞳孔产生的红点、白点等反射光点。红眼工具操作简单，在属性栏设置好瞳孔大小及变暗数值，然后在瞳孔位置单击一下鼠标就可以修复。

2. 具体操作方法

(1) 单击工具箱中的“红眼工具”。

(2) 在属性栏设置好瞳孔大小及变暗数值。

(3) 将鼠标放在图像中眼睛的区域，单击鼠标进行修复，多次单击鼠标修复效果更佳。

4.9.6　抠图工具

1. 选择主体

选择主体是 Photoshop CC 中新增功能，它是常用的抠图方法，通过选择主体命令，只需单击一次鼠标，即可选择图像中最突出的主体。选择主体功能能够识别图像上的多种对象，包括人物、宠物、动物、车辆、玩具等。选择主体可自动选择图像中突出的主体。在具体操作时可配合其他选择工具调整选区，如“从选区中减去”选项或者橡皮擦工具，优化抠图效果。

2. 具体操作方法

(1) 执行“选择→选择并遮住”命令，在“选择并遮住”工作区中选择“快速选择工具”或“快速选择”或“魔棒”工具。

(2) 在弹出的面板中单击“快速选择工具” ，在图像中选择需要保留的图像，然后单击“确定”按钮，如图 4-42 所示。

图 4-42 选择主体

4.10 图 像 合 成

图像合成

在 Photoshop 中图层占据非常重要的位置，是 Photoshop 图像处理的一个独特概念，Photoshop 将图像文件分别存放在不同的图层中，这些图层叠放在一起形成完整的图像，图层间不同效果和模式的叠加可以生成令人惊叹的效果，可以独立地对每一图层中的图像文件内容进行各种操作，而不会影响到其他图层。Photoshop 对图层的管理主要依靠图层控制面板和图层菜单来完成，可借助它们创建、删除、重命名图层，调整图层顺序，创建图层组，为图层添加效果，合并图层等。

4.10.1 图层的创建

在 Photoshop 中图层包括背景图层、普通图层、蒙版图层、形状图层、文字图层等。

1. 背景图层

背景图层是一个不透明的图层，它以白色或当前背景色为底色，Photoshop 不能对图层进行不透明度和色彩混合模式的调整。背景图层的名称始终是“背景”，它位于图层控制面板的最底层，无法改变图层的叠放次序。背景图层是锁定的，当 Photoshop 打开一个图片时，默认的图层是背景图层，需要双击“锁定”图标，在弹出的“新图层”对话框中单击“好”按钮，即可把背景图层变成普通图层。

2. 普通图层

普通图层是 Photoshop 中最常用的，它是透明无色的，可以在上面任意绘制和擦除。

普通图层的建立方法是执行“图层→新建→图层”命令，在“新图层”对话框中单击“好”按钮。Photoshop 自动为普通图层命名为“图层 1”，双击“图层 1”文字可修改图层的名称，此外，复制、拖曳等操作也会自动在图像中生成一个普通图层。

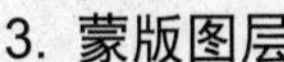

3. 蒙版图层

蒙版图层依附在背景图层和普通图层上，它起到隐藏或者显示图像区域的作用。在图像合成过程中蒙版图层常用来遮盖图像不想要的部分，它是抠像时常用的一种方法。在蒙版图层中添加黑色将遮挡当前图层中相应的图像，添加白色将显示当前图层中相应的图像，添加灰色将当前图层中相应的图像显示为半透明效果。

蒙版图层的建立方法：选择要添加蒙版图层的图层，单击图层控制面板底部的“添加图层蒙版”按钮，如图 4-43 所示。图层会自动添加图层蒙版，对其进行黑白色的径向渐变填充，或者利用画笔工具涂抹黑白色，即可实现图层的蒙版效果，如图 4-44 所示。

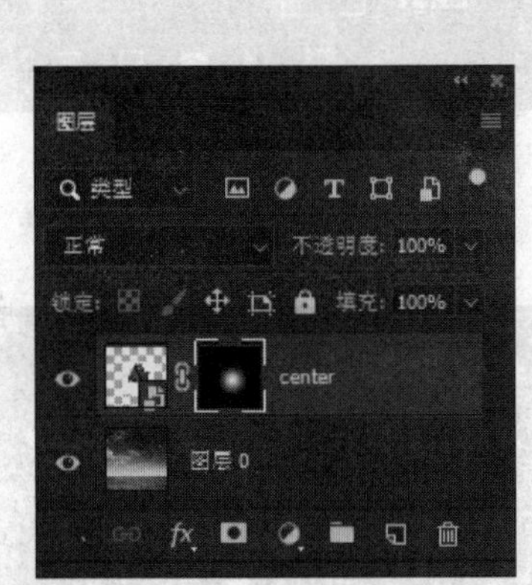

图 4-43　蒙版图层

图 4-44　蒙版图层效果

4. 形状图层

使用矩形工具、椭圆工具或者直线工具等几何形状工具在图像中绘制图形时，在图层控制面板中会自动产生一个形状图层。Photoshop 的很多功能不能直接应用到形状图层上，如色调和色彩调整以及滤镜功能，与文字图层一样，必须将形状图层转换为普通图层之后才可使用。

形状图层的建立方法：单击工具箱中的“矩形工具”，选择填充黄色，单击鼠标并拖动画出一个矩形，在图层面板会自动添加一个形状图层，图层自动命名为“矩形 1”，双击“矩形 1”文字，可修改图层名称，如图 4-45 所示。右击图层名称，在弹出的快捷菜单中执行“栅格化”命令，即可将图层转换为普通图层，如图 4-46 所示。

5. 文字图层

文本图层是用文本工具建立的图层。

文本图层的建立方法：单击工具箱中的“文字工具” T，在图像中要输入文字的位置单击，此时进入文本编辑状态，输入文本内容，如图 4-47 所示，在图层面板中自动建立一个文本图层，文本图层以输入的文本内容作为图层名称，双击图层名称，可对图层重新命名，如图 4-48 所示。文本图层只能编辑文本，不能进行色调调整和执行滤镜功能，需对其执行“栅格化”命令，将其转换为普通图层后才能使用这些功能，而一旦转换为普通图层后，文字将不能编辑。

图 4-45　形状图层效果

图 4-46　形状图层

图 4-47　文字图层效果

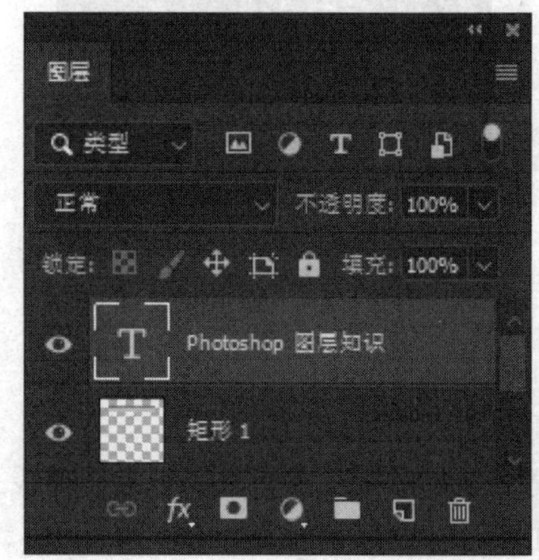

图 4-48　文字图层

4.10.2　图层的编辑

图像合成主要对每个图层的图像进行处理后，通过单个图层中图像的布局以及图层的复制、删除、更改叠放顺序、合并等操作实现的。

1. 图层的移动

在图层控制面板中单击图像所在的图层，然后在工具箱中选择“移动工具”，按住鼠标左键进行拖动，即可移动图层中的图像，如图 4-49 所示。

2. 图层的复制

选中要复制的图层，单击鼠标，拖动此图层到图层控制面板底部的“创建新的图层”按钮上，图层复制自动完成，选择“移动工具”，按住鼠标左键，拖动图像，即可看到

新图层中的图像，也可右击图层，在弹出的列表中选择“复制图层”，或按 Ctrl+J 快捷键复制图层，如图 4-50～图 4-52 所示。

图 4-49　图层的移动

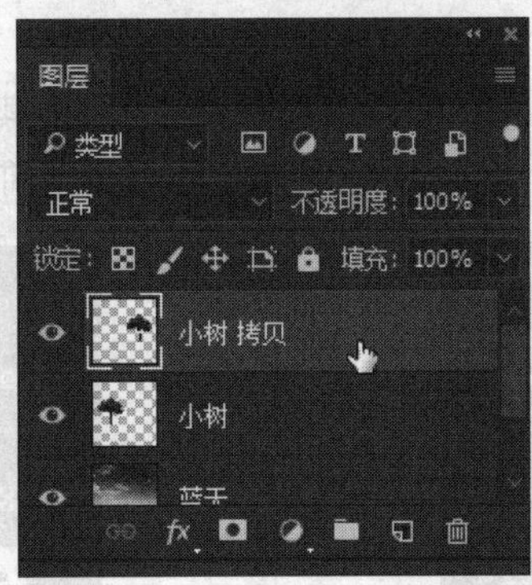

图 4-50　复制的原图　　图 4-51　复制的图层　　图 4-52　复制后的效果

3. 图层的删除

在图层控制面板中选中要删除的图层，然后单击鼠标并拖动此图层到图层控制面板底部的“删除图层”按钮，在弹出的对话框中直接单击“是”按钮，即可将图层删除，如图 4-53～图 4-55 所示。

图 4-53　删除前的原图　　图 4-54　复制后的图层　　图 4-55　复制后的图像效果

4. 更改图层顺序

在图层控制面板中选中要移动位置的图层，按住鼠标左键，向上或向下拖曳至想要的位置，松开鼠标，即可完成图层顺序的更改，如图 4-56～图 4-58 所示。

图 4-56　移动前的图像

图 4-57　拖曳“小树”图层

图 4-58　移动后的图像

5. 合并图层

选择不需要合并的图层前面的“显示图标 ”，将其隐藏，如图 4-59 所示。执行“图层→合并可见图层”命令，所有可见的图层合并到当前的图层上，如图 4-60 所示。

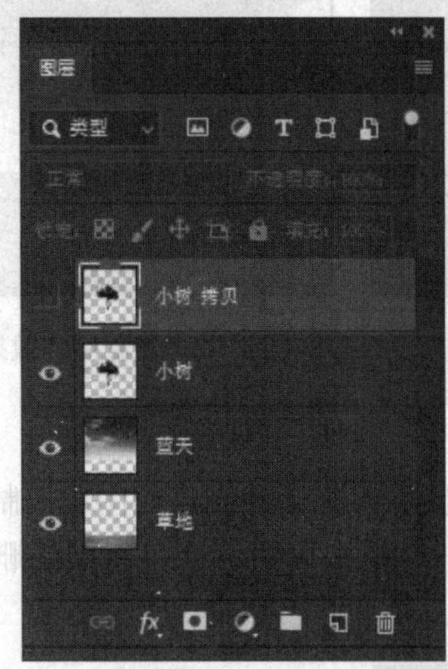

图 4-59　图层的隐藏

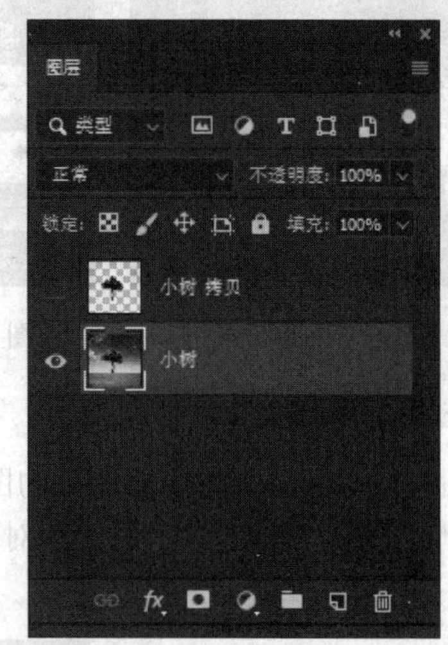

图 4-60　图层的合并

4.10.3　图层的效果

1. 图层样式

图层效果是 Photoshop 最具魅力的功能，它能够产生很多自动的图层效果，包括阴影、发光、斜面和浮雕等。Photoshop 提供了丰富的图层效果，对图层效果的修改，均会实时地显示在图像窗口中，灵活地使用图层效果，可以为艺术创作提供更加广阔的空间。

2. 操作方法

选择要添加图层效果的图层，在图层控制面板中单击“添加图层样式”按钮，在弹出的菜单中选择相应的图层效果，如图 4-61 所示。

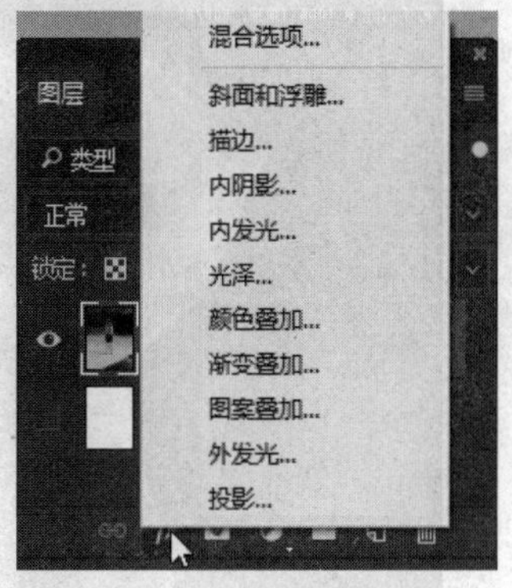

图 4-61　添加图层效果

3. 图层效果种类[①]

1) 投影和阴影效果

无论文字、按钮、边框还是一个物体，如果加上阴影，都会产生立体感。在 Photoshop 提供了两种阴影效果的制作，分别是投影和内阴影。这两种阴影效果的区别是：投影是在图层对象背后产生阴影，从而产生投影的视觉；内阴影则是内投影，即在图层边缘以内区域产生一个图像阴影。这两种图层效果产生的图像效果不同，但参数选项设置是相同的，如图 4-62、图 4-63 所示。

图 4-62　“投影”图层效果

图 4-63　“内阴影”图层效果

2) 外发光和内发光效果

外发光、内发光可以为当前图层的图像创建一种类似于发光的亮边效果。其中外发光产生图像边缘内部的发光效果，内发光产生图像边缘内部的发光效果，如图 4-64 和图 4-65 所示。在制作发光效果时，如果发光物体或者文字的颜色较深，那么发光颜色就应该选择比较明亮的颜色；反之，如果发光物体或者文字的颜色较浅，则发光颜色应该选取较暗的颜色。总之，发光物体的颜色和发光颜色需要有一个比较明显的反差才能突出发光的效果。

3) 斜面和浮雕效果

斜面和浮雕效果可以制作出立体感的图像，它们在图像处理中使用得相当频繁。斜面浮雕的类型包括“外斜面”“内斜面”“浮雕效果”“枕状浮雕”“描边浮雕”，如图 4-66、图 4-67 所示。

① 高铁刚等. 信息化教学资源制作基础[M]. 北京：清华大学出版社，2011.

图 4-64　“外发光”图层效果

图 4-65　“内发光”图层效果

图 4-66　“斜面”图层效果

图 4-67　“浮雕”图层效果

4.10.4　图层的混合

一般图层混合模式包括图层透明度、填充不透明度和混合模式三项功能，通过这三个功能可以制作出许多图像合成效果。

1. 图层透明度

图层透明度用于设置图层中图像显示的透明程度，调整范围是 0%～100%，参数越小，图层越透明；反之，能数越大，越不透明。参数值为 0%时，图层透明，参数值为 100%时，图层为完全不透明，参数值介于 0%～100%之间，图层半透明。在图层面板中选中需要调整透明度的图层(不包括背景图层)，拖动图层“不透明度”滑块，即可设置透明度，如图 4-68 所示。

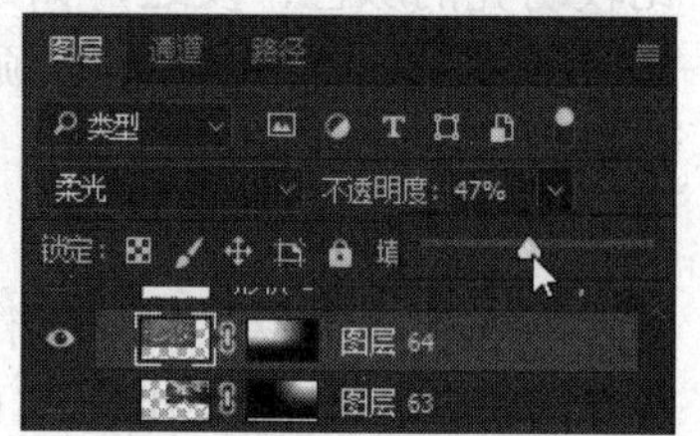

图 4-68　图层透明度

2. 图层混合模式

混合模式是指当图像叠加时，上方图像的像素如何与下方像素进行混合以得到结果图

像，即上层图层颜色+下层图层颜色+应用图层混合模式=新的效果。在图层面板中选中图层后，选择图层混合模式的下拉列表，即可设置图层混合模式，如图 4-69 所示。常见的图层混合模式主要有以下几种。

图 4-69　图层混合模式

1)　正片叠底

将两个颜色的像素相乘，然后除以 255 得到最终色的像素值。与白色混合后不发生变化，与黑色混合后得到黑色，简单地说滤色模式突出黑色的像素。

2)　滤色

将两个颜色是互补色的像素值相乘，然后除以 255 得到最终色的像素值。执行滤色模式后的颜色都较浅，和黑色混合不发生变化，与白色混合后得到白色。

3)　线性加深

通过降低对比度使底色的颜色变暗来反映绘图色，和白色混合后没有变化。

4)　颜色减淡

通过降低对比度使底色的颜色变亮来反映绘图色，和黑色混合后没有变化。

5)　线性减淡

通过增加亮度使底色的颜色变亮来反映绘图色，和黑色混合后没有变化。

6)　叠加

图像的颜色叠加到底色上，但保留底色的高光和阴影部分。底色的颜色没有被取代，而是和图像颜色混合体现原图的亮部和暗部。

7)　柔光

根据图像的明暗程度决定最终色是变亮还是变暗。如果图像色釉是纯黑色或者纯白色，最终色将稍稍变暗或者变亮；如果底色是纯白色或者纯黑色，则没有任何效果。

8)　颜色

用基色的亮度以及混合色的色相和饱和度创建效果色。

9)　亮度

用基色的色相和饱和度以及混合色的亮度创建效果色。

3. 图层蒙版

蒙版是将不同灰度色值转换为不同的透明度，并作用到它所在的图层中，使图层不同部位的透明度产生相应的变化。黑色为透明，白色为不透明，灰色为半透明。蒙版具有保护和隐藏图像的功能，当对图像的某一部分进行特殊处理时，利用蒙版可以隔离并保护其余的图像部分不被修改和破坏。

具体操作方法如下。

1)　添加图像

在 Photoshop CC 中打开建筑和白云两个图像，如图 4-70 和图 4-71 所示。单击工具箱中的“移动工具”，将鼠标移动到“白云”图片上，单击鼠标并拖动到“建筑”图片上，当鼠标变成形状时，松开鼠标，“白云”自动复制到“教学楼”图片上，利用“缩放工具”，快捷键为 Ctrl+T，使其能够遮盖住建筑的蓝天。

图 4-70　建筑

图 4-71　白云

2)　添加蒙版

在图层控制面板中，选择要添加图层蒙版的图层，单击图层蒙版按钮，即可创建出显示出整个图层的蒙版。在“图层”面板中单击蒙版缩略图，使之成为当前状态，如图 4-72 所示。

3)　编辑蒙版

单击工具箱中的“渐变工具”，在属性栏中单击“黑白渐变”，在“渐变类型”中单击“线性渐变”，在弹出的“渐变编辑器”对话框中选择从前景色到透明色渐变预设，按住鼠标左键在图片的中间部分开始拖动，至图片的上边边界位置结束，如图 4-73 所示。松开鼠标，在图层面板的蒙版图层上，出现黑白渐变填充，如图 4-74 所示。

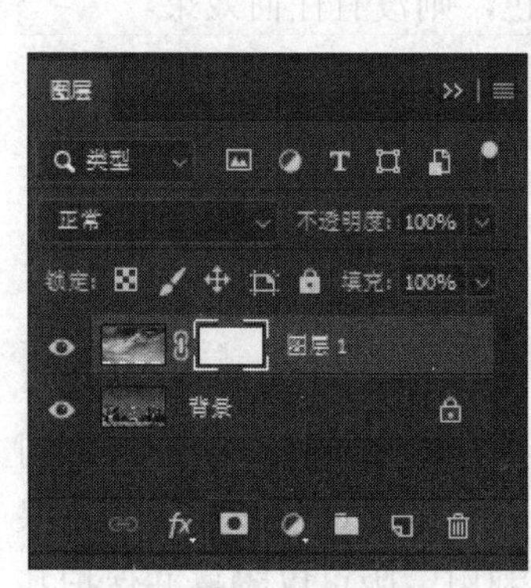

图 4-72　添加蒙版

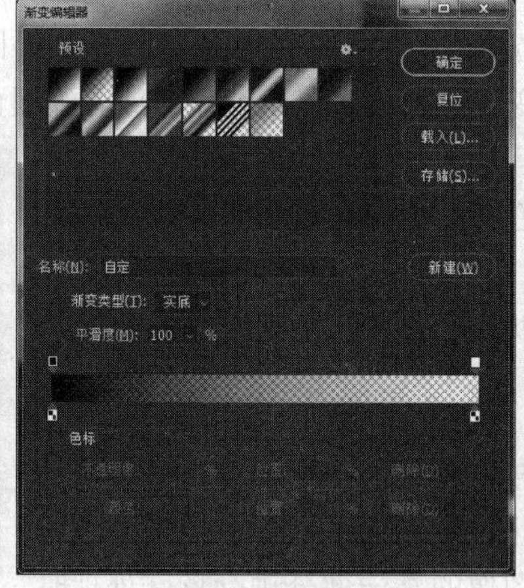

图 4-73　添加图层蒙版

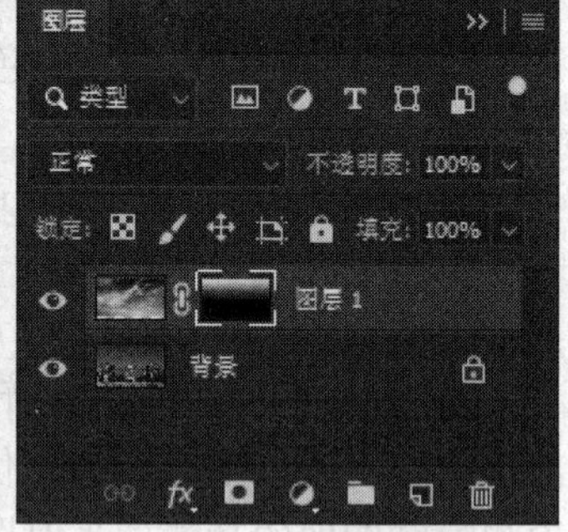

图 4-74　蒙版图层

4)　完成蒙版

在蒙版图层上的黑白渐变中，黑色部分表示将蒙版图像屏蔽掉，白色部分表示将蒙版的图像完全显示，灰色部分表示将蒙版的图像实现半透明的效果。最终效果如图 4-75 所示。

图 4-75　图层蒙版效果

技能实训

主题封面设计

实训目的

1. 熟悉 Photoshop 软件界面的各种操作。
2. 掌握 Photoshop 常见工具的使用方法。
3. 掌握图像处理的常见方法。
4. 掌握图像合成的常见方法。

实训重点

1. 常见工具的使用。
2. 图像选区的绘制。
3. 图像色彩的调整。

实训难点

1. 图像的修补。
2. 图层的混合模式应用。
3. 图层的样式选择。

实训内容

1. 建立背景透明、图像大小为 1920×1080 像素的图像文件，熟练操作 Photoshop 工具箱中的常见工具。

2. 选择一个主题，为多媒体作品设计主题封面。

3. 根据多媒体作品主题封面的需要，获取相关图像素材。

4. 使用 Photoshop 对图像素材的大小、色度、亮度、饱和度进行调整。

5. 使用 Photoshop 对图像素材进行修补处理。

6. 使用 Photoshop 图层命令对图像素材进行画面布局，使用蒙版对图像素材进行透明度处理，调整相关图层的透明度、混合模式、样式。

7. 使用 Photoshop“文字工具”添加封面标题，并进行样式效果处理。

8. 将图像分别保存为 PSD、JPEG、PNG 三个格式。

本章系统地阐述了数字图像的基本原理、颜色模式、文件格式、获取技术以及 Photoshop 图像处理软件的使用。通过本章的学习您已具备以下能力。

(1) 对数字图像具有清晰的认知。

(2) 能使用多种设备获取图像。

(3) 能根据实际需要准确地选择图像格式。

(4) 能使用 Photoshop 对图像进行尺寸修改、选区绘制、色彩调整、修补以及合成处理。

复习思考题

一、基本概念

矢量图　位图　色彩深度　图像分辨率　颜色模式　选区　色彩调整　图层　RGB 模式　HSB 模式　CMYK 模式　位图模式　灰度模式　JPEG　PNG　GIF　色阶　曲线　曝光度　图像修补

二、判断题

1. 在使用 RGB 模式调色的过程中，将 R、G、B 三个值分别设为 255，能够精确地得到纯黑色。（　）

2. CMYK 模式与 RGB 模式的重要区别在于，RGB 模式是基于光的合成，而 CMYK 是基于颜料的合成，所以在印刷领域一般选择 CMYK 模式。（　）

3. 位图模式主要由黑、白、灰三类颜色构成，与传统的黑白照片类似。（　）

4. 矢量图是一种常见的图形，其优点是放大后不失真，图片仍然清晰。（　）

5. GIF 图片能够实现背景过渡透明的效果，图像质量好。（　）

6. Print Screen 键(屏幕打印键)能够截取视频中的图像。（　）

三、选择题

1. 下面属于图片的文件格式有(　　)。

A. MPG　　B. PSD　　C. JPG　　D. PNG　　E. GIF

2. 常见的图像颜色模式有(　　)。

A. RGB 模式　　B. HSL 模式　　C. CMYK 模式
D. 位图模式　　E. 灰度模式

3. 图片常见的获取方法有(　　)。

A. 网页图片另存为　　B. 使用 Print Screen 键截图
C. 使用 Snagit 软件截图　　D. 借助 QQ 截图

4. 常见的图像处理软件有(　　)。
A. 美图秀秀　　B. 光影魔术手　　C. Photoshop　　D. ACDSee

5. 截取电脑中滚动屏幕的方法是(　　)。
A. 使用 Alt+Print Screen 组合键　　B. 使用 QQ 截图
C. 使用 Print Screen 键　　D. 使用 Snagit 截图

四、简答题

1. 请列举 Photoshop 中能够用于图像修补的工具。
2. 请简述 Photoshop 进行图像合成的一般过程。
3. PNG、GIF、JPEG 三个图像文件格式的具体区别表现在哪些地方？
4. 矢量图形与位图图像的区别是什么？
5. 常见的图像颜色模式有哪些？
6. 常见的图像获取技术有哪些？
7. Photoshop 中内容感知工具、图像修补工具、仿制图章工具、修补画笔工具之间的区别是什么？

阅读推荐与网络链接

[1] 黄纯国，殷常鸿. 多媒体技术与应用[M]. 北京：清华大学出版社，2011.
[2] Jeff Wignall. 数码摄影工坊——曝光[M]. 张波，译. 北京：人民邮电出版社，2008.
[3] 高铁刚等. 信息化教学资源制作基础[M]. 北京：清华大学出版社，2011.
[4] 葛平俱，李光忠，陈江林. 多媒体技术与应用[M]. 北京：中国水利水电出版社，2018.
[5] 孙正. 数字图像处理技术及应用[M]. 北京：机械工业出版社，2016.
[6] Milan Sonka，Vaclav Hlavac，Roger Boyle. 图像处理、分析与机器视觉[M]. 兴军亮，艾海舟等，译. 北京：清华大学出版社，2016.
[7] [英]彼得·伯克. 图像证史[M]. 2 版. 北京：北京大学出版社，2019.
[8] [美]安德鲁·福克纳，康拉德·查韦斯. Adobe Photo Shop CC 2018 经典教程 彩色版[M]. 北京：人民邮电出版社，2018.
[9] 51CTO 论坛：http://bbs.51cto.com/.
[10] 中国经济学教育科研网：http://cenet.org.cn.
[11] 信号与图像处理研究所：http://isip.bit.edu.cn/.
[12] 素材中国：http://www.sccnn.com.
[13] 视觉 ME：设计师社区 http://www.shijue.me.

第 4 章　图像处理技术.pptx

第 4 章　图像处理技术知识点纲要.docx

第 4 章　习题答案.docx

第5章　音频处理技术

学习要点

- 了解数字音频的构成要素。
- 理解数字音频的主要参数。
- 掌握数字音频的录音方法。
- 掌握数字音频的文件格式。
- 掌握数字音频的剪辑方法。
- 掌握数字音频的合成方法。

核心概念

采样频率　量化位数　通道数　降噪　变速变调　多轨合成

1876年3月10日，亚历山大·格雷厄姆·贝尔(Alexander Graham Bell)发明了贝尔电话(Bell Telephone)。贝尔电话把声音转换成音频电信号，音频电信号通过金属线从电话发送端传输到电话接收端，在电话接收端再把音频电信号转换成声音。1877年8月15日，美国人托马斯·阿尔瓦·爱迪生(Thomas Alva Edison)发明的留声机(Gramophone)和唱片(Microgroove)。爱迪生留声机是把声音转换成波形轨道存储在介质唱片上，被称为留声，即录音。随着数字信号处理技术、计算机技术、多媒体技术的发展，数字音频技术将声音的电平信号转化成二进制数据进行保存，形成一种全新的声音处理方式。在智能移动终端、云计算、网络宽带技术的支持下，数字音频技术得到了快速发展，数字音频的录制、存储、分享正在呈现便捷化、智能化、普及化等趋势，数字音频的获取、录制、剪辑、合成、存储、传输、分享等技术被广泛地应用到人们生活的方方面面。

(资料来源：谢明. 数字音频技术及应用[M]. 北京：机械工业出版社，2017.)

5.1　数字音频概述

数字音频概述

5.1.1　音频的特性

声音是由物体振动而产生的，其传播形式是声波，由振幅、周期和频率三个物理量描述。

1. 振幅

振幅是指声波波形的幅度，它表示声音的强弱。振幅越高，声音的音量越大；反之，振幅越低，音量越小。

2. 周期

周期是指相邻之间声波的间隔，以秒(s)为单元。

3. 频率

频率是指每秒钟声波振动的次数。

5.1.2　音频的要素

响度、音色、音调是影响声音质量的三个要素。

1. 响度

响度是指人主观上感觉声音的大小(俗称音量或音强)，它由“振幅”和人离声源的距离决定。人和声源的距离越近，振幅越大，响度越大；反之，人和声源的距离越远，振幅越小，响度越小。响度的单位是分贝(dB)。分贝是声压级的大小单位，声音压力每增加一倍，声压量级增加 6dB。1dB 是刚刚能分辨到的声音，130dB 是人听力能承受的极限，在 130dB 的环境中，1min 内人的听力就会受损，出现暂时性失聪。各个等级分贝的特点如表 5-1 所示。

表 5-1　噪声分贝自测表①

响度(dB)	特　点
15	感觉安静
30	耳语的音量大小
40	冰箱的嗡嗡声
60	正常交谈的声音
70	相当于走在闹市区
85	汽车穿梭的马路上
95	摩托车启动声音
100	装修电钻的声音
110	卡拉 OK、大声播放 MP3 的声音
120	飞机起飞时的声音
150	燃放烟花爆竹的声音

2. 音色

音色是指不同声音频率表现在波形方面的特性。不同物体的振动呈现不同的特点。不

① 少华. 美国噪音分贝自测表[J]. 小读者，2012(6).

同的发声体，由于其材料、结构不同，发出声音的音色也不同。如每一个人的声音不一样，钢琴与小提琴的声音也不一样，小提琴的纤柔灵巧，大提琴的深沉醇厚，双簧管的优雅甘美，小号的英雄气概。

3. 音调

音调是指声音的高低(高音、低音)，它由频率决定，频率越高，音调越高(频率单位为Hz)，人耳的听觉范围为 20～20000Hz。20Hz 以下称为次声波，20000Hz 以上称为超声波。频率低的调子给人以低沉、厚实、粗犷的感觉；频率高的调子则给人以明快、尖锐的感觉。

5.1.3　音频的类型

音频属于过程性信息，它有利于限定和解释画面。它不仅可以吸引用户保持注意力，还可以补充视觉信息。一般来说，多媒体作品中的音频类型主要包括解说、音乐和音效三种类型。

1. 解说

解说以语言表达和传递一定的内容和感情为主要目的，它是一种解释说明事物、事理的表述法，标准的解说可以起到给出引导信息、补充视觉信息不足的作用。

2. 音乐

音乐是由有节律而丰富的不同声音派生而成，其作用是抒发人内心的感受或者情致。它常以背景音乐的形式，对视觉画面起到烘托气氛和渲染主题的作用。

3. 音效

音效也是效果声，如心跳、呼吸音、金属撞击声等，它们主要用于表现真实感和增强气氛，具有形象性、时空性、多义性、情感性和隐喻性，起到揭示事物的本质、扩大画面的表现力、增强画面的层次感和空间感的作用。

5.2　数字音频基本参数

数字音频基本参数

现实生活中声音是以模拟波形的声音信号进行传播，数字音频采样是使用模拟/数字转换器将模拟声音信号转换成数字音频信号的过程。声音的音频数字化过程包括采样、量化和编码三个过程。音频数字化的主要指标有采样频率、量化位数、通道数、压缩率、比特率等，其中采样频率、量化位数、通道数是影响录音质量的三个要素。

5.2.1　采样频率

1. 什么是采样频率

采样频率也称为采样速度或者采样率，采样频率简单地说就是在声音进行波形采样的

过程中，一秒钟内需要多少个数据，这个数量就是采样频率。如采样频率是 44kHz，它表示在 1s 内需要 44000 个数据来描述该声音的波形。采样频率影响声音的质量，采样频率越高，数字音频的波形越接近于原始模拟音频的波形，声音的质量越好；而采样频率越低，数字音频的波形越背离原始模拟音频的波形，声音失真越大。

2. 常见的采样频率

常见的采样频率主要包括 11kHz、22kHz、32kHz、44kHz、48kHz、96kHz 等，其中 44kHz 的采样频率最为常见，它代表 CD 唱片的音质，48kHz 的采样频率代表高保真的音质，各种采样频率的音质如表 5-2 所示。

表 5-2　常用的数字音频采样频率

采样频率	品　质
11kHz	AM 广播和低端多媒体
22kHz	FM 广播和高端多媒体
32kHz	广播级标准(略高于 FM 广播)
44kHz	CD
48kHz	标准 DVD
96kHz	蓝光 DVD

5.2.2　量化位数

量化位数是用于描述采样点声音波形数据的二进制位数。量化位数越高，音质越好。常见的量化位数有 8 位、16 位、24 位、32 位。计算机系统决定位数深度的动态范围，当计算机系统是 32 位时，16 位的量化位数应用最为广泛，当计算机系统是 64 位时，32 位的量化位数应用最为广泛。

采样声波为每个采样指定最接近原始声波振幅的振幅值，较高的量化位数可提供更多可能的振幅值，产生更大的动态范围、更低的噪声基准和更高的保真度。不同量化位数的声音品质与动态范围如表 5-3 所示。

表 5-3　量化位数

位 深 度	品质级别	动态范围(dB)
8 位	电话	48
16 位	CD	96
24 位	DVD	144
32 位	最佳	192

5.2.3　通道数

通道数就是音频文件的声道数。当声音只有一个波形表示时，称为单声道，如图 5-1 所示；当声音由两个波形表示时，称为双声道立体声，如图 5-2 所示。在录制声音时，为了让声音效果更好，通常会选择双声道立体声。

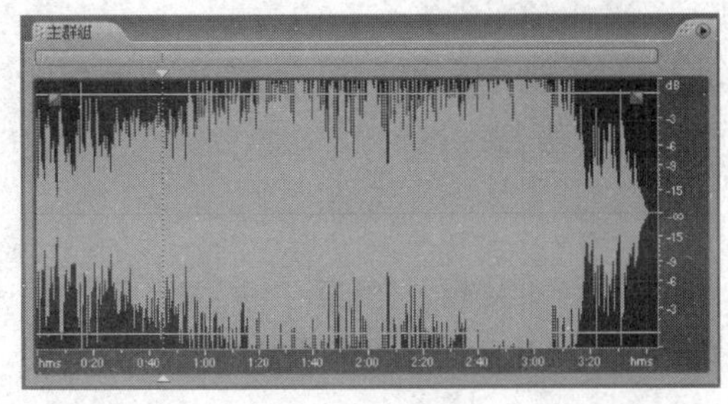

图 5-1　单声道

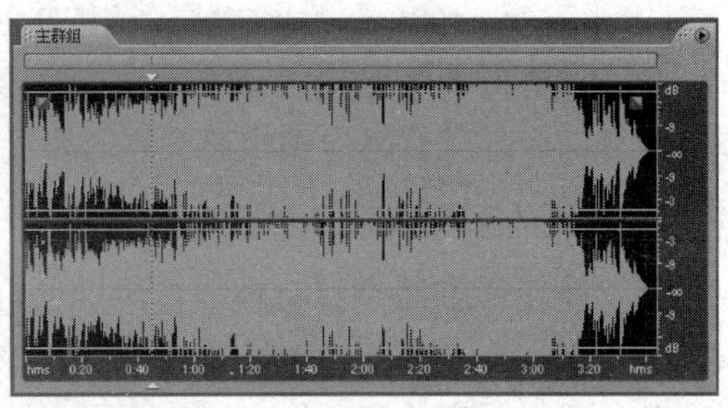

图 5-2　双声道

采用频率、量化位数、通道数均直接影响声音的质量和存储量。采样频率每降低一半，声音的存储量降低一半。量化位数每降低一半，声音的存储量降低一半。声音的通道数每少一个，声音的存储量降低一半。随着采样频率、量化位数、通道数的降低，声音的质量也随着变差。在音频处理过程中，标准的采样频率为 44kHz、量化位数为 16 位(32 位系统)或 32 位(64 位系统)，通道数为双声道立体声。

5.2.4　压缩率

压缩率用来简单描述数字声音的压缩效率，通常指音频文件压缩前和压缩后大小的比值。如将文件压缩至原来的 1/5 大小，压缩率就是 5∶1。常见的音频压缩格式都支持多种压缩率，用户可根据实际需要设定一个合适的比率后进行压缩。

5.2.5　比特率

比特率也称为码率，它是指音频数据每秒钟内占用的二进制数据量，它是间接衡量音频质量的一个指标，使用 Kbps 作为单位。在无损压缩的情况下，比特率=采样频率×量化位数×声道数，如 CD 的比特率=44.1kHz(采样率)×16(量化位数)×2(双声道)=1411.2Kbps。如果以采样频率为 48kHz 取样的音乐 CD，比特率则为 1536Kbps。压缩后音频格式，如 MP3、WMA 等文件格式，比特率则大为降低，如标准 MP3 文件格式的比特率为 128Kbps。

5.3　数字录音技术

数字录音技术

录音的基本要求是保证音质的清晰度。在录音时需要注意信噪比问题，应尽量选择无杂音且混响小的录音环境，常在声源后面放置吸音屏风或在桌面上放泡沫板吸音以防止反射声进入话筒。

5.3.1　数字音频接口

声卡是多媒体技术中最基本的组成部分，是实现声波/数字信号相互转换的一种硬件。

声卡的基本功能是把来自话筒、磁带、光盘的原始声音信号加以转换，输出到耳机、扬声器、扩音机、录音机等声响设备。常见的声卡一般是集成声卡，分别有蓝色(后置)、粉色(前后置)、绿色(前后置)三个插孔。蓝色接口是音频输入，它一般用于连接外部音频输入信号，如调音台等设备；绿色接口是音频输出，它一般用于连接耳机和音箱等设备；粉色接口用于连接麦克风。

5.3.2　数字录音方法

根据环境的不同，数字录音分为专业录音、普通录音、电脑内录三类。

1. 专业录音

专业录音是由技术人员通过专业音频录音设备在特定环境下完成的。它能够同时录制多个声音来源，具有高保真的声音质量。专业录音通常会选择演播室或录音棚，使用调音台、麦克、音频工作站等设备。调音台是专业录音的核心设备，它将多路输入信号进行放大、混合、分配、修饰音质和音响效果加工后，输出到电脑等录音设备中。

2. 普通录音

普通录音是在日常工作场所中完成的。录音环境容易实现，操作过程便捷。普通录音的不足之处在于：由于录音环境的局限，录音时会将环境的噪声录制下来，导致音质受到影响，在普通录音环境下需要对声音进行降噪处理，来提高录音的质量。

3. 电脑内录

电脑内录是面向电脑中播放的声音，这些声音因无法通过其他途径获取声音文件的来源，只能通过电脑内录进行获取。电脑内录是一种无损的录制形式。电脑中软件或浏览器上发出的声音，都需要通过声卡进行合成，然后进行播放。电脑内录就是拦截声卡上输出的音频信号，通过音频软件将其转换为音频文件，保存下来。

5.3.3　音频素材获取

素材是数字音频作品创作的基础，如配乐和音效等是多媒体创作的常见素材。当前 QQ 音乐、虾米音乐、网易云音乐、酷狗音乐、千千音乐等为用户提供了 PC 客户端。通过 PC 客户端，用户可在版权允许的前提下，下载并使用音乐。此外，常见的搜索引擎以及专业素材网站也是获取音频的重要途径。

5.4　音频文件格式

音频文件格式

音频文件格式是声音进行数模转换后的保存形式，它常被用于数字音频的录音、剪辑、合成、保存等环节中。不同的音频文件格式采用的编码不同，文件的声音质量和存储量也不同。在音频处理过程中需要根据音频文件格式的特点，选择音频文件格式，常见的音频文件有 WAV、MP3、WMA、MIDI 等格式。

1. WAV 文件格式

WAV 也称为波形音频文件，文件扩展名为.wav，它是 Windows 操作系统存放数字音频的标准文件格式。WAV 是一种无损压缩格式，它由采样后的音频数据直接保存生成，在相同的参数下，它是所有文件格式中音质最好的，存储量也是最大的。WAV 格式的数据量=(采样频率×采样位数×声道数×时间)/8，以 5min CD 音质的歌曲为例，如将其保存为 WAV 格式，文件的存储量约为 50MB，简单理解就是标准的 WAV 格式的存储量 1min 约为 10MB。因此，WAV 格式多用于录音阶段或进行高保真音质的存储。

2. MP3 文件格式

MP3 是采用 MEPG-1 audio layer3 的压缩编码，文件扩展名为.mp3，它利用人耳对高频声音信号不敏感的特性，将时域波形信号转换成频域信号，对高频信号加大压缩比，对低频信号使用小压缩比，对某些入耳分辨不出来的声音元素进行减少甚至完全删除，从而达到高保真、高压缩的目的。MP3 的压缩比为 1/12～1/10，以 5min CD 音质的歌曲为例，采用标准 MP3 格式，文件的存储量为 3M～5MB，简单理解就是标准的 MP3 格式的存储量 1min 约为 1MB。因此，MP3 格式多用于音频的成品生成或网络播放与传输。

3. WMA 文件格式

WMA 是 Windows Media Audio 的缩写，文件扩展名为.wma，是由微软公司推出的，WMA 格式特点是在较低的采样频率下也能产生较好的音质。标准 WMA 格式的码率为 64 Kbps，为标准 MP3 格式的码率(128Kbps)的 1/2。以 5min CD 音质的歌曲为例，采用标准 WMA 格式，文件的存储量为 2M～3MB。由于 WMA 的压缩比大，解码比起 MP3 复杂，流式播放效果不如 MP3 格式，尤其在各类智能客户端中。因此，WMA 格式多用于 Windows 操作系统中相关软件的使用。

4. MIDI 文件格式

MIDI 是 Musical Instrument Digital Interface 的缩写，文件扩展名为.mid。MIDI 是乐器的数字接口，用于电声乐器之间的通信，它是编曲界最广泛的音乐标准格式。MIDI 传输的不是声音信号，而是音符、控制参数等指令，它是由一系列描述乐曲符号的指令组成，如音长、音量、音高等。由于 MIDI 记录的指令符号，而不是声音波形，文件占用的磁盘空间非常小，一首 MIDI 乐曲的存储量通常只有几十千字节。因此，MIDI 格式多用于数字音乐制作或多媒体作品的背景音乐。

5. CD Audio 文件格式

CD Audio 是 CD 唱片采用的格式，又叫“红皮书”格式，文件扩展名为.cda。CD Audio 是目前音质最好的文件格式，但 CDA 文件只是一个索引信息，文件存储量仅为 44B，它并不包括真正的声音信息。因此，即使将 CDA 文件复制到电脑中，仍然无法实现剪辑或播放。CD 格式需要使用 Windows Media Player 或 Format Factory 等软件对其进行 CD 抓轨，将其转为 WMA 或 MP3 等格式进行保存。

6. RA 文件格式

RA(Real Audio)是最早实现网络实时传送和播放音乐文件的流媒体音频格式。RA 文件压缩比例高，可以随网络带宽的不同而改变声音质量。RA 采用的是有损压缩技术，压缩比高，音质相对较差，适用于在带宽较低的互联网上使用。RA 格式是 Real 公司的专有格式，文件的兼容性差，多数音频处理软件无法对其剪辑，需要将其转换为 MP3、WMA、WAV 等格式后才能使用。

5.5　音频处理软件

音频处理软件

常见的音频编辑软件有 Wave Lab、Gold Wave、Sound Forge、Adobe Audition 等。它们能够对音频信号进行录音、剪辑、特效、合成、混缩等处理。

1. Wave Lab

Wave Lab 提供多合一的高品质音频解决方案，它可以对高清晰立体声和多声道的音频进行编辑、管理、CD/DVD 刻录和全面高品质的 CD 或 DVD 音频生成。Wave Lab 优势是处理速度快，能够对音频效果进行实时处理。

2. Gold Wave

Gold Wave 是一个集声音编辑、播放、录制和转换的音频软件，它体积小巧，仅为 7.8MB。Gold Wave 功能实用，支持 WAV、MP3、WMA 等多种音频格式，也支持从 CD、VCD、DVD 或其他视频文件中提取声音。Gold Wave 具有音频的剪辑与合成，添加回声、混响，改变音调音量，频率均衡控制、音量自由控制以及声道编辑等功能。

3. Sound Forge

Sound Forge 是 Sonic Foundry 公司开发的一款功能极其强大的专业化数字音频处理软件。它能够直观地对音频文件以及视频文件中的声音部分进行处理，满足从最普通用户到专业录音师的各种要求。Sound Forge 是多媒体开发人员常用的音频处理软件之一，它除了具有良好的音效功能外，还可以进行音效转换工作，并且具备与 Real Player 结合的功能，能让用户轻松地编辑 Real Player 格式的文件。

4. Adobe Audition

Adobe Audition 是集录音、混音、编辑和控制于一身的音频处理软件，它可以轻松创建音乐、制作广播短片、修复音频缺陷。Adobe Audition 能够与 Adobe Premiere 视频编辑软件整合，将音频和视频的剪辑一体化，实现优势互补，获得实时的专业效果。Adobe Audition 包括单轨编辑模式和多轨编辑模式。单轨编辑模式是 Audition 处理声音的基础，它能够对声音进行选取、删除、裁切、复制、剪切、粘贴等操作，而且还能添加降噪、变调、变速、回响等数十种特效效果。多轨编辑模式是基于输出控制的，通过控制相位、音量电平、效果格架等命令，对声音进行编辑。在多轨编辑模式下声音的剪辑是非破坏性的，可以实时地对声音效果进行恢复。

5.6　Adobe Audition 概述

Adobe Audition 概述

5.6.1　工作界面

Adobe Audition 是一个适用于混合音频、录制博客、广播音频节目以及恢复和修复音频录音的专业工作站。Adobe Audition CC 主界面包括标题栏、菜单栏、工程模式按钮栏、工具栏、主面板、多种其他功能面板、状态栏等，如图 5-3 所示。

图 5-3　Audition CC 主界面

1. Audition CC 编辑模式

Audition CC 包括单轨波形模式和多轨合成模式，单击“波形”按钮，即可进入“单轨波形”界面；在“波形”界面的常用工具栏中的“显示波形”按钮和“时间选择”按钮是默认选项，它们在编辑声音时经常使用，中间的波形是声音波形编辑区，如图 5-4 所示。

图 5-4　“单轨编辑”界面

2. Audition CC 多轨模式

工程模式按钮栏包含三个按钮，单击第二个按钮时，将进入“多轨”界面，常用的工具栏上的“混合工具”按钮是默认选项。使用时，按住鼠标左键进行拖动，可选择波形的时间区域，按住鼠标右键进行拖动，可移动波形文件，如图 5-5 所示。

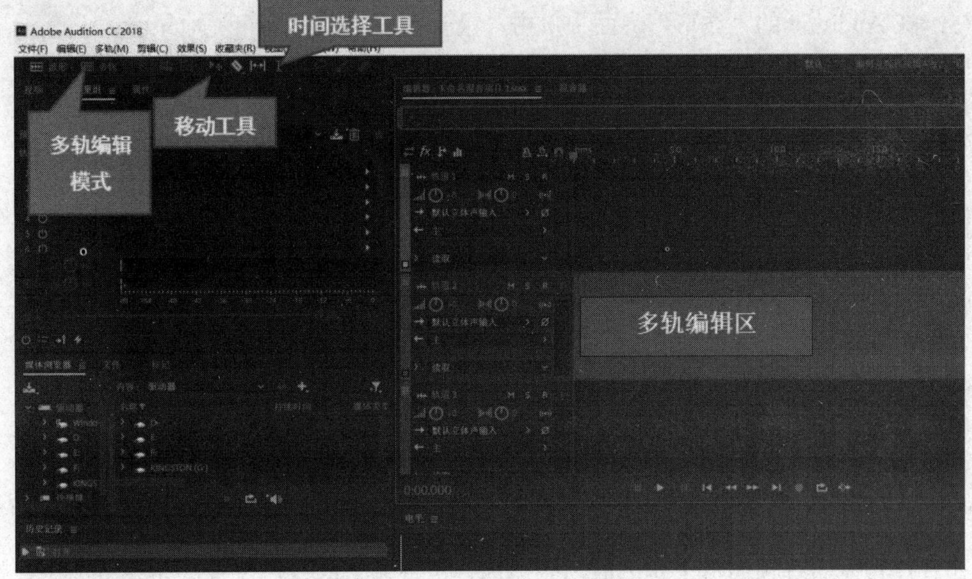

图 5-5　“多轨编辑”界面

5.6.2　录音方法

根据电脑声卡的录制设备，使用 Audition 能够录制麦克风、立体声混音和线路输入三个声音来源。首先，根据录音的需要，将录制设备连接好，声卡的粉色插孔用于连接麦克风，蓝色插孔用于连接外部音频输出信号。其次，将电脑声音的录音选项中相应的设备启用。最后，打开 Audition 设置音频硬盘默认输入的首选项。具体的操作方法如下。

1. 录制麦克风中声音的操作方法

(1) 在“控制面板”中单击“硬件和声音”，打开“声音”对话框。

(2) 激活“录制”区，在空白处右击，在弹出的快捷菜单中选择“显示禁用设备”命令。

(3) 执行“麦克风”命令，右击鼠标，在弹出的快捷菜单中选择“启用”命令。

(4) 打开 Audition CC，执行“编辑→首选项→音频硬件”命令，设置默认输入为“麦克风”。

(5) 在播放控制面板中单击“录制”按钮。

(6) 录制完成后，单击“停止”按钮，保存到文件夹。

2. 录制电脑中声音的操作方法

(1) 在“控制面板”中单击“硬件和声音”，打开“声音”对话框。

(2) 激活“录制”区，在空白处右击，在弹出的快捷菜单中执行“显示禁用设备”命令。

(3) 单击“立体声混音”，右击鼠标，在弹出的快捷菜单中执行“启用”命令。

(4) 打开 Audition CC，执行“编辑→首选项→音频硬件”命令，在“首选项”对话框中将“默认输入”设置为“立体声混音”。

(5) 在 Audition 的“波形”界面中单击“录音”按钮，即可完成录音。

(6) 录制完成后，单击“停止”按钮，保存到文件夹。

3. 录制外接音频源的操作方法

(1) 在控制面板中单击“硬件和声音”，打开“声音”对话框。

(2) 激活“录制”区，在空白处右击，在弹出的快捷菜单中执行“显示禁用设备”命令。

(3) 执行“线路输入”，右击鼠标，在弹出的快捷菜单中选择“启用”命令。

(4) 打开 Audition CC，执行“编辑→首选项→音频硬件”命令，设置“默认输入”为“立体声混音”。

(5) 在播放控制面板中单击“录制”按钮。

(6) 录制完成后，单击“停止”按钮，保存到文件夹。

5.6.3 波形选取

在进行具体的音频编辑工作之前，必须选择声音编辑的操作范围。如果不选择音频范围，在 Audition 中默认处理整个声音文件。音频的选取有三种形式，分别为时间范围内的选取、整段音频的选取、声道的选取。

1. 时间范围内的选取

在工具栏中单击“时间选择工具”按钮，在主调板中单击鼠标并拖曳，可以选择一个区域，如图 5-6 所示。

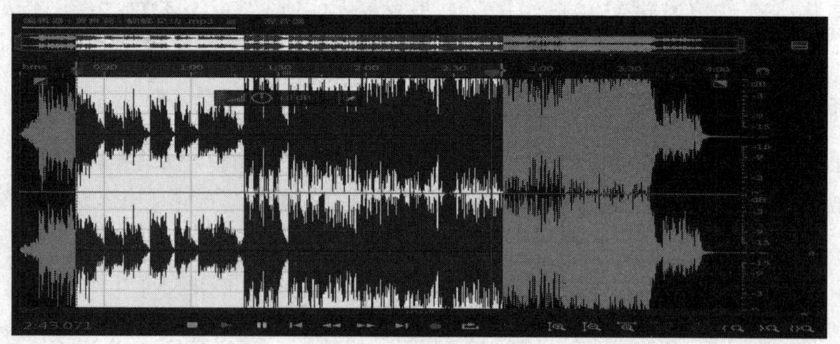

图 5-6 选择时间范围

2. 整段音频的选取

在主调板的音频波形上进行双击，可以选择波形的整个可视区域，按下 Ctrl+A 快捷键或在主调板的音频波形上进行三连击，可以选择整个文件的音频波形，如图 5-7 所示。

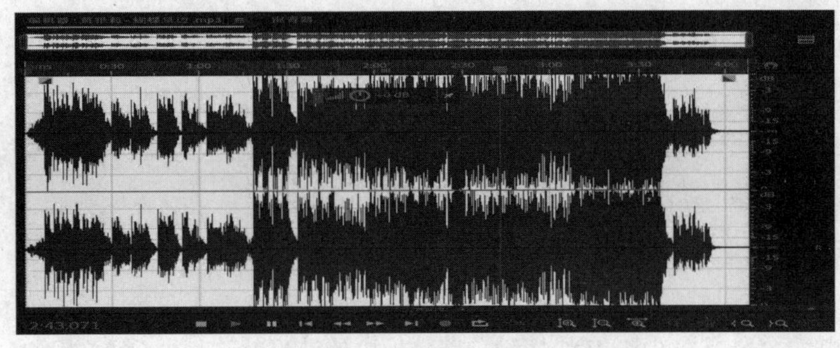

图 5-7　选择整段音频

3. 声道的选取

在选择音频区域时，鼠标放到两个声道的中间，同时选择两个声道，操作命令会同时施加到立体声文件的左右两个声道上。也可以选择编辑器中的一个声道，在面板的右侧，显示所属声道的字母，L 表示左声道，R 表示右声道，单击 L 按钮，右声道处于选中状态，再次单击 L 按钮，同时单击 R 按钮，左声道处于选中状态。

5.6.4　文件保存

执行“文件→另存为”命令，弹出“另存为”对话框，保存类型选择*.mp3 类型，如图 5-8 所示，为音频文件命名，单击“确定”按钮。

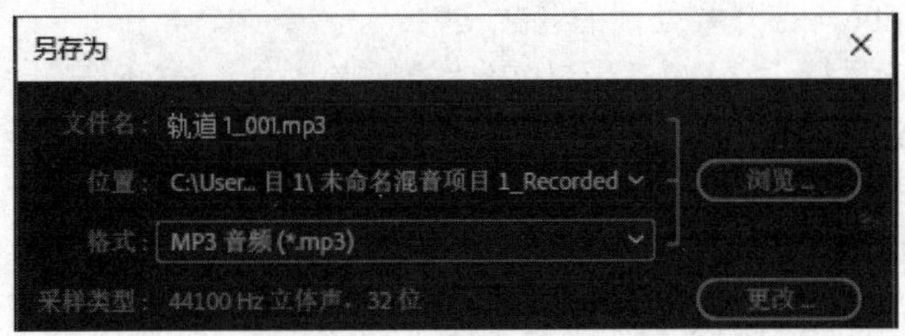

图 5-8　“另存为”对话框

5.7　音频剪辑处理

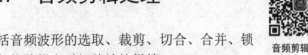

音频剪辑处理

常用的音频剪辑处理主要包括音频波形的选取、裁剪、切合、合并、锁定、删除、复制以及对音频进行包络编辑和时间伸缩编辑等。

5.7.1　音频剪辑

1. 删除音频

选取一段要删除的声音波形，然后按 Delete 键，删除选取区域的波形。

2. 剪切音频

选取一段波形，然后右击鼠标，在弹出的快捷菜单中选择“剪切”命令或按 Ctrl+X 快捷键，完成对选区区域波形的剪切操作。

3. 复制音频

选取一段波形，然后右击鼠标，在弹出的快捷菜单中选择“复制”命令或按 Ctrl+C 快捷键，即把选取区域的波形复制到了剪贴板中。

4. 粘贴音频

先将一段波形复制或剪切到剪贴板中，在要粘贴的位置右击鼠标，在弹出的快捷菜单中选择“粘贴”命令或按 Ctrl+V 快捷键，剪贴板中的波形就被粘贴到新的区域了。

5.7.2 降低噪声

1. 消除低频的环境噪声

环境噪声是录音空间中地板或其他物体发出的声音。环境噪声主要包括背景声、隆隆声、嗡嗡声等类型。隆隆声是一种频率非常低的噪声，其频率范围低于 80Hz，如电脑机箱硬盘或风扇转动时所产生的噪声。嗡嗡声是由电压频率 50Hz 范围或 60Hz 范围中的单频噪声构成，如电缆太靠近音频缆线处放置，会产生电子干扰噪声。降噪量取决于背景噪声与声音实际可接受品质之间的差值。当背景噪声较低时，降噪后能够获得比较好的音质，当背景噪声较大时，降噪后原始声质将会出现较大损失。

降低噪声的具体操作方法如下。

(1) 运行 Audition，打开要处理的音频文件。

(2) 单击并拖动鼠标，选取一段有代表性的噪声，如图 5-9 所示。

(3) 执行“效果→降噪/恢复→降噪”命令，在弹出的降噪器对话框里单击“捕捉噪声样本”按钮。

(4) 单击“选择完整文件”按钮，选中整个波形。

(5) 单击“确定”按钮，完成降噪处理。

(6) 此外，执行“效果→降噪/恢复→自适应降噪”命令，可快速去除变化的宽频噪声。

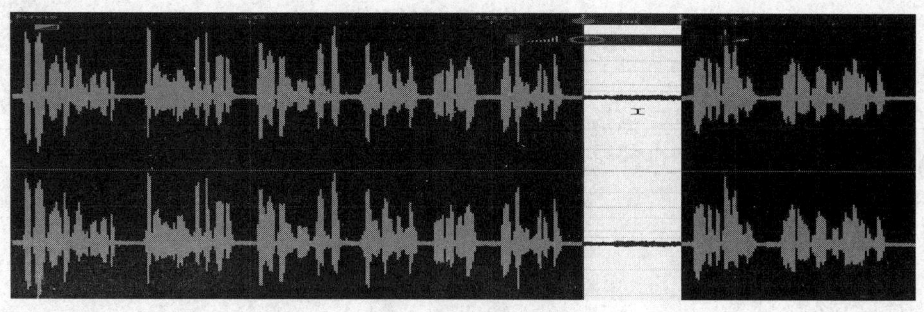

图 5-9 噪声选取

2. 消除高频的破音、咔嗒声

破音是声带过度紧张或者发声超过了声带所能承受的极限导致的。咔嗒声多数是由胸麦与衣服之间摩擦导致的。

消除高频齿音、破音、咔嗒声的操作方法如下。

(1) 执行“效果→降噪/恢复→咔嗒声/爆音消除器”命令。

(2) 在弹出的“效果-咔嗒声/爆音消除器”对话框中，单击“应用”按钮，去除麦克风爆音、咔嗒声、轻微嘶声以及噼啪声。

3. 消除齿音

齿音是刺耳的嘶嘶声，就是我们通常所说的摩擦音。如在麦克风和嘴部之间的呼吸或空气流动产生的嘶嘶声会导致录音过程中出现齿音，齿音的频率范围为 5k～10kHz。

消除齿音的操作方法如下。

(1) 选中带有齿音的片段。

(2) 执行“效果→振幅与压限→消除齿音”命令。

(3) 在弹出的“效果-消除齿音”对话框中，调整适当的“阈值”选项，试听后，单击“应用”按钮，去除齿音。

4. 降低混响

混响是在一个录音空间内声源停止发音后，声音继续存在、反弹的声学现象。混响的时间、频率以及音量取决于录音空间的大小、形状与材质。如录音棚墙壁排列都是不规则的，表面是用松软的棉制品构成，具有较好的吸音效果，声音基本上没有反射，混响很小；普通的房间一般是规则形状、墙壁光滑，声音的反射效果明显，混响较大，录音后，需要降低混响。

降低混响的操作方法如下。

(1) 执行“效果→降噪/恢复→减少混响”命令。

(2) 单击“预设”下拉列表，选择“强混响降低”选项，试听效果。

(3) 根据试听效果，单击“聚焦处理”按钮，调整混响总量。值的范围从 0%到 100%。

5.7.3 调整音量

1. 音量调高或降低

在 Audition 的“波形”模式下，音量的调整是通过改变波形实际大小来实现的，随着音量的增大，波形也相应变大；反之，则变小。如果音量增大到软件控制的上限，即使继续增大，波形上限也无法增大，音量上限无法变大，这会导致声波的高频部分丢失。

音量放大或降低的操作方法如下。

(1) 执行“效果→振幅与压限→增幅”命令。

(2) 在弹出的“效果-增幅”对话框中，向右调整“音量调整”滑块，音量放大，向左调整“音量”滑块，音量降低，如图 5-10 所示。

(3) 单击“预听效果”按钮，预听，进行反复调整。

2. 音量标准化命令

标准化效果将同等放大整个文件或选择项。如标准化到 100%，会将峰值放大至 100%，将安静低声放大至 40%。

音量标准化的操作方法如下。

(1) 执行“效果→振幅与压限→标准化”命令。

(2) 在弹出的“标准化”对话框中，设置“标准化为”为 100%，如图 5-11 所示。

(3) 单击“应用”按钮，声音的音量就会自动调整为标准状态。

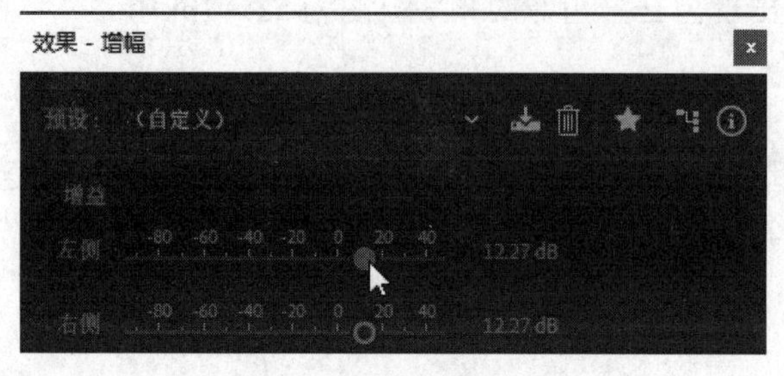

图 5-10 “效果-增幅”对话框

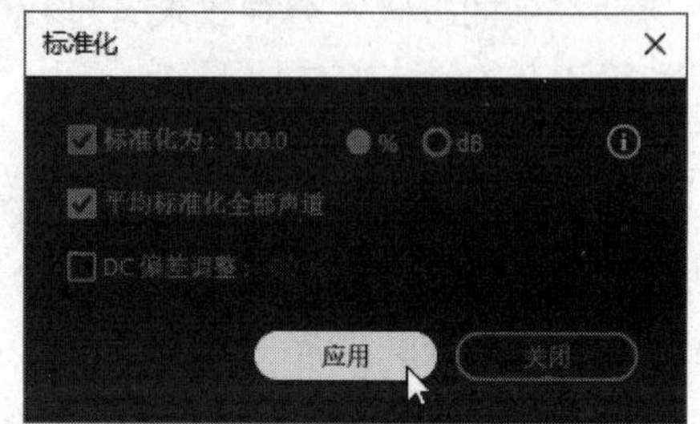

图 5-11 “标准化”对话框

3. 可视化升高或降低音量

在主调板中，选中需要进行调节的音频，在波形上方出现一个“调整振幅”浮动面板。按住鼠标左键对蓝色数字进行拖曳，可以对音频的波形实现可视化振幅调节，向左拖曳，降低音量，向右拖曳，提高音量，如图 5-12 所示。

4. 音量包络效果调整

通过对音量包络线设置关键帧，能够实现音频块音量的自定义调整。

执行“效果→振幅与压限→增益包络”命令，将弹出的“效果-增益包络”对话框拖曳至窗口的边缘位置。在“波形编辑器”面板中拖动黄色的音量包络线，面板的顶部表示 100%放大(正常)，底部表示 100%减弱(静音)，通过对音量包络线设置关键帧，可以自定义音量大小的变化。在黄色的音量包络线上单击鼠标，添加关键帧，然后将它们上下拖动，即可以更改音频的振幅，如图 5-13 所示。音量包络线调整完毕后，在弹出的“效果-增益包络”对话框中，单击“应用”按钮，音量自定义完成。

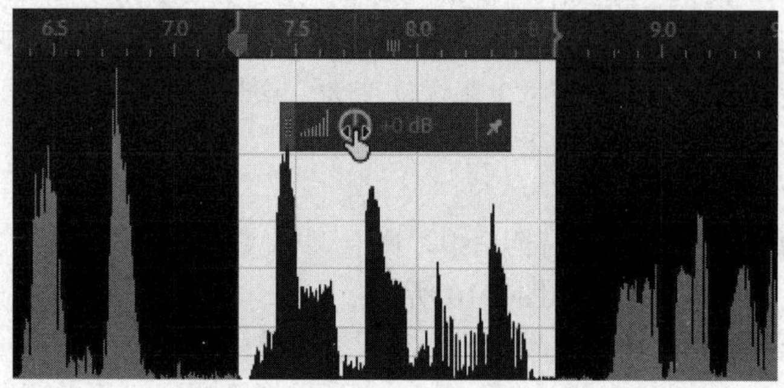

图 5-12 可视化升高或降低音量

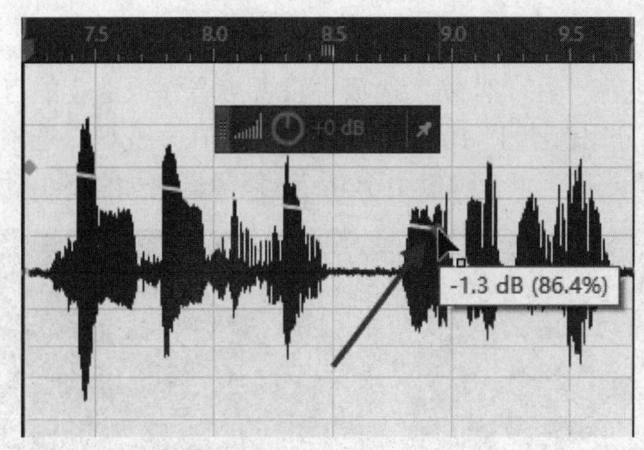

图 5-13　音量包络线的调整

关键帧的建立、选择、删除的方法如下。

(1) 建立关键帧。在音量包络线上定位鼠标指针，当显示加号时，单击鼠标，完成添加关键帧。

(2) 选择关键帧。在音量包络线上右击鼠标，在弹出的快捷菜单中执行“选择所有关键帧”命令；或按 Ctrl 键，依次选择多个关键帧；或按 Shift 键，同时选择多个关键帧。

(3) 删除关键帧。在音量包络线上右击鼠标，在弹出的快捷菜单中执行“删除所选关键帧”命令；或者是将关键帧拖至剪辑轨道外。

5.7.4　变速变调

变速变调效果可以更改音频的信号、节奏或音调。在不需更改节拍的情况下，将一首歌变调到更高音调，或者在不更改音调的情况下减慢语音播放节奏，也可以将用户录制的声音变音成另一种声音效果。变速与变调包括“持续时间”“伸缩”“变调”三个属性。

1. 新的持续时间

“新的持续时间”表示在时间拉伸后音频的时长。用户可以直接调整“新的持续时间”值，或者通过更改“拉伸”百分比间接进行调整，实现声音的加速或慢速播放。

2. 伸缩

“伸缩”是相对于现有音频缩短或延长处理的音频。如要将音频缩短为其当前持续时间的一半，则将伸缩值指定为 50%，即可实现声音播放速度加倍。

3. 变调

“变调”是上调或下调音频的音调。每个半音阶等于键盘上的一个半音。半音阶是以半音阶增量变调，这些增量相当于音乐的二分音符(如音符 C#是比 C 高一个半音阶的音符)。设置 0 反映原始音调，+12 半音阶高出一个八度，-12 半音阶降低一个八度。

4. 变速变调的具体操作方法

(1) 执行“效果→时间与变调→伸缩与变调”命令。

(2) 设置“持续时间”。在“新持续时间”选项中输入声音播放的时间长度，精确设置声音的长短，实现快速或慢速播放。

(3) 设置伸缩与变调。在“伸缩”选项中设置声音播放速度的百分比，百分比值大于100%为慢速播放，百分比值小于 100%为快速播放。在“变调”选项中设置声音的音调，半音阶值大于 0，音调升高，半音阶值小于 0，音调降低，如图 5-14 所示。

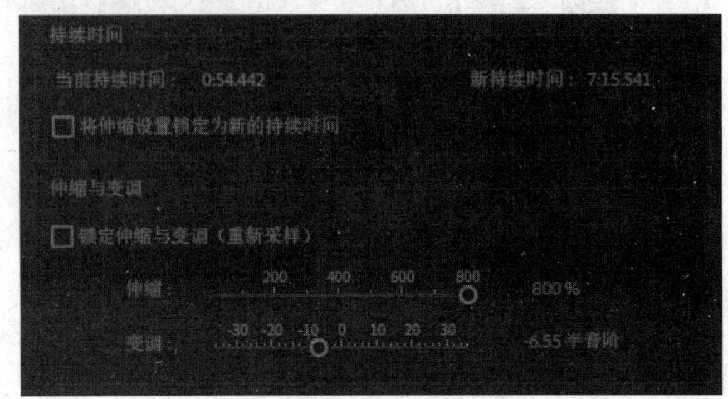

图 5-14 变速与变调

音频多轨合成

5.8 音频多轨合成

音频多轨合成主要是在音频单轨波形剪辑的基础上，对音频块进行插入、移动、组合、锁定、剪辑、分割、删除、叠化等操作，实现多个声音文件的合成效果。

5.8.1 创建工程文件

1. 多轨混音主要特征

在 Audition 的“多轨”声音处理与“单轨”波形编辑不同之处主要体现在以下两个方面。

(1) “多轨”混音的声音处理是非破坏性的。

它主要通过控制相位、音量电平、效果格架等命令实现，声音的波形并没有改变。在“单轨”编辑状态下，所有的编辑都是基于声音波形的处理，每一个成功的操作都要带来波形的改变，这些操作是破坏性的，一般操作确认后很难恢复到初始状态。

(2) “多轨”混音是基于会话的工程文件。

在“多轨”模式下进行文件保存时，它是以保存“会话”的形式将源文件的信息和混合设置保存到项目文件中。项目文件的拓展名是.ses，它详细记录源文件的路径和相关的混合参数，在 Audition 的多轨模式下将其打开以后，Audition 会重新加载这些数据，方便使用者继续上次的操作来完成工作。

.ses 项目文件存储量一般只有几千字节大小，这意味它不是多轨模式源文件的全部，如果把它拷贝到其他电脑中，是无法正常播放文件的。为了更好地管理项目文件，必须将其与所用素材文件放置在同一个文件夹内，构成完整的源文件。

2. 创建一个工程文件

执行“文件→新建→多轨会话”命令，新建一个项目。在弹出的“新建多轨会话”对话框中，默认的采样率为 44100Hz、量化位数为 32 位(64 位操作系统)，主控为双声道立体声，如图 5-15 所示。

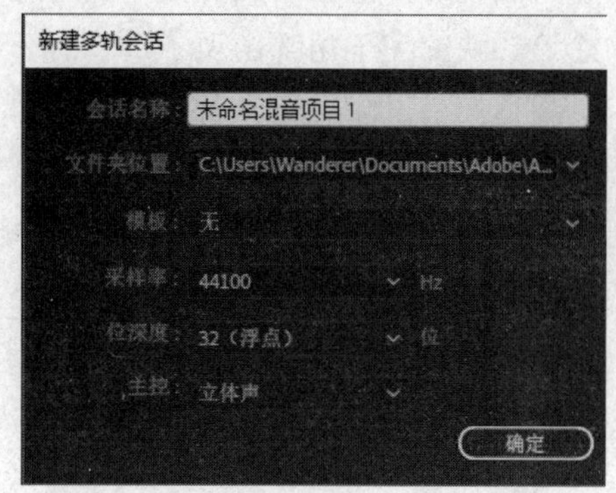

图 5-15　“新建多轴会话”对话框

3. 主群组概述

在多轨视图中，主调板提供了丰富的功能进行混合和编辑项目。在每个轨道左边的轨道控制区域中，可以设置轨道的各个属性，如音量和音像。在时间线中，可以对每个轨道中的素材片段进行编辑，还可以设置包络线，进行包络编辑。在 Adobe Audition CC 的多轨界面中，可以将轨道设置为“静音”轨道、“独奏”轨道和“录音备用”轨道。

1)　“静音”轨道

单击“编辑器”面板或“混合器”中的“静音”按钮M，可以实现对该轨道的静音效果。

2)　“独奏”轨道

单击“编辑器”或“混合器”中的“独奏”按钮S，独奏轨道可以通过忽略混合的其余轨道来单独收听该轨道。

3)　“录音备用”轨道

在“主群组”面板中的轨道控制区，单击R按钮，表示该轨道用于录音，在按下录音键时，Audition 会自动将声音录制在该轨道上，同时轨道原有的内容将被录音内容覆盖。

5.8.2　音频块排列

1. 插入音频块

在多轨编辑器中，选择一条轨道，然后将播放指示器放在所需的时间位置。执行“多轨→插入文件”命令，选择音频或视频文件。

2. 移动音频块

在多轨编辑器中，单击工具栏中的“移动工具”按钮，然后单击并拖动鼠标，所选音频块就会在当前轨道中前后移动位置，或者在不同轨道间移动位置。此外，如果多轨编辑器处于“时间选择工具”模式下，选中音频块后，使用鼠标右键则可对音频块进行移动。

3. 组合音频块

在多轨编辑器中，当需要将两个或者多个声音波形的绝对时间位置保持不变时，需要对这些声音波形进行组合。按 Ctrl 键的同时，单击两个波形，将它们全部选中，然后执行

“剪辑→分组→将剪辑分组”命令，此时，两个波形音频块的颜色变成一样的，同时在每个音频块的左下角都出现了图标，两个音频块组合在一起，在移动其中一个波形音频块的时候，另一个波形音频块也会同时移动，保持了它们的绝对位置不变。选中被组合的任意一个音频块波形，然后执行“剪辑→分组→取消分组所选剪辑”命令，可以取消组合。

4. 锁定音频块

“锁定音频块”是针对已经编辑完毕或者不需要处理的音频块，避免对音频块进行错误操作。选择要锁定的音频块，然后右击鼠标，在弹出的快捷菜单中执行“锁定时间”命令，被锁定的音频块左下方会出现锁定标志，音频块锁定完成。

5.8.3 音频块编辑

1. 音频块剪辑

在“多轨”模式编辑中，通过拖曳鼠标的方式，对素材片段进行剪辑或扩展。将鼠标放置在素材片段的左边缘或右边缘，当鼠标指针变为时，单击鼠标进行拖曳，松开鼠标，实现对音频块的剪辑，如图 5-16 所示。

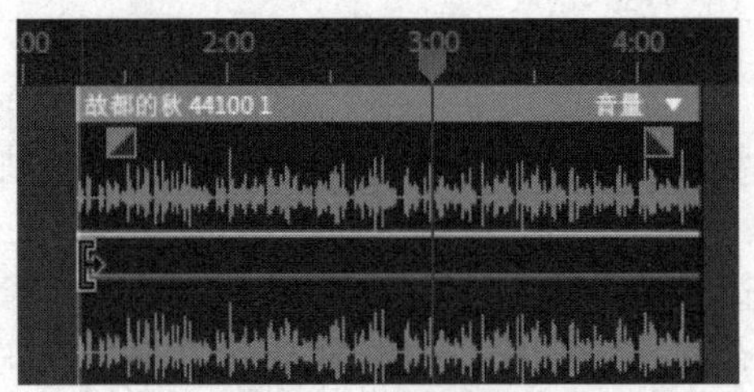

图 5-16 剪辑音频块

2. 音频块分割

在多轨编辑器中，单击工具栏中的“切断所选剪辑工具”按钮，在需要分切的音频上单击鼠标，即可完成音频块的分割，如图 5-17 所示。也可以将游标插入音频剪辑的中间位置，然后执行“剪辑→拆分”命令(Ctrl+K)，将音频文件按照游标位置分割成两个文件。

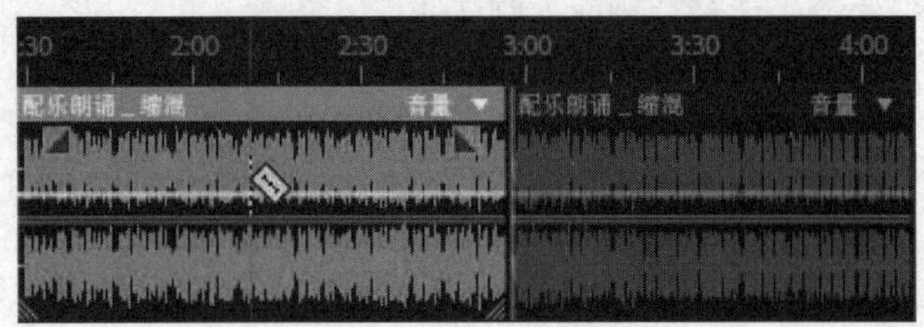

图 5-17 音频块分割

3. 音频块删除

在多轨编辑器中，单击工具栏中的“时间选择工具”按钮，单击鼠标进行拖动，选取一段波形，按 Delete 键删除波形，如图 5-18 所示。

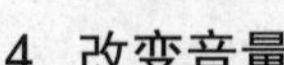

4. 改变音量

选中要更改音量的声音波形文件，右击鼠标，在弹出的快捷菜单中执行“剪辑增益”命令，在“基本设置”面板中的“剪辑增益”属性中输入相应的分贝值(dB)，改变音频块的音量，如图 5-19 所示。

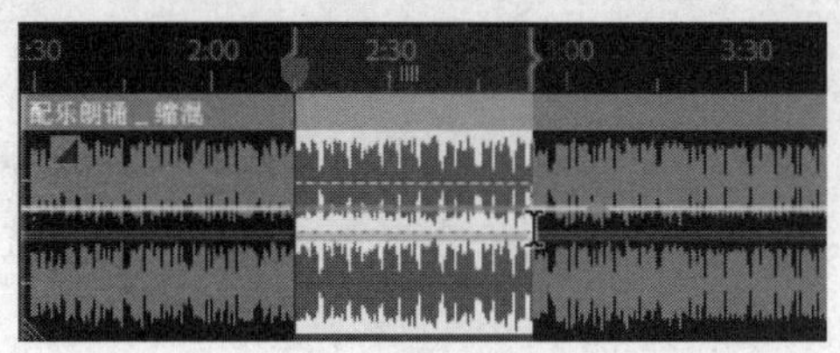

图 5-18　选取要删除的波形

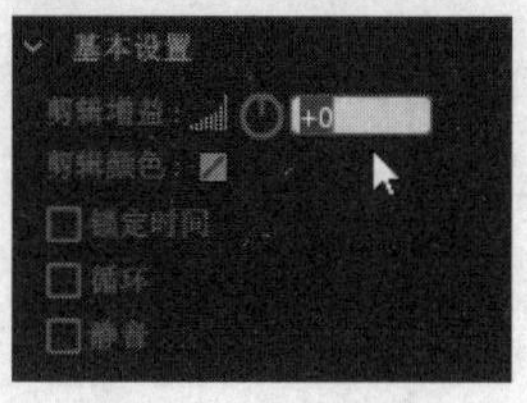

图 5-19　剪辑增益

5. 轨道内音频块叠化

将鼠标移至素材片段的左上角或右上角，当鼠标变成形状时，向内侧拖曳淡入控制标记或淡出控制标记，决定淡化的持续时间，而向上或向下进行拖曳可以调节叠化曲线，如图 5-20 所示。

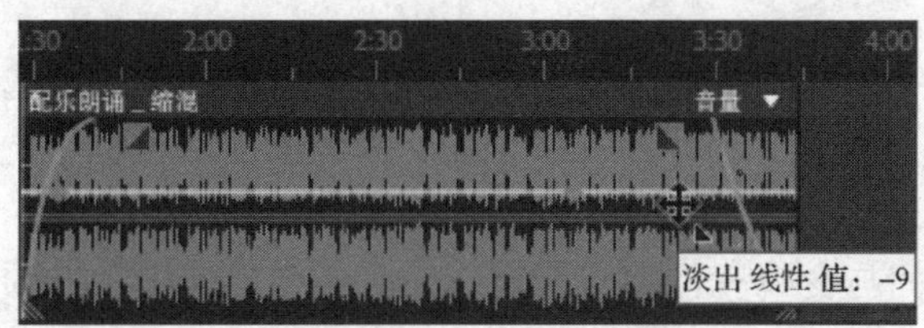

图 5-20　淡入淡出控制和叠化

6. 轨道间音频块叠化

“轨道间音频块叠化”是指为两段处于不同轨道上的相邻音频片段之间设置叠化，“轨道间音频块叠化”让前一段音频片段的结尾与下一段音频片段的开端能够平滑过渡。它主要由前一段素材的淡出和后一段素材的淡入两部分组成。在多轨编辑器中，将两段素材分别置入不同的轨道上，并将前一段素材的结尾部分叠加到后一段素材的起始部分上。将鼠标移动到叠化区域上面的波形文件上，向内侧拖曳淡出控制标记，将鼠标移动到叠化区域上面的波形文件上，向外侧拖曳淡入控制标记，如图 5-21 所示。

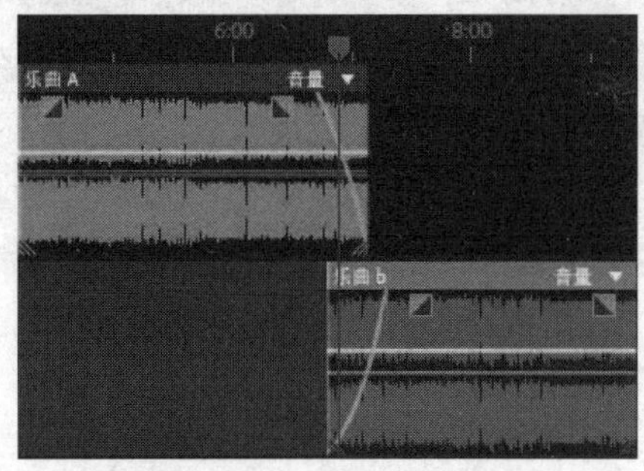

图 5-21　“线性”淡变

5.8.4 多轨录音与合成

多轨录音可以在任意轨道上录制音频，是进行配音的有效工具。在多轨录音时能够听到其他轨道的配乐，方便调整录音节奏，如果是给视频配音，还可以监视画面，确保视音频同步。下面以音频故事作品为例，介绍多轨音频合成的主要流程。

1. 添加背景音乐

运行 Audition，单击“多轨”模式按钮，保存工程文件，进入多轨模式，执行“多轨→插入文件”命令，将收集到的背景音乐导入轨道 1 中，右击背景音乐音频块，选择剪辑增益，设置背景音乐的大小。

2. 录音与试听

单击音轨 2 的“录音备用”按钮R，单击“传送器”面板中的“录音”按钮，即可在播放伴奏声音的同时录制声音，录制完毕后，单击“停止”按钮，完成音频故事的录制。在“音轨 2”中，单击“独奏”按钮S，将其设置为独奏轨道，然后执行“传送器”面板中的“从指针处播放至文件尾”命令，预览录制的声音效果。

3. 降噪与变音处理

双击“音轨 2”中的音频剪辑，进入“波形”编辑视图模式，选取一段环境噪声，执行“效果→降噪/修复→降噪”命令，在弹出的“降噪器”对话框中选择“捕捉噪声样本”选项，单击“波形全选”按钮，单击“确定”按钮，完成降噪。

执行“效果→时间与变调→伸缩与变调”命令。在“伸缩”选项中设置声音播放速度的百分比，百分比值大于 100%为慢速播放，百分比值小于 100%为快速播放。在“变调”选项中设置声音的音调，半音阶值大于 0，音调升高，半音阶值小于 0，音调降低。

4. 设置音量包络线

音量包络线用于音频故事中背景音乐音量的精确调整，包络是非破坏性的，它们不会以任何方式更改音频文件。选中背景音乐音频块，在包络线上定位指针，当显示加号时，单击添加关键帧。选择关键帧，向上拖动，增加音量，向下拖动，降低音量，当值为-∞时，关键帧的音量为静音效果。右击包络线，然后执行“删除选定的关键帧”命令，或者将个别关键帧拖离剪辑或轨道，删除关键帧，如图 5-22 所示。

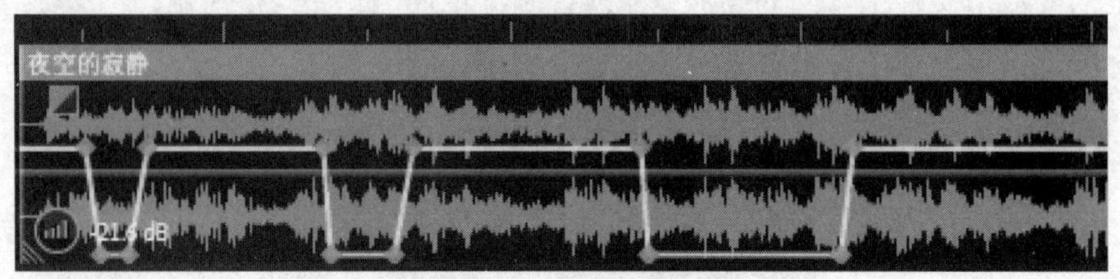

图 5-22 设置音量包络线

5. 添加特效音

特效音用于增强音频故事的现场真实感和渲染气氛，它具有形象性、时空性、多义

性、情感性和隐喻性等作用。特效音通常添加到单独的音频轨道中。为了确保特效音与音频故事的整体性，特效音需要对其进行适度剪辑，并利用“淡入控制标记”◪和“淡出控制标记”◩，对特效音进行淡变处理。

6. 导出音频

多轨合成的成品音频保存与单轨波形编辑模式不同，执行“文件→导出→多轨混音→整个会话”命令，在弹出的“导出多轨混音”对话框中，设置“文件名→保存位置→文件格式”等选项，通常成品音频文件格式选择为*.mp3，如图 5-23 所示。

图 5-23　多轨音频导出

音频故事作品制作

实训目的

1. 掌握数字音频的获取方法。
2. 掌握数字音频的录制技术。
3. 掌握 Audition 单轨界面中复制、剪切、粘贴、删除等音频编辑的基本方法。
4. 掌握 Audition 单轨界面中改变音频的波形振幅、降低噪声、变速、变调、添加延迟效果等效果的处理方法。
5. 掌握 Audition 多轨界面中对音频块进行剪辑、音量对比调整、淡化处理的基本方法。
6. 理解 Audition 单轨界面和多轨界面对音频剪辑的异同点。

实训重点

1. Audition 单轨界面中录音方法。
2. Audition 单轨界面中降噪的基本流程。
3. Audition 单轨界面中音量调整、淡化、变速、变调、混响等特效的实现方法。

实训难点

1. Audition 多轨界面中音频包络线的使用。
2. Audition 多轨界面中音频块的无缝拼接与淡化处理。

实训内容

1. 熟悉 Adobe Audition CC 的界面。

2. 在单轨编辑界面下录制一段解说或故事旁白，或使用录音笔、手机等其他便捷录音工具进行音频录制，并将声音文件导入 Audition 中。

3. 在 Audition 单轨界面中对录制的音频进行剪辑、降噪、音量、变速、变调、混响等处理。

4. 根据音频故事的主题需要，在网络上获取音频故事的相关背景音乐和音效。

5. 根据故事旁白的剧情需要，在 Audition 多轨界面中依次添加故事旁白、背景音乐、音效，对相关音频块的长度进行剪辑。

6. 按照故事情节的需要，使用“移动工具”对旁白、背景音乐、音效等音频块进行精准排列。

7. 使用“音量包络线”处理好旁白与背景音乐的音量对比，执行“淡化”命令，实现音频块的淡入淡出效果，处理好各个音频块之间的过渡效果。

8. 执行“文件→保存”命令，保存工程文件，执行“文件→导出”命令，将作品导出为 MP3 格式的音频文件。

本章小结

本章系统地阐述了数字音频的构成要素、采样过程、录音技术、文件格式以及 Audition 编辑软件的使用。通过本章的学习您已具备以下能力。

1. 对数字音频具有清晰的认知。
2. 能使用多种设备进行数字录音。
3. 能根据实际需要准确地选择音频格式。
4. 能使用 Audition 对音频进行剪辑、降噪、音频调整、变速变调等处理。
5. 能使用 Audition 多轨合成制作简单的音频故事作品。

复习思考题

一、基本概念

采样频率　量化位数　通道数　降噪　变速变调　多轨合成　MP3　Wave　响度　音色　音调　压缩率　比特率

二、判断题

1. 通过改变音调，可以将低沉、厚实的声音，转换成明快、尖锐的声音。（　　）

2. 使用 Audition 录制音频时，为了更好地保证音频的录音质量，应该选择 MP3 格式进行保存。（　　）

3. 70dB 是一种让人非常舒服的分贝。（　　）
4. 在 64 位操作系统中音频常用的量化位数为 32 位。（　　）

三、选择题

1. 音频的常见获取方法有哪些？(　　)
   A. 对于电脑播放的声音，如果无法直接下载，可使用音频软件，录制电脑中的声音
   B. 使用搜索引擎下载音频文件
   C. 使用音频编辑软件下载音频
   D. 使用麦克风直接进行录制
2. 下面属于音频的文件格式有哪些？(　　)
   A. BMP　B. WAV　C. MP3　D. WMA　E. RTF
3. 常见的音频处理软件有哪些？(　　)
   A. Gold Wave　B. Sound Forge　C. Wave Lab　D. Canopus Edius　E. Audition
4. 影响录音质量的要素有哪些？(　　)
   A. 采样频率　B. 音量大小　C. 量化位数　D. 通道数
5. 影响声音质量的要素有哪些？(　　)
   A. 响度　B. 音色　C. 音响　D. 音调
6. 多媒体作品中音频的常见类型有哪些？(　　)
   A. 音乐　B. 音效　C. 解说　D. 旁白
7. 常见的采样频率有哪些？(　　)
   A. 55kHz　B. 11kHz　C. 22kHz　D. 44kHz　E. 48kHz
8. 蓝光 DVD 使用采样频率是多少？(　　)
   A. 96kHz　B. 11kHz　C. 22kHz　D. 48kHz
9. CD 使用采样频率是多少？(　　)
   A. 96kHz　B. 11kHz　C. 22kHz　D. 48kHz

四、简答题

1. 请简述 Audition 进行音频降噪的主要过程。
2. 请简述 Audition 制作音频作品的创作流程与核心技术。
3. 请简述 Audition 中单轨编辑与多轨编辑之间的主要区别。

阅读推荐与网络链接

[1] 谢明. 数字音频技术及应用[M]. 北京：机械工业出版社，2017.
[2] 卢官明，宗昉. 数字音频原理及应用[M]. 3 版. 北京：机械工业出版社，2017.

[3] 王志军. 数字音频基础及应用[M]. 北京：清华大学出版社，2014.

[4] 钟金虎. 录音技术基础与数字音频处理指南[M]. 北京：清华大学出版社，2017.

[5] [美]Adobe公司. Adobe Audition CC 经典教程[M]. 贾楠，译. 北京：人民邮电出版社，2014.

[6] 胡泽. 数字音频工作站——录音技术与艺术系列丛书[M]. 北京：中国广播影视出版社，2003.

[7] 江永春，郭春锋. 数字音频与视频编辑技术[M]. 广州：电子工业大学出版社，2013.

[8] 国际音像档案协会技术委员会. 数字音频对象制作和保护指南[M]. 2版. 北京：社会科学文献出版社，2019.

[9] 张新贤. 数字音频制作实践[M]. 北京：北京师范大学出版社，2019.

[10] 俞锫. 数字音频编辑[M]. 北京：中国传媒大学出版社，2009.

[11] 中国网络视听节目服务协会：http://www.cnsa.cn.

[12] 音频应用：https://www.audioapp.cn.

[13] 音频音效：http://sc.chinaz.com.

[14] 动态音频音效：http://www.tukuppt.com.

第5章　数字音频处理技术.pptx

第5章　音频处理技术知识点纲要.docx

第5章　习题答案.docx

第 6 章　视频处理技术

学习要点

- 了解数字视频的概念、制式、参数和格式。
- 掌握数字视频的获取方法。
- 掌握数字视频的拍摄方法。
- 掌握数字视频的处理方法。

核心概念

彩色电视制式　帧　逐行扫描　隔行扫描　分辨率　镜头　视频转场　视频滤镜

数字视频就是以数字形式记录的视频，它是和模拟视频相对的。数字视频有不同的产生方式、存储方式和播出方式。比如，使用数字摄像机直接产生数字视频信号，存储在数字带、P2 卡、蓝光盘或者磁盘上，从而得到不同格式的数字视频，然后通过 PC 等特定的播放器播放出来。为了存储视觉信息，模拟视频信号的山峰和山谷必须通过模拟/数字(A/D)转换器来转变为数字的 0 或 1。这个转变过程被称为视频捕捉。视频捕捉也被称为视频采集。所谓视频采集，就是将模拟摄像机、录像机、LD 视盘机、电视机输出的视频信号，通过专用的模拟、数字转换设备，转换为二进制数字信息的过程。在视频采集工作中，视频采集卡是主要设备，它分为专业和家用两个级别。专业级视频采集卡不仅可以进行视频采集，还可以实现硬件级的视频压缩和视频编辑。家用级的视频采集卡只能做到视频采集和初步的硬件级压缩。随着数字时代的来临，模拟视频逐渐退出了历史舞台，数字视频成为主要的视频形式。

6.1　数字视频原理

数字视频原理

6.1.1　数字视频的概念

视频(Video)泛指将一系列静态影像以数字信号的方式加以捕捉、记录、处理、储存、传送与重现的各种技术。根据视觉暂留原理，当图像的连续变化超过每秒 24 帧(Frame)画面时，人眼将无法辨别单幅的静态画面，画面看上去是平滑连续的视觉效果，这样连续的画面叫作视频[①]。数字视频是以数字形式记录的视频，当前无论是摄像机、照相机、手机，还是监控设备，都能够拍摄影像，将其保存在存储卡中，形成数字视频。随着 Web 3.0 时代的到来，数字视频已成为人们生活中不可或缺的一部分。人们生活的各个角落都存在数字影像，如园区、马路、商场、地铁的监控影像，开车时行车记录仪留存的影像，学习时使用的微课、MOOC 视频以及网络中五花八门的视频节目。

6.1.2 彩色电视的制式

视频技术源于电视系统的发展，彩色电视制式是数字视频的重要概念。电视制式是一种电视显示标准，不同的制式对视频信号的解码方式、色彩处理方式以及屏幕扫描频率是不同的。常见的彩色电视制式主要有 NTSC 制式、PAL 制式、SECAM 制式三种类型。

1. NTSC 制式

NTSC 制式是 National Television Systems Committee 的缩写，1953 年由美国提出，它的优点是接收机简单、最佳图像质量高、信号处理方便。采用 NTSC 制式的视频主要技术指标如下：帧频为 30f/s，场扫描率是 60Hz，颜色模式为 YIQ。

2. PAL 制式

PAL 制式是 Phase-Alternative Line 的缩写，1962 年由英国、德国提出，它的优点是克服了 NTSC 制式对相位的敏感性，中国采用 PAL 制式。采用 PAL 制式的视频主要技术指标如下：帧频为 25f/s，场扫描率是 50Hz，颜色模式为 YUV。

3. SECAM 制式

SECAM 制式是 Sequentiel Couleur A Memoire 的缩写，1956 年由法国提出，优点是避免了串色和失真，不怕干扰，彩色效果好，但兼容性差。采用 SECAM 制式的视频主要技术指标如下：帧频为 25f/s，场扫描率是 50Hz。

4. 彩色电视机制式的应用

为了确保视频的播放效果，计算机系统处理的视频信号制式应与视频播放设备的制式相同，否则，视频的播放效果就会明显下降，有的甚至无法播放图像。当前，有些视频编辑软件的默认制式为 NTSC 制式，由于国内电视机和 DVD 等播放设备均采用 PAL 制式，在视频处理时，视频信号的制式应同步调整为 PAL 制式。

6.1.3 数字视频的参数

1. 场与帧

场是以水平隔线的方式保存帧的内容，在显示时先显示第一个场的交错间隔内容，然后显示第二个场来填充第一个场留下的缝隙。帧是视频剪辑最小单位的单幅影像画面，相当于电影胶片上的每一格镜头。一帧就是一幅静止的画面，连续的帧就形成动画，在电视

① 百度百科. 视频[DB/OL]. https://baike.baidu.com/item/视频/321962?fr=aladdin.[2019-05-17].

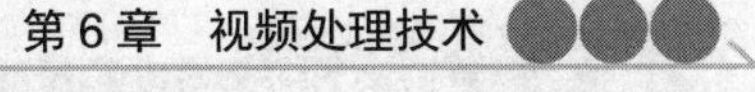

画面传输过程中每两场画面相当于一帧。

2. 逐行扫描与隔行扫描

场与帧的产生是由电视画面的扫描形式决定的，电视画面的扫描形式分为逐行扫描和隔行扫描。在采用隔行扫描方式进行播放的设备中，每一帧画面都会被拆分开进行显示，而拆分后得到的残缺画面就称为“场”。在采用 PAL 制式的电视中，由于电压频率为 50Hz，显示设备每秒要播放 50 场画面。对于 NTSC 制式的电视来说，由于电压频率为 60Hz，则需要每秒播放 60 场画面。隔行扫描先扫描 1、3、5、7…奇数行信号，后扫描 2、4、6、8…偶数行信号，存在行间闪烁。逐行扫描在拾取图像信号或重现图像时，一行紧接着一行扫描，图像细腻，无行间闪烁，图像更清晰、稳定，相比之下，长时间观看隔行扫描，眼睛不易产生疲劳感。

3. 帧频

帧频是指一秒钟时间里传输图片帧的数量，通常用 f/s(Frames Per Second)表示。高的帧频可以得到流畅、逼真的动画。每秒钟帧数(f/s)愈多，所显示的动作就会愈流畅。常见的帧频主要有 30f/s、25f/s、24f/s，其中 NTSC 制式采用的帧频是 30f/s，PAL 制式采用的帧频是 25f/s，电影采用的帧频是 24f/s。

4. 视频分辨率

视频分辨率指的是视频屏幕分辨率，视频分辨率决定视频的画面尺寸，主要有 640×480，720×576，720×480，1280×720，1920×1080，4096×2160 等。以 DVD 为例，PAL 制式使用的是 720×576，NTSC 制式使用的是 720×480。

5. 高清信号

高清信号是指达到 720P 以上的分辨率，720P 是高清信号源的准入门槛，720P 标准也被称为 HD 标准。720P、1080i、1080P、4K 是当前主要的高清指标，720P 对应的分辨率为 1280×720，它被称为高清，1080i/1080P 称为 Full HD(全高清)标准(I 是 Interlace，隔行扫描，P 是 Progressive，逐行扫描)，1080P 的分辨率为 1920×1080。

1080P 也被称为蓝光或者原画，蓝光也称蓝光光碟(Blu-ray Disc)，简称为 BD，它是继 DVD 之后下一时代的高画质影音储存光盘媒体(可支持 Full HD 影像与高音质规格)。当前，蓝光光碟已经支持 4K 标准，4K 分辨率为 4096×2160，它接近于高清分辨率的四倍，在此分辨率下，用户将可以看清画面中的每一个细节。

6. 码流

码流也称为比特率，是指视频文件在单位时间内所使用的数据流量，也可称为码率，它是在视频编码的画面质量控制中最重要的部分。同样的分辨率下，视频文件的码流越大，压缩比就越小，画面质量就越好。当前视频码流常见的设置有 1M、2M、3M、5M 等。

7. 宽高比

视频宽高比是指图像的宽度和高度之间的比率。传统影视的宽高比是 4∶3，宽屏幕电影的宽高比是 1.85∶1，高清晰度电视是 16∶9，全景式格式电影是 2.35∶1。其中最为常见的是 4∶3 和 16∶9 两种规格。

6.2 数字视频的格式

数字视频的格式

随着设备和应用范围的不同，以及视频编码的不同，出现了大量的视频格式。视频文件格式主要有 AVI、MPEG、MP4、WMV、FLV、MOV 等。

1. AVI 格式

AVI(Audio Video Interleaved)格式又叫音频视频交错格式，它是 Windows 平台下的数字视频格式，AVI 视频文件的优点是调用方便，图像质量好，缺点是文件体积过于庞大，较少用于网络传播或者视频存储。

需要注意的是，在视频编辑时常常使用格式工厂对视频进行格式转换，将其转换为 AVI 格式，结果显示视频无法编辑。这是因为格式工厂使用的并不是标准的 AVI 格式，虽然视频文件名是 AVI，但视频采用压缩编码为 DIVX、XVID、ACV、H264 等形式，它们与标准的 AVI 格式具有本质的区别。

2. MPEG 格式

MPEG 格式是由“动态图像专家组”(Moving Picture Experts Group，MPEG)制定，它不是简单的文件格式，而是一种运动图像压缩算法的国际标准。MPEG-1：主要解决视频的存储问题，VCD 采用此编码研制的。MPEG-2 是针对标准数字电视和高清晰电视在各种应用下的压缩方案，传输速率在 3M～10Mbit/s 之间。MPEG-2 主要解决视频的质量问题，被广泛应用于 DVD 制作方面与高清视频中，在高清视频中主要以 M2t 和 M2ts 等文件格式的形式存在。

3. MP4 格式

标准的 MP4 格式是由动态图像专家组制定的，它主要解决视频的传输问题。MPEG-4 利用很窄的宽带，通过帧重建技术，压缩和传输数据，以求用最少的数据获得最佳的图像质量。它的高压缩比可以把一部 120min 长的电影 4GB，压缩到 300MB 左右的视频流。MP4 编码的通用性和兼容性均优于其他视频格式，它在移动终端获得较好的支持，广泛应用到视频剪辑、存储、传输过程中，在网络或移动终端中具有较好的流式播放效果。

4. WMV 格式

WMV 格式是 Windows Media Video 的缩写，它是微软开发的一系列视频编解码和其相关的视频编码格式的统称，WMV 文件使用 ASF(Advanced Systems Format)容器格式来封装已编码的多媒体内容。WMV 格式可以直接在网上实时观看，它的优点是通用性好，适用于在 Windows 系统中使用，以及 PPT 和网页制作中。

5. FLV 格式

FLV 是一种新型流媒体视频格式。它的优点是文件小、加载速度快，网络观看流畅，

它是视频网站的主流格式，也是获取视频的主要来源。FLV 格式的缺点是兼容性差，常见的视频处理软件均不能编辑 FLV 格式。

6. MOV 格式

MOV 是 Apple 公司推出的视频格式，它具有较高的压缩比率和较完美的视频清晰度等特点，最大的特点是跨平台、存储空间要求小等。在 Windows 操作系统中 MOV 格式不能直接播放，需要安装 Quick Time For Windows 播放器或其他通用播放器。MOV 格式具有比较好的兼容性，得到大多数视频处理软件的支持。

7. 格式转换

由于视频文件编码众多，Windows 操作系统自带的视频播放器受到知识产权的限制，一些重要的视频格式无法播放，因此需要安装相应的视频播放器，如暴风影音、QQ 影音等。此外，由于视频文件格式兼容性的问题，在视频处理过程中常常需要对视频格式进行转换，以满足用户的需求。常见的格式转换软件有格式工厂等，格式工厂的具体操作流程如下。

(1) 导入视频。打开要转换的视频文件。

(2) 选择格式。根据需要选择视频格式，通常是 MP4 格式或 WMV 格式。

(3) 设置参数。设置视频屏幕大小、码率、宽高比、输出文件夹等。

(4) 进行截取。预览视频，设置视频截取的起始点和结束点。

(5) 生成视频。视频进行转换，在视频转换完成后，即可播放视频。

(6) 查找视频。格式工厂安装后，在第一次使用时，会自动在非系统盘创建一个文件夹：FFOutput，这就是格式工厂文件转换后的默认存储位置。

6.3 视频获取技术

视频获取技术

视频下载受到格式与产权的限制，不如图片和文本获取便捷，在获取视频时应充分尊重制作者的知识产权。根据视频来源的不同，视频的获取方式主要包括视频网站客户端、专用下载工具、电脑屏幕录制等。

6.3.1 网络视频下载

网络视频是人们获取视频的最重要来源，根据视频下载方式的不同，主要包括客户端、硕鼠、维棠等。

1. 客户端

客户端下载主要面向视频门户网站，当前主流视频网站均提供网络视频的下载功能，用户在电脑中安装视频客户端后即可下载或上传视频。视频网站不同，客户端的性能不同，用户根据提示安装后即可下载视频。有些视频网站的客户端提供视频格式的转换功能，用户在下载时可选择视频格式，如 MP4 格式，这样下载后的视频可以直接使用视频处理软件进行编辑。

客户端下载的不足之处：一些网站客户端下载的视频是网站的专有格式，这些视频只能使用特定的播放器观看，无法进行格式转换，也无法在视频编辑软件或其他媒体制作软件中使用。

2. 硕鼠

硕鼠主要面向不提供视频下载选项的网站。硕鼠通过解析视频的真实地址，将视频下载下来。硕鼠支持多线程下载，可智能选择地址，自动命名，FLV/MP4 自动合并，智能分类保存，特色的“一键”下载整个专辑的功能，无须人工干预，并集成了转换工具，可将下载文件批量转换为 MP4 等格式。

硕鼠下载的不足之处：由于网络视频受到知识产权保护，硕鼠只能下载经过授权的指定网站中的视频，而且这些网站数量一直处于动态调整中。

3. 维棠

维棠是专门用来下载 FLV 格式视频的工具，同时支持视频的格式转换与截取。它通过解析 FLV 格式视频的真实地址进行下载。利用维棠 FLV 下载软件，用户可以将 FLV 视频节目下载，保存到本地，避免了在线等待时间太长的麻烦，同时也为用户下载收藏喜欢的视频节目提供了便利。

维棠下载的不足之处：维棠下载与硕鼠下载的原理相似，它同样受到视频网站知识产权的影响，视频下载的成功率和普遍性不高。

6.3.2 计算机屏幕录制

1. 计算机屏幕录制

计算机屏幕录制主要面向计算机中无法保存的视频或计算机软件的相关操作，使用计算机屏幕录制可以将视频或软件操作进行同步录制，并将其保存为视频。使用屏幕录制获取的视频质量一般不如原始视频质量，视频质量的好坏取决于两个方面，一是原始视频的清晰度，二是计算机屏幕的像素数，如果计算机屏幕中原始视频画面清晰，则录制的视频画面质量也会同步清晰。

2. 屏幕录制软件

当前屏幕录制技术是较为常见的技术，屏幕录制软件也非常普遍。其中 Camtasia Studio 是最专业的屏幕录像和编辑的软件套装。它提供了强大的屏幕录像(Camtasia Recorder)、视频的剪辑和编辑(Camtasia Studio)、视频菜单制作(Camtasia Menumaker)、视频剧场(Camtasia Theater)和视频播放功能(Camtasia Player)等。用户可以方便地进行屏幕操作的录制和配音、视频的剪辑和过场动画、添加说明字幕和水印、制作视频封面和菜单、视频压缩和播放，如图 6-1 所示。

3. 屏幕录制方法

(1) 选择录制区域。视频录制通常需要自定义录制区域，Camtasia Studio 有 Full Screen(全屏模式)和 Custom(自定义)两种模式，使用 Custom 模式的 Select Area To Record

(选定区域录制)手动选择屏幕区域。

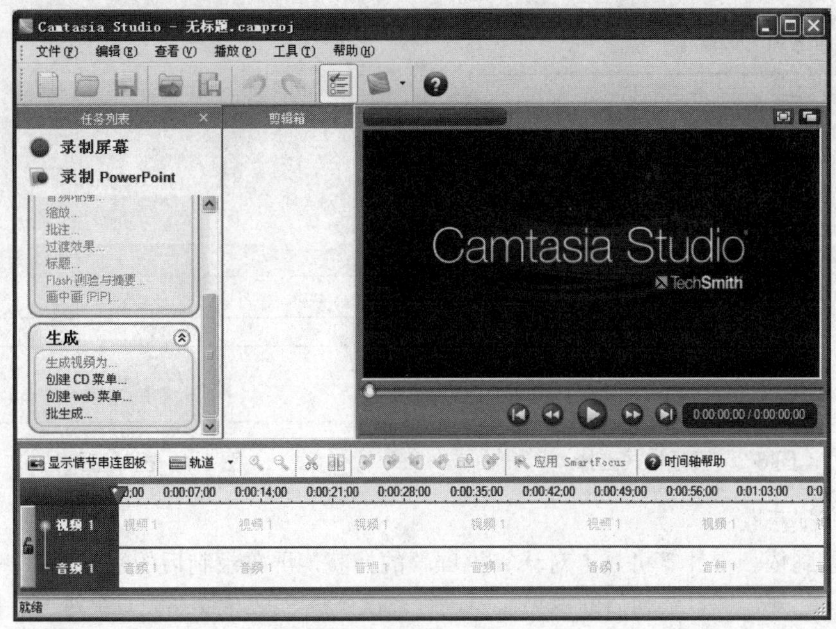

图 6-1　Camtasia Studio 界面

(2) 测试音频输入设备。视频录制需要同步录制视频中的声音，需将音频输入设置为录制计算机中的声音，而不是话筒的声音。在“控制面板”中单击“硬件和声音”按钮，打开“声音”对话框，单击“录制”选项卡，在空白处右击，在弹出的快捷菜单中执行“显示禁用设备”命令。单击“立体声混音”选项，右击鼠标，在弹出的快捷菜单中执行“启用”命令。

(3) 同步录制。单击“录制”按钮，在 3s 之后开始录制，视频播放完成后，按 F10 键停止录制，如图 6-2 所示。

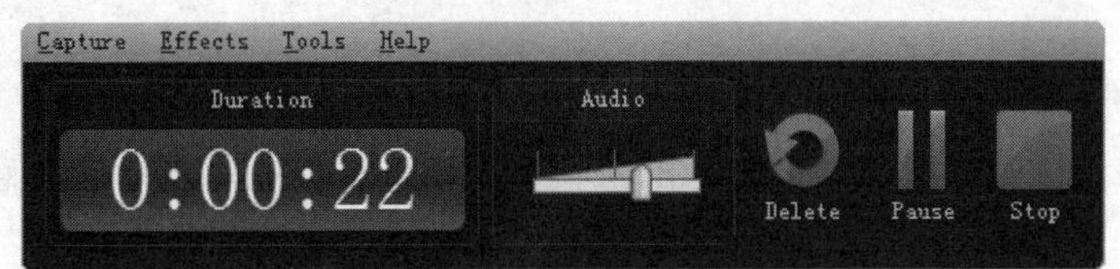

图 6-2　视频录制

(4) 剪辑生成。按 F10 键停止录制，单击 Save And Edit 保存并编辑，执行“文件(File)→生成(Produce)”命令，在弹出的对话框中选择 Mp4 Only(Up To 720P)选项，只生成视频文件(不包括播放器)，如图 6-3 所示。单击“下一步”按钮，选择视频的存储路径，单击“完成”按钮，视频开始生成，如图 6-4 所示。

4. 屏幕录制的不足之处

1) 录制耗时

从严格意义上讲，屏幕录制是一种视频的生成方法，它并不是一种视频的下载方法，屏幕录制的用时与视频播放时长同步。

图 6-3　视频格式选择

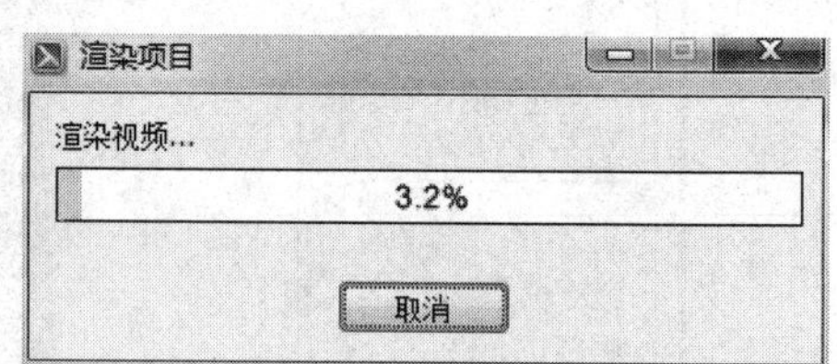

图 6-4　视频渲染

2)　有损获取

屏幕录制依赖于计算机显卡对计算机屏幕的捕获，屏幕录制后的视频质量不如原始视频的质量，此外，屏幕录制后的视频需要进行二次生成，这导致视频质量进一步降低。

3)　备用方法

由于屏幕录制过程耗时，录制后视频画面质量低，还需要对视频进行二次剪辑，它通常作为视频获取的一种备用方法。

6.4　视频拍摄技术

视频拍摄技术

当前视频拍摄设备不再局限于摄像机，数码相机、手机均能拍摄出高质量的画面，视频节目质量的好坏主要取决于镜头运用与拍摄手法。

6.4.1　拍摄方式

在视频拍摄过程中，应该掌握平稳的持机方式，在视频拍摄过程应注意平、稳、匀。

1. 平

平是指摄像机中看到的景物应该横平竖直，即景物中的水平线应与显示屏横边框相平行，垂直线与竖边框相平行。

2. 稳

稳是指使画面保持稳定，清除不必要的晃动，画面不稳会使观众难以看清画面的内容，而且使人容易产生厌倦，在拍摄时要使用三脚架。

3. 匀

匀是指摄像机镜头的运动要保持均匀，不要时快时慢，断断续续，使画面节奏符合观

众正常的视觉规律，摄像机的运动速度要和拍摄内容一致，避免忽快忽慢、忽前忽后、忽左忽右等“刷墙”式拍摄。

6.4.2　镜头意识

1. 镜头的概念

镜头是影视创作的基本单位，镜头是指从按下录制开始到再次录制结束这段时间拍摄的画面。一个完整的视频节目是由一个一个的镜头组成的，离开了独立的镜头，也就没有了影视作品。通过多个镜头的设计与组合，完成整个视频作品的制作。

2. 镜头的作用

在视频拍摄过程中，要有镜头意识。镜头是视频节目的最小单位，它表达一个完整的意思，相当于文章的“句子”，也称之为“蒙太奇”句子。若干镜头按影视语言的“语法”构成一个镜头组，形成了一个“蒙太奇”段落。这些“蒙太奇”段落排列在一起，就构成了视频节目。

6.4.3　景别运用

1. 景别的概念

景别是由于摄影机与被摄体的距离不同，造成被摄体在摄影机寻像器中所呈现出的范围大小的区别，景别越大，环境的因素越多，景别越小，强调人物的因素越多。

2. 景别的划分

景别一般可划分为五种，由远及近分别是远、全、中、近、特五个景别。远景多指被摄体所处环境，人物在画面为一个点(大远景)或不超过画面的 1/2，全景是人物全部出现，包括周围的背景，中景是出现人体膝部以上部分，近景是出现人物胸部以上的部分，特写是出现人体肩部以上的部分，如图 6-5 所示。

图 6-5　景别的划分

3. 景别运用

在视频节目中利用复杂多变的场面调度和镜头切换，交替地使用各种不同的景别，可以让影片剧情的叙述、人物思想感情的表达、人物关系的处理更具有表现力，从而增强视频节目的艺术感染力。如人们习惯用“远景”交代环境(在哪里？)，“全景”交代人物活动(谁在做？)，“中景”介绍事件进展(干什么？)，“近景”强化事件效果(具体如何？)，“特写”突显细节(特别之处？)，如图 6-6 所示。

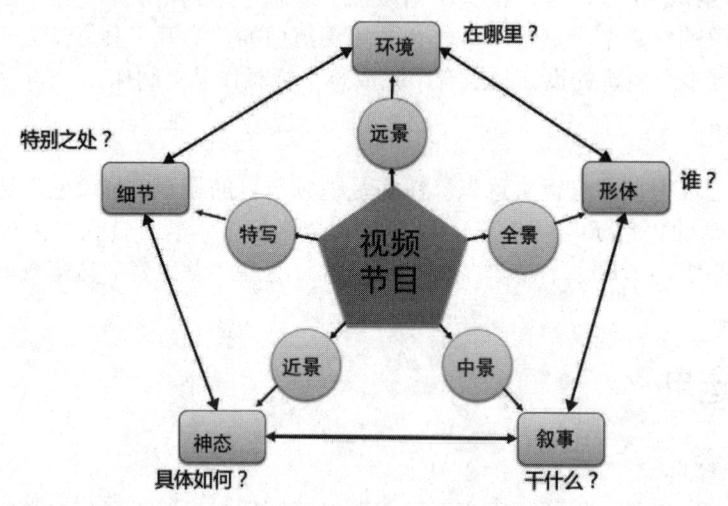

图 6-6 景别的运用

1) 远景

远景一般是用来表现故事情节的环境全貌，展示人物及其周围广阔的空间环境、自然景观和大场面人物活动的镜头。

2) 全景

全景一般用于表现场景的全貌与人物的全身动作，如人物之间、人与环境之间的关系。全景比远景更能全面阐释人物与环境之间的密切关系，展示出人物的行为动作，从某些层面上表现人物的内心活动。

3) 中景

中景是叙事能力最强的景别。中景能够兼顾人物之间、人物与周围环境之间的关系，多用于展现人物对话、动作和情绪交流等场景，表现人物之间的相互关系、人物的身份、动作以及动作的目的。

4) 近景

近景能够展示人物的面部或者其他部位的表情神态、细微动作以及景物的局部状态。它多用于着重表现人物的面部表情，传达人物的内心世界，是人物之间进行感情交流以及刻画人物性格的景别。

5) 特写

特写能够表现拍摄对象的线条、质感、色彩等特征，精细地刻画人物的面部表情，描绘人物的内心活动，表现复杂的人物关系，突出拍摄画面的细节，让观众形成突出深刻的

印象，对故事情节的发展起到画龙点睛的作用。

6.4.4　拍摄角度

拍摄角度由拍摄高度、拍摄方向和拍摄距离决定，主要包括水平角度和垂直角度。

1. 水平角度

水平角度主要包括正面角度、侧面角度、斜侧角度和背面角度等，如图 6-7 所示。

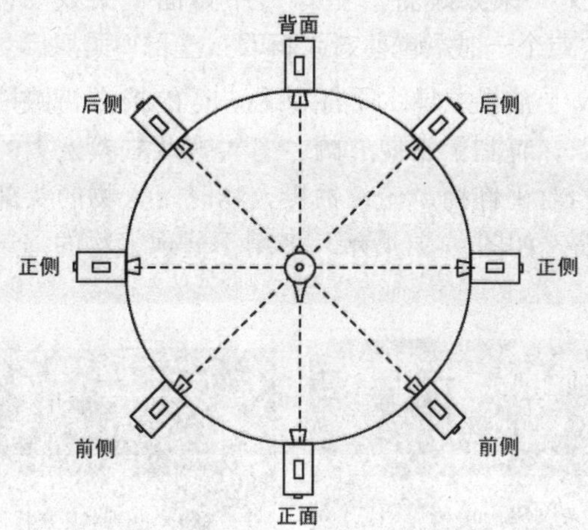

图 6-7　水平角度

1)　正面角度

正面角度多用于拍摄人物表情，展现生活中人与人之间的交流、课堂上的教与学、节目主持人的音容笑貌。由于正面角度是在一个平面上展现物体形状的，它不利于空间感和立体感的表达，不利于动感和线条的展现。

2)　侧面角度

侧面角度多用于拍摄人物动作，给人一种客观、平等的感觉。侧面角度主要展现被摄物体的运动姿态及富有变化的外沿轮廓线条，刻画人与人之间对话交流的神情、动作、姿态和手势等。

3)　斜侧角度

斜侧角度兼具被摄对象的正面和侧面两个方面的特征。斜侧角度能够形成明显的形体透视变化，使画面生动活泼，有较强的透视感和立体感，有利于表现被摄对象的立体形态和空间深度。

4)　背面角度

背面角度是摄像机在被摄主体后面的拍摄，用于展现拍摄主体与环境之间的关系。这种角度可以把被摄主体的背面与主体注视的对象一起表现出来，让观者具有较强的主观参与感，留有一定的悬念和神秘感。

2. 垂直角度

垂直角度包括仰拍、平拍、俯拍三个角度。

1) 仰拍

仰拍适于表现尊崇、景仰、高大、稳定、孤独、崇高感等形象。仰拍常以天空为背景的画面，达到突出主体的作用。仰拍多采用广角镜头，由下往上拍摄，画面的透视感强，近处的景物被放大，远处的景物被压缩，人物的腿变长，显得高大，如图 6-8 所示。

2) 平拍

平角是指摄像机与被摄主体在同一水平线上的拍摄。这种角度的视觉效果与日常生活观察事物的角度一致，会使观众产生一种身临其境的感觉，使人感到平等、客观、公正、亲切。

3) 俯拍

俯拍是指摄像机在高于被摄主体水平线以上进行的拍摄。俯拍具有居高临下、视觉开阔、空间透视感强等特点，有利于表现广阔、有气魄及规模宏大的场面，常用于介绍环境和大场面的空间层次。相对于仰拍，俯拍拍摄人物时，人物的头部会变得更大，腿部被压缩，显得人物矮小、萎缩，如图 6-9 所示，多用于展现人物的痛苦、压抑、罪恶、自责、悲伤、渺小和无助感。

图 6-8　仰拍画面效果

图 6-9　俯拍画面效果

3. 多角度多景别拍摄方法

景别决定观察事物的深度，角度决定观察事物的广度，正所谓“远观其势，近取其质”。通过多角度多景别的拍摄方法，可以实现简单的视频节目拍摄。

6.5　视频处理软件

视频处理软件

常见的视频处理软件主要有 Adobe Premiere、EDIUS、Final Cut Pro X、Sony Vegas、会声会影等。

1. Adobe Premiere

Adobe Premiere 被广泛应用于广告制作和电视节目制作中，是视频编辑专业人士必不可少的视频编辑工具，它可以提升创作人的创作能力和创作自由度，是一款精确、高效的

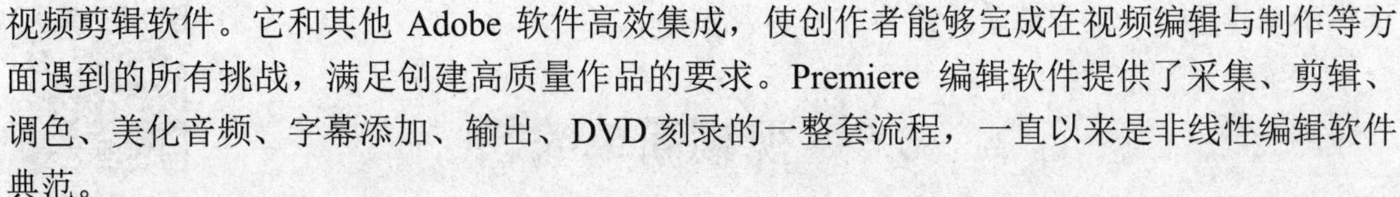

视频剪辑软件。它和其他 Adobe 软件高效集成，使创作者能够完成在视频编辑与制作等方面遇到的所有挑战，满足创建高质量作品的要求。Premiere 编辑软件提供了采集、剪辑、调色、美化音频、字幕添加、输出、DVD 刻录的一整套流程，一直以来是非线性编辑软件典范。

2. EDIUS

EDIUS 是一款非常优秀的专业非线性视频编辑软件，它为广播和后期制作环境而设计，EDIUS 拥有完善的基于文件工作流程，提供了实时、多轨道、多格式混编、合成、色键、字幕和时间线输出等功能。同时，它支持所有业界使用的主流编解码器的源码编辑，甚至当不同编码格式在时间线上混编时，都无须转码。另外，用户无须渲染就可以实时预览各种特效，并支持所有的 DV、HDV 摄像机和录像机，特别适合准专业及专业影视制作的需求。

3. Final Cut Pro

Final Cut Pro 是苹果公司开发的一款专业视频非线性编辑软件，Final Cut Pro 支持 Mac OS X 的 Grand Central Dispatch 线程管理功能，支持多路多核心处理器，支持 GPU 加速，支持后台渲染，可编辑从标清到 4K 的各种分辨率视频。Colorsync 管理的色彩流水线则可保证全片色彩的一致性，在视频导入的同时就可以进行编辑，导入中自动进行媒体格式检测、视频防抖处理、人脸侦测、镜头侦测、色彩平衡和音频过滤。利用闲置的处理器核心，视频特效可在后台进行渲染，无须专门等待，并提供了大量事实特效。Final Cut Pro 的另一项主要革新是内容自动分析功能，载入视频素材后，系统可在用户进行编辑的过程中，自动在后台对素材进行分析，根据媒体属性标签、摄像机数据、镜头类型，乃至画面中包含的任务数量进行归类整理。

4. Sony Vegas

Sony Vegas 是一款专业视频编辑软件，Vegas 具备强大的后期处理功能，可以随心所欲地对视频素材进行剪辑合成、添加特效、调整颜色、编辑字幕等操作，还包括强大的音频处理工具，可以为视频素材添加音效、录制声音、处理噪声。Vegas 还可以将编辑好的视频输出为各种格式的影片、直接发布在网络、刻录成光盘或回录到磁带中。Vegas 的优势在于视频剪辑快捷、符合制作者的使用习惯，能够满足视频制作主要功能。目前 Sony Vegas 除了加深视觉效果处理，支持广泛的视频格式、无限制轨道、DVD 光盘刻录，支持悬停取消技术和 4K 编辑外，还新增了动态故事版和时间轴互动。

5. 会声会影

会声会影是一款功能强大的视频编辑软件，拥有强劲的处理速度和效能，支持最新视频编辑技术，集创新编辑、高级效果、屏幕录制、交互式 Web 视频和各种光盘制作方法于一身。使用会声会影的用户可以轻松地自制家庭影片，利用本机 HTML 5 视频支持和增强 DVD 及 Blu-Ray 制作，随时随地实现共享。它具有图像抓取和编修功能，可以抓取并提供 100 多种的编制功能与效果，导出多种常见的视频格式，甚至可以直接制作成 DVD 和 VCD 光盘。会声会影支持各类编码，包括音频和视频编码，它的模块化思想颠覆了非线性编辑的创作思路，操作简单，适合家庭日常使用。

视频简单编辑

6.6 视频简单编辑

当前 Premiere 的最新版本是 Premiere Pro CC 2019，它提供了一些新功能和增强功能，可增强用户的数字视频编辑体验。如增加了音频智能清理功能，用户使用 Essential Sound 面板中的全新降噪和 Dereverb 滑块即时调低或去除背景噪声，或进行混响。增加了选择的色彩分级功能，可以轻松地进行精确的色彩微调。增加了对 180VR 的沉浸式视频支持，可以提供响应速度更快的播放、渲染和 Lumetri Color 性能等。当前，Premiere Pro CC 2019 仅支持 Windows 10(64 位)以上版本系统。

6.6.1 创建项目

项目可以包含多个序列，各序列的设置可以彼此不同。每次创建新项目时，Premiere Pro 都会提示第一个序列的设置，也可以取消此步骤以创建不包含任何序列的项目。

1. 采集视频

将摄像机设置为回放模式(可能标记为 VTR 或 VCR)，使用 IEEE1394 或 SDI 连接将该设备连接到用户的计算机上，进行视频采集。

2. 创建项目

执行“新建项目”命令，在应用程序打开之后执行“文件→新建→项目”命令，浏览到用于保存项目文件的位置，命名项目，然后单击“确定”按钮。在默认情况下，Premiere 将渲染的预览、匹配的音频文件以及捕捉的音频和视频存储在用于存储项目的文件夹中。需要注意的是，如果更改了 Premiere 存储各种类型文件的位置，则需要指定暂存盘位置，如图 6-10 所示。

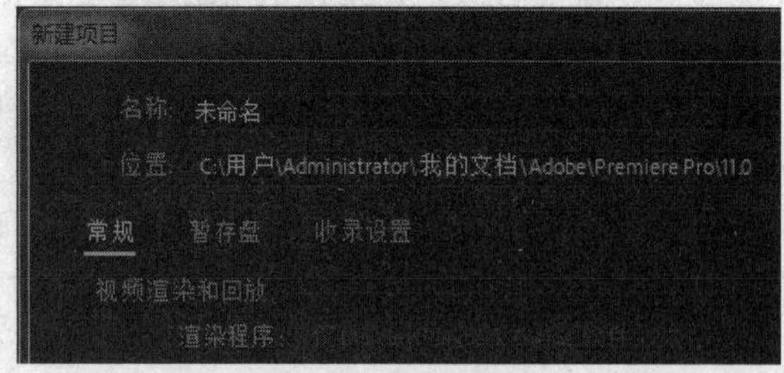

图 6-10 新建项目

6.6.2 工作界面

1. 工作界面介绍

Adobe Premiere 视频和音频应用程序提供了一个统一且可自定义的工作区。每个应用程序各有自己的一套面板(如项目、元数据和时间轴)，程序的主窗口是应用程序窗口，在

此窗口中，面板被组合成名为工作区的布局。默认工作区包含面板组和独立面板。用户可自定义工作空间，将面板布置为最适合的工作风格。重新排列面板时，其他面板会自动调整大小以适应窗口。用户可以为不同的任务创建并保存多个自定义工作区，如一个用于编辑，一个用于预览。

2. 工作界面设置

在 Premiere 中可以将面板停靠在一起、移入或移出组，或停靠使其浮动在应用程序窗口的上方。拖动面板时放置区会变为高光状态。放置区决定了面板插入的位置以及它是与其他面板停靠还是分组在一起的。

1)　停靠面板

停靠区位于面板、组或窗口的边缘。停靠某个面板会将该面板置于邻近存在的组中，同时调整所有组的大小以容纳新面板，如图 6-11 所示。

2)　分组区

分组区位于面板或组的中央，沿面板选项卡区域延伸。将面板放置到分组区上，会将其与其他面板堆叠，如图 6-12 所示。

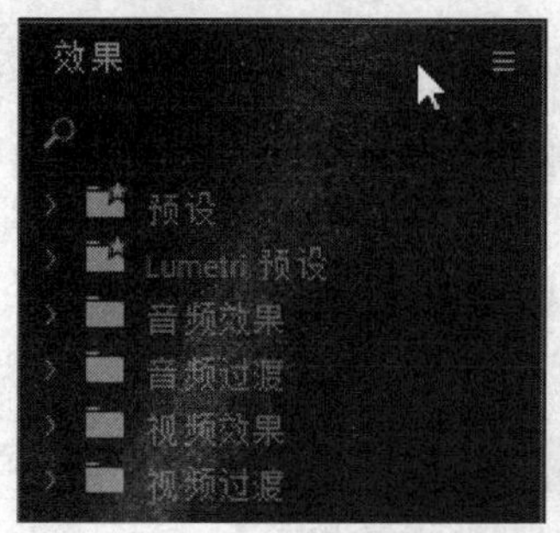

图 6-11　停靠“效果”面板

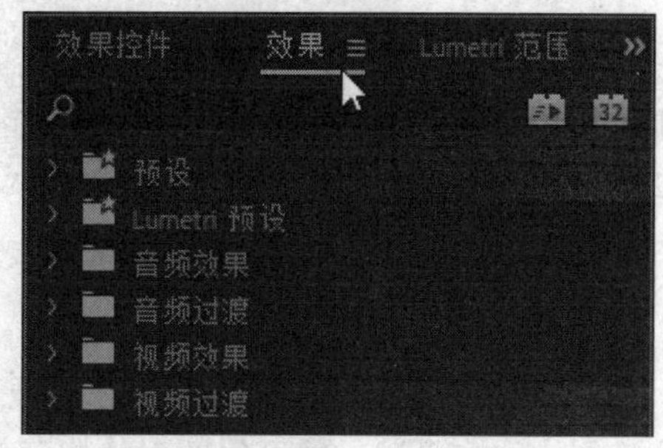

图 6-12　分组“效果”面板

3)　浮动面板

选择要浮动的面板，右击面板名称，弹出菜单列表，从中选择“浮动面板”，即可实现窗口脱离，同时也可将其他面板添加到该窗口，并将其修改为与应用程序窗口相似的形式，如图 6-13 所示。

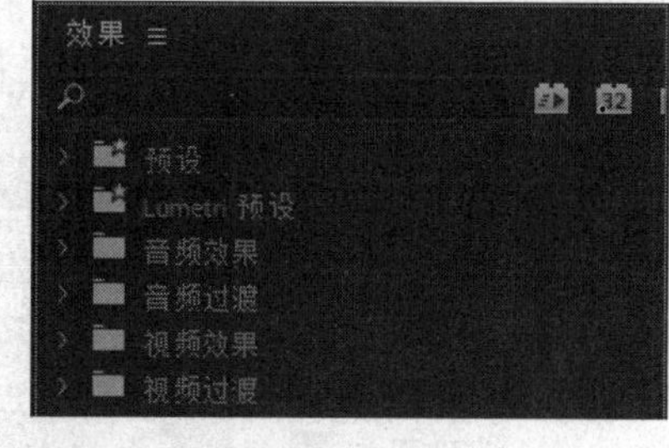

图 6-13　浮动面板

4)　调整面板组的大小

将鼠标指针放在面板组之间的隔条上时，会显示调整大小图标。拖动这些图标时，与该隔条相邻的所有组都会调整大小。

具体操作方法如下。

(1)　要调整水平方向或垂直方向的尺寸，请将鼠标指针置于两个面板组之间，当鼠标指针变成双箭头形状⇹时，进行左右拖动，改变面板的大小。

(2)　要一次调整两个方向上的尺寸，请将指针置于三个或多个面板组之间的交叉处。当鼠标指针变成四箭头形状✥时，进行上下左右拖动，改变面板的大小。

注意：如果在调整面板时，出现误操作，导致面板丢失，可执行“窗口→工作区→重置为保存的布局”命令，恢复面板的位置。

6.6.3 常见工具

工具面板是视频剪辑初期应用最为频繁的，用户需要根据视频剪辑需要选择不同的工具。PR 的工具面板中主要包括选择工具、轨道选择工具、波纹编辑工具、速率伸展工具、剃刀工具、外滑工具、内滑工具、钢笔工具、手形工具、缩放工具等，如图 6-14 所示。

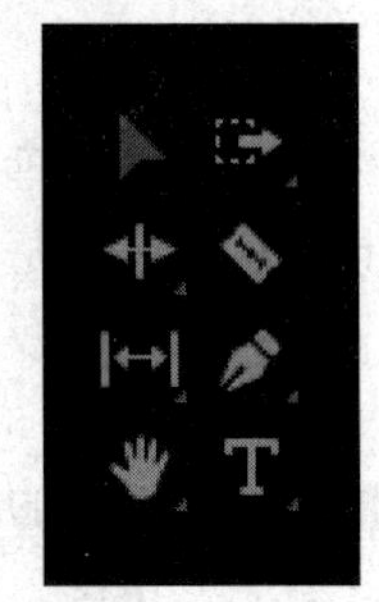

图 6-14 工具面板

1. 选择工具

“选择工具”是用于选择用户界面中的剪辑、菜单项和其他对象的标准工具。“选择工具”使用较为频繁，通常在其他工具使用完毕后，最好单击一下选择工具，再进行其他操作。

2. 轨道选择工具

“轨道选择工具”用于选择序列中位于光标右侧的所有剪辑。要选择某一剪辑以及当前轨道中位于其右侧的所有剪辑，请单击该剪辑。要选择某一剪辑以及所有轨道中位于其右侧的所有剪辑，请按住 Shift 键并单击该剪辑。因此，按 Shift 键可将轨道选择工具切换到多轨道选择工具。

3. 波纹编辑工具

“波纹编辑工具”用于修剪“时间轴”上某个剪辑的入点和出点。波纹编辑工具可关闭由编辑导致的间隙，并可保留对修剪剪辑左侧或右侧的所有编辑。

4. 滚动编辑工具

“滚动编辑工具”用于“时间轴”内的两个剪辑之间滚动编辑点。滚动编辑工具可修剪一个剪辑的入点和另一个剪辑的出点，同时保留两个剪辑的组合持续时间不变。

5. 速率伸展工具

“速率伸展工具”通过加速“时间轴”内某剪辑的回放速度缩短该剪辑，或通过减慢回放速度延长该剪辑。速率伸展工具会改变速度和持续时间，但不会改变剪辑的入点和出点。

6. 剃刀工具

“剃刀工具”用于对“时间轴”上的剪辑中进行一次或多次切割操作。单击剪辑内的某一点后，该剪辑即会在此位置精确拆分。要在此位置拆分所有轨道内的剪辑，请按住 Shift 键并在任何剪辑内单击相应的剪辑。

7. 外滑工具

“外滑工具”用于同时更改“时间轴”内某剪辑的入点和出点，并保留入点和出点之间的时间间隔不变。如将“时间轴”上一个剪辑修剪到 5s，使用外滑工具可以确定该剪辑

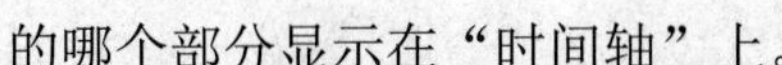

的哪个部分显示在“时间轴”上。

8. 内滑工具

“内滑工具”可将“时间轴”上某个剪辑向左或向右移动，同时修剪其周围的两个剪辑。三个剪辑的组合持续时间以及该组合在“时间轴”内的位置将保持不变。

9. 钢笔工具

“钢笔工具”用于设置或选择关键帧，或调整“时间轴”内的连接线。要调整连接线，请垂直拖动连接线。要设置关键帧，请按住 Ctrl 键并单击连接线。要选择非连续的关键帧，请按住 Shift 键并单击相应关键帧。要选择连续关键帧，请将选框拖到这些关键帧上。

10. 手形工具

“手形工具”用于向左或向右移动“时间轴”的查看区域。在查看区域内的任意位置应用手形工具可向左或向右拖动。

11. 缩放工具

“缩放工具”用于放大或缩小“时间轴”的查看区域。单击查看区域将以 1 为增量进行放大。按住 Alt 键并单击查看区域，将以 1 为增量进行缩小。

12. 文字工具

“文字工具”主要用于添加文字、文本等信息，可添加横向文字与垂直文字。

6.6.4　导入素材

“导入”命令是将硬盘或连接的其他存储设备中的已有文件引入项目中。Premiere Pro 支持导入多种文件格式的视频、静止图像和音频，可以导入单个文件、多个文件或整个文件夹。

1. 支持的文件格式

Premiere Pro 支持大多数常见的多媒体文件格式。建立工程文件后，在“素材箱”区域双击鼠标即可弹出导入文件对话框，在对话框的“所支持媒体”下拉菜单中可看见 Premiere Pro 支持的文件格式。如果导入的文件格式没有显示在对话框中，表示 Premiere Pro 不支持该文件格式，如 FLV、RMVB 等视频文件格式，这些文件格式需要使用格式工厂等软件，将其转换为 MPG 或 MP4 或 WMV 格式，才能在 Premiere Pro 中使用。

2. 媒体浏览器导入

媒体浏览器可以轻松地浏览文件并按文件类型进行查找，媒体浏览器方便用户在编辑时迅速访问所有资源。媒体浏览器导入文件的具体操作操作方法如下。

(1) 执行“窗口→媒体浏览器”命令，在媒体浏览器中右击，在相应的文件中选择“在源监视器中打开”或者双击相应的文件，媒体浏览器即会在源监视器中打开此文件。

(2) 将文件从媒体浏览器拖动到“项目”面板，或将文件直接从媒体浏览器拖到“时间轴”，如图 6-15 所示。

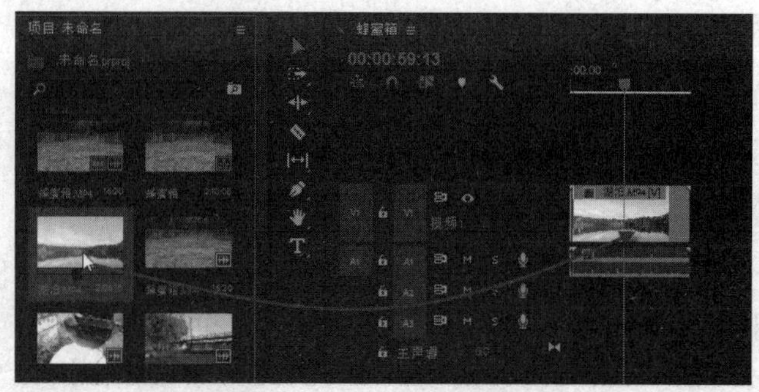

图 6-15　添加媒体至时间轴

3. 使用“导入”命令导入文件

(1) 执行“文件→导入”命令。浏览并选择文件，单击“打开”按钮，即可将素材添加至项目面板中。如要导入文件的文件夹，则需要选择相应的文件夹，然后单击“导入文件夹”按钮。文件夹及其内容即会作为新的素材箱添加到“项目”面板中。

注意：在导入文件时，有编号的静止图像序列可导入为一个动画剪辑。

(2) 将素材添加到“时间轴”。素材添加到项目面板后，单击鼠标，将文件直接拖曳至“时间轴”中，完成素材的添加。

6.6.5　素材修剪

1. 在源监视器中处理素材剪辑

在典型的工作流中，在源监视器中标记剪辑的入点和出点，对已编入序列的剪辑入点和出点进行调整的过程称为修剪，具体操作方法如下。

1) 在“源监视器”中打开素材

在“项目”面板中双击该剪辑或在“时间轴”面板中双击该剪辑，即可在“源监视器”中打开素材。“源监视器”面板包含多种用于处理剪辑的工具和方法，使用这些工具和方法可以用于设置、移动或移除入点和出点，如图 6-16 所示。

图 6-16　源监视器中的编辑工具按钮

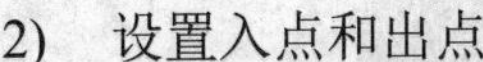

2)　设置入点和出点

在源监视器中将播放指示器拖到所需的帧，单击“标记入点”按钮，或按 I 键，设置入点。将播放指示器拖到所需的帧，单击“标记出点”按钮，或按 O 键，设置出点。入点和出点设置完成后，可以在源监视器中拖动“入点”手柄和“出点”手柄，对入点和出点的位置进行精确调整，如图 6-17 所示。

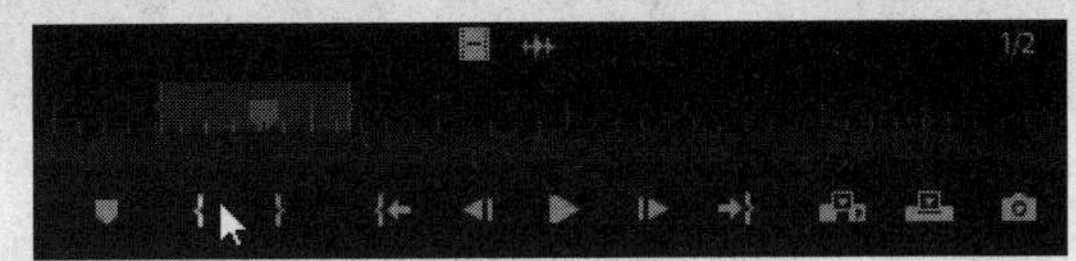

图 6-17　设置入点和出点效果

3)　将素材剪辑添加到时间轴

选择源监视器中的插入工具按钮，选定的素材片段就自动添加到时间轴线轨道中，如图 6-18 所示。也可以从项目面板中将素材剪辑片段直接拖曳至时间轴线轨道中。

图 6-18　导入源监视器中的素材剪辑到时间线

2. 时间轴修剪素材剪辑

在时间轴中可以快速地修剪素材剪辑，可将修剪工具和键盘快捷键搭配使用，以设置和调整编辑点。

1)　使用剃刀工具进行粗剪

在源监视器中对视频剪辑进行预览，确定视频剪辑的入点和出点位置，在工具面板中选择“剃刀工具”，根据视频预览的入点和出点位置，使用剃刀工具在视频剪辑上单击，完成入点或出点的编辑，如图 6-19 所示。入点和出点确定后，使用“选择工具”删除入点和出点两边的多余素材，完成素材的粗剪，如图 6-20 所示。

2)　使用选择工具进行精剪

选择“选择工具”，在“时间轴”面板中，将鼠标移至剪辑片段的左边缘，出现“修剪入点”图标后，拖动视频剪辑的左边缘，编辑入点，如图 6-21 所示。将鼠标移至剪辑片段的右边缘，出现“修剪出点”图标之后，拖动视频剪辑的右边缘，编辑出点。

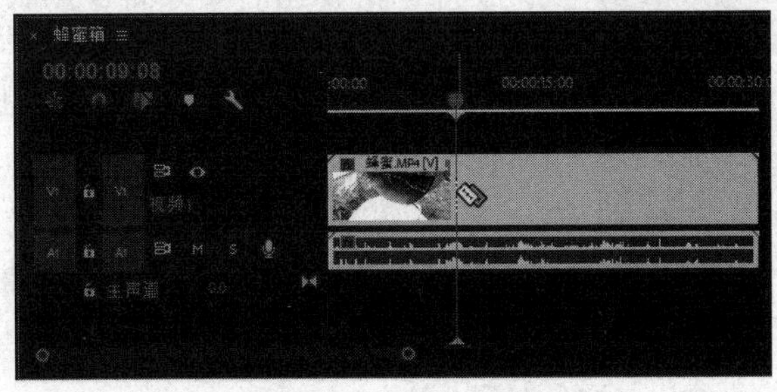

图 6-19　利用剃刀工具

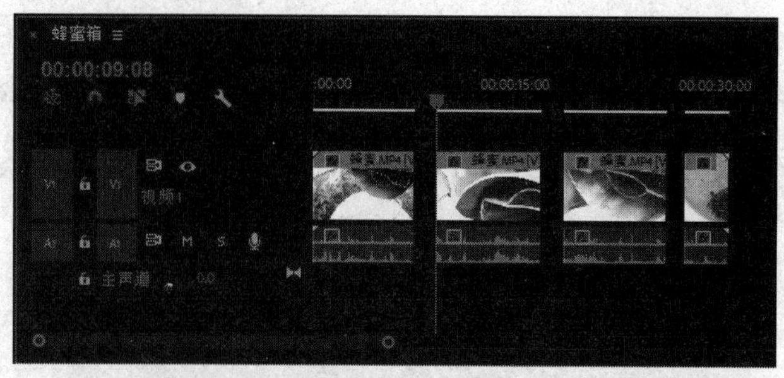

图 6-20　粗剪后的效果

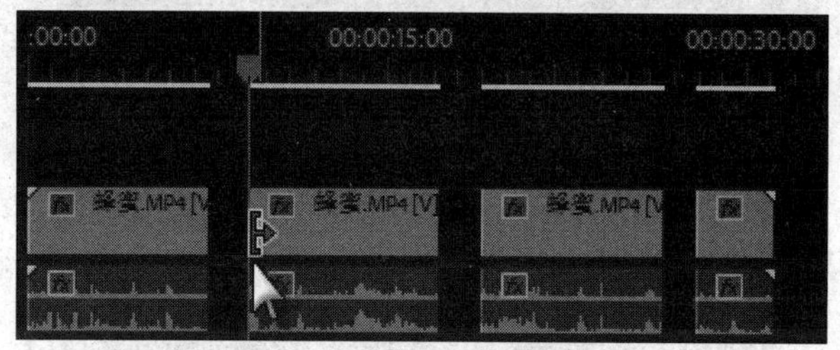

图 6-21　时间轴修剪素材剪辑

3)　使用比率拉伸工具调整镜头播放速度

选择“比率拉伸工具”，将鼠标移动到视频剪辑的尾端，单击鼠标向左拖动素材，实现快镜头的播放效果；反之，单击鼠标向右拖动素材，实现慢镜头的播放效果，如图 6-22 所示。

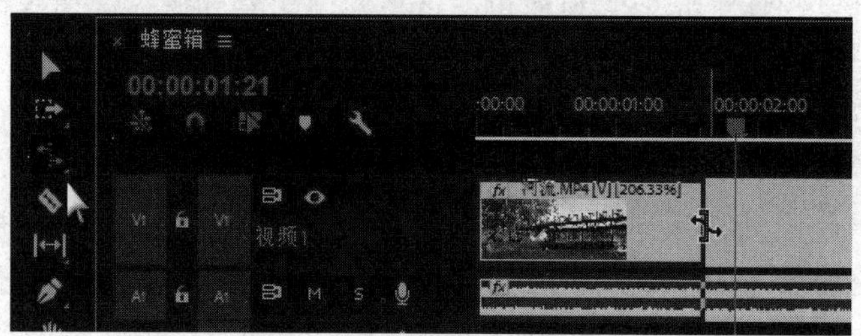

图 6-22　使用比率拉伸工具制作慢速镜头特效

4)　使用波纹编辑工具处理视频剪辑序列

选择“波纹编辑工具”，在“时间轴”面板中，将指针置于要更改剪辑的入点或出点上方，当出现“波纹入点”图标或“波纹出点”图标后，向左或向右拖动，如图 6-23 所示。为了补偿该编辑点，轨道中的后续视频素材将发生时移，并且剪辑持续时间保持不变。波纹编辑工具常用于视频编辑的中后期，对视频剪辑序列进行精确调整。

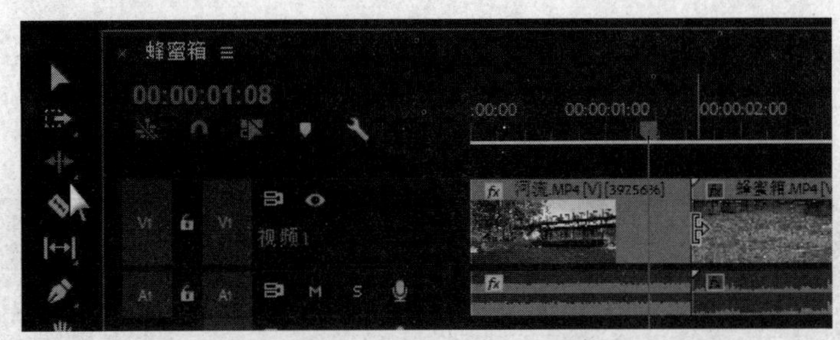

图 6-23 使用波纹编辑工具处理素材剪辑

3. 添加背景音乐或旁白

在视频剪辑序列排列完以后，根据作品呈现效果的需要，对视频剪辑的同期声进行处理，并添加背景音乐或旁白，为了避免视频剪辑的同期声与背景音乐之间的冲突，需要删除或降低同期声。

1) 删除视频剪辑的同期声

单击视频轨道前面的“锁住”按钮🔒，确认视频轨道上的素材被黑色细杠覆盖，单击音轨上的任意素材，使用 Delete 键，删除视频剪辑的音频，如图 6-24 所示。

图 6-24 删除视频剪辑的同期声

2) 降低视频剪辑同期声的音量

双击音频轨道的空白处，将音频轨道展开，在音频波形的中间是音频包络线。选中音频包络线，向下移动，降低视频剪辑的音频音量；向上移动，增加视频剪辑的音频音量，如图 6-25 所示。

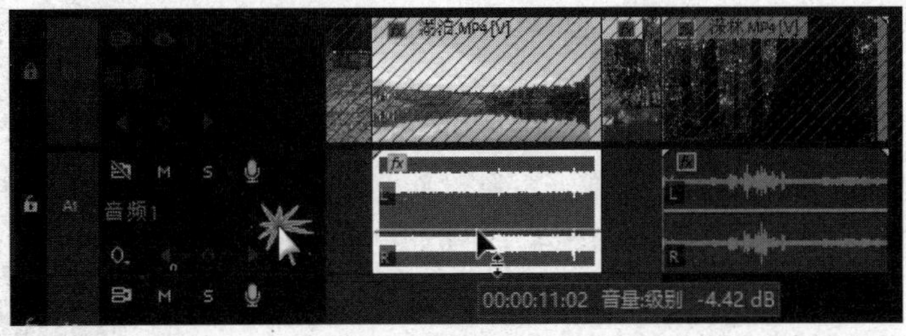

图 6-25 降低视频剪辑同期声的音量

3) 添加背影音乐或旁白

执行“文件→导入”命令。将背景音乐或旁白的大小音频文件添加时间轴线上空白的音频轨道中，调整音频包络线的位置，让背景音乐的音量大小与视频剪辑的音频音量大小对比适当。使用选择工具，确定背景音乐的入点和出点位置，使背景音乐的时长与视频剪辑序列的时长相近，如图 6-26 所示。在“效果”面板的搜索栏中输入“指数淡化”(“效果→音频过渡→交叉淡化→指数淡化”)，将其拖到背景音乐的开始处和结尾处，完成背景音乐淡入淡出效果的设置，如图 6-27 所示。

图 6-26　添加背景音乐

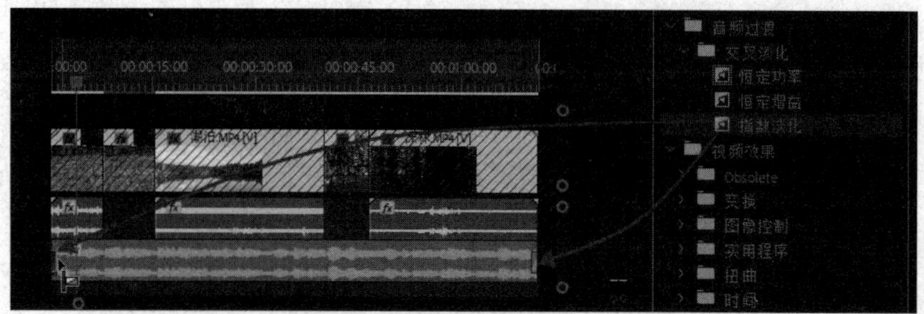

图 6-27　设置背景音乐的淡入淡出效果

视频转场特效

6.7　视频转场特效

转场效果(过渡特效)是指两个场景(即两段素材)之间使用的技巧，如划像、叠变、卷页等。转场特效能够实现场景或情节之间的平滑过渡，达到丰富画面、吸引观众的效果。

6.7.1　视频转场效果

Premiere Pro 根据功能视频转场特效可分为九大类，主要包括：3D 运动、Pro DAD、划像、擦除、沉浸式视频、溶解、滑动、放缩、页面剥落等，如图 6-28 所示。每种过渡文件夹中又包含多种不同的效果特技，每一种转场特效都有其独到的特殊效果，使用方法基本相通。

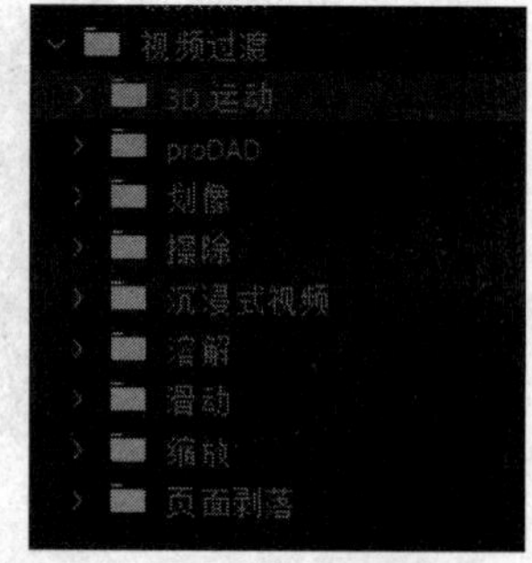

图 6-28　视频过渡效果

6.7.2　添加视频转场

转场特效用于两个镜头场景变化过程中强调或增加特殊效果，转场特效添加在两个镜头或视频剪辑的重合区域，通常将其置于两个镜头之间的剪切线上或者镜头的开头和结尾。

具体的添加方法如下。

(1)　导入两个视频剪辑到时间轴线上，排列好视频剪辑的次序。

(2)　执行“窗口→工作区→效果”命令(Alt+Shift+4)，在右侧弹出的“效果”面板中，双击“视频过渡”文件夹，展开转场特效序列。

(3)　双击“划像”文件夹，选择“圆划像”转场特效，将“圆划像”转场特效，拖拽至时间轴线上两个视频剪辑的相接处，如图6-29所示。拖曳时间轴线上的光标，即可在节目监视器中预览转场效果，如图6-30所示。

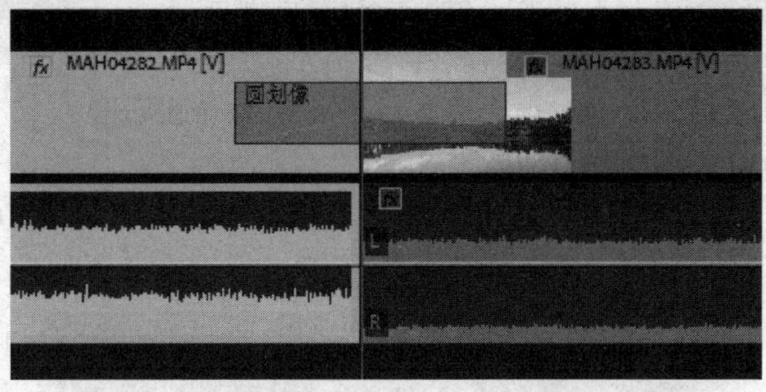

图6-29　添加“圆划像”视频转场

图6-30　转场效果预览

6.7.3　修改视频转场

1. 在效果控件面板中显示转场

单击时间轴线上的“圆划像”转场特效，如图6-31所示。在“效果控件”面板中显示特效属性，修改特效参数，如图6-32所示。

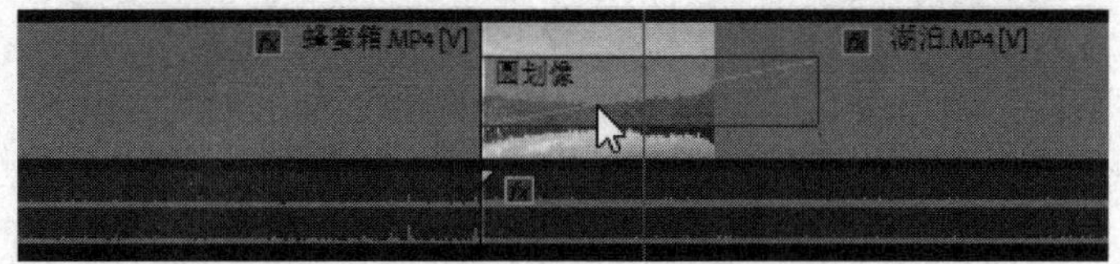

图6-31　圆划像

图 6-32 转场特效属性

2. 调整过渡对齐

1) 在“效果控件”面板设置对齐方式

在“效果控件”面板的“对齐过渡”选项中选择转场特效的对齐形式，如“中心切入”“起点切入”“终点切入”等，如图 6-33 所示。

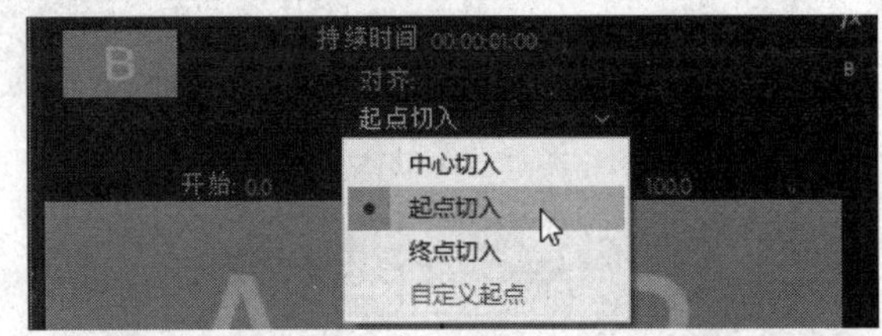

图 6-33 “效果控件”对齐

2) 使用时间标尺自定义对齐方式

在“效果控件”面板右侧的时间标尺过渡中心上方定位指针，当鼠标改变为“滑动过渡”图标时，进行左右拖动，可自定义转场特效的对齐形式，如图 6-34 所示。

图 6-34 时间标尺对齐

3) 在时间轴面板中设置对齐方式

在“时间轴”面板中对转场特效区域进行放大，在转场特效区域中，使用“选择工具”，进行左右拖动，即可改变转场特效的对齐方式，如图 6-35 所示。

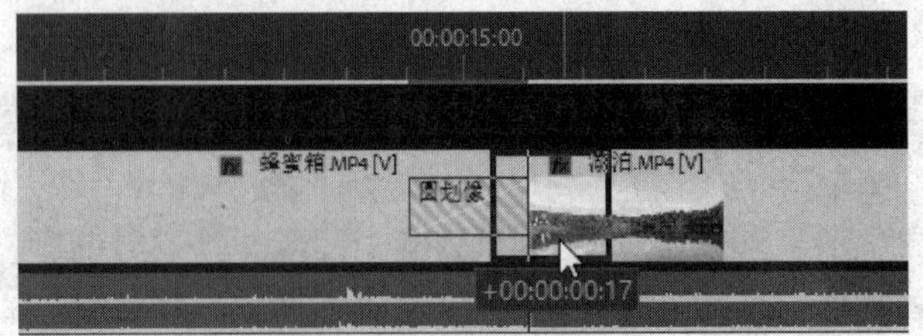

图 6-35 “时间轴”对齐

3. 修改过渡持续时间

过渡的默认持续时间最初设置为 1s，过渡的持续时间要求一个或两个剪辑拥有足够的修剪帧来容纳更长的过渡。在“效果控件”面板或“时间轴”面板能够修改过渡的持续时间。其具体操作方法如下。

1)　直接设置过渡时长

在“效果控件”面板的“持续时间”选项中，左右拖动鼠标或者直接输入过渡时长，即可修改过渡持续时间，如图 6-36 所示。

图 6-36　直接设置过渡时长

2)　用时间标尺修改过渡时长

在“效果控件”面板的时间标尺中，将鼠标定位到过渡的开始帧或结尾帧，当出现调整图标时，进行左右拖动，即可延长或缩短过渡时长，如图 6-37 所示。

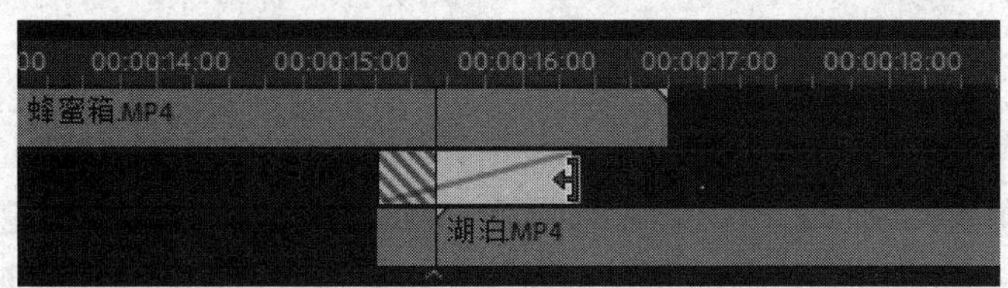

图 6-37　用时间标尺修改时长

3)　在“时间轴”面板中修改过渡时长

使用“选择工具”将鼠标定位到过渡的开始帧或结尾帧处，出现“修剪入点”图标或“修剪出点”图标，左右拖曳，即可延长或缩短过渡时长，如图 6-38 所示。

图 6-38　用“时间轴”修改过渡时长

6.8　视频滤镜特效

视频滤镜特效

视频滤镜特效是更改视频素材显示效果的方法，如虚化、马赛克、对比度等。它可以作为一种纠正方式来修正拍摄错误，有创意地为视频实现特定效果。

6.8.1 视频滤镜种类

Premiere Pro 中提供了 18 类 140 多种视频特效，主要包括图像控制类特效、色彩校正类特效、调节类特效、键控类特效等，使用这些特效可以为素材剪辑添加视觉效果或纠正拍摄的技术问题，还可以制作出更多绚丽的视觉效果，这些视频特效按类别放置在“效果”面板的 18 个视频特效文件夹中。单击每个文件夹左侧的图标，将其展开，显示该类别中的视频特效。

1. “变换”类特效

它主要通过对图像的位置、方向和距离等进行调节，产生某种变形处理，从而制作出画面视角变化效果，包括垂直翻转、水平翻转、帧同步、行同步、滚动、裁剪、羽化边缘等。

2. “扭曲”类特效

它主要为视频创建各种变形效果，包含 12 种不同的特效，如偏移、镜像、变换、边角固定、紊乱置换、镜头失真、弯曲、扭曲、波形弯曲、球面化、放大等。

3. “时间”类特效

它主要是在时间轴上对剪辑进行处理，生成某种特殊效果，如抽帧、拖尾、时间扭曲等。

4. “模糊与锐化”类特效

它可以让画面模糊或者清晰化，它对图像的相邻像素进行计算，产生某种效果，包含 10 种不同的特效，如重影、快速模糊、高斯模糊、摄像机模糊、方向模糊、混合模糊、通道模糊、锐化、非锐化遮罩、抗锯齿等。

5. “生成”类特效

它可以在画面上创建具有特色的图形或者渐变颜色等，与画面进行合成。其中包括 12 种不同的效果，如渐变、四色渐变、书写、发光、圆、吸色管填充、油漆桶、栅格、棋盘、蜂巢图案、镜头光晕、闪电等。

6. “透视”类特效

它主要是通过在三维空间的运算，生成和透视相关的效果。其中包含五种不同的特效，如基本 3D、放射阴影、阴影、斜角 Alpha、斜角边等。

7. “通道”类特效

它通过对画面各个通道的处理，如红、绿、蓝通道，色调、饱和度、亮度通道等，将它们与原素材以不同的方式混合，实现各种效果。其中包括七种不同的特效，如反转、固态合成、复合算法、混合、运算、算法、设置蒙版等。

8. “风格化”类特效

它可以模仿各种绘画的风格，为视频添加马赛克等特效效果。其中包括 13 种不同的

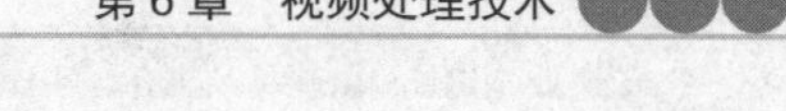

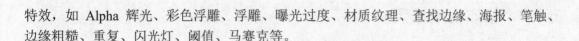

特效，如 Alpha 辉光、彩色浮雕、浮雕、曝光过度、材质纹理、查找边缘、海报、笔触、边缘粗糙、重复、闪光灯、阈值、马赛克等。

6.8.2　添加视频滤镜

1. 将滤镜特效直接添加至时间轴线上的视频剪辑中

选中“时间线”面板中的一段视频剪辑，执行“窗口→工作区→效果”命令(Alt+Shift+4)，在右侧的“效果”面板中，双击“视频效果”文件夹，展开视频特效序列，然后将特效直接拖曳到视频剪辑上，即可为该剪辑添加一个或多个视频特效，如图 6-39 所示。

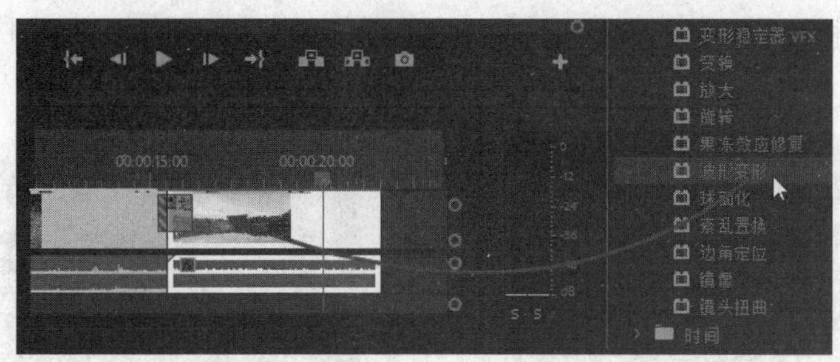

图 6-39　添加视频滤镜

2. 将滤镜特效拖曳至“效果控件”面板中

在 Premiere Pro 时间轴面板中，使用“选择工具”，单击要添加滤镜特效的视频剪辑，在“效果”面板中选择适合的滤镜特效，将其拖曳至“效果控件”面板对应视频剪辑的“视频效果”属性窗口中，完成视频滤镜特效的添加，如图 6-40 所示。在 Premiere Pro 的“效果”面板中可以同时为一个视频剪辑添加多个视频滤镜特效，也可以为一个视频剪辑多次应用同一效果，通过不同的设置，实现视频的复合滤镜特效。

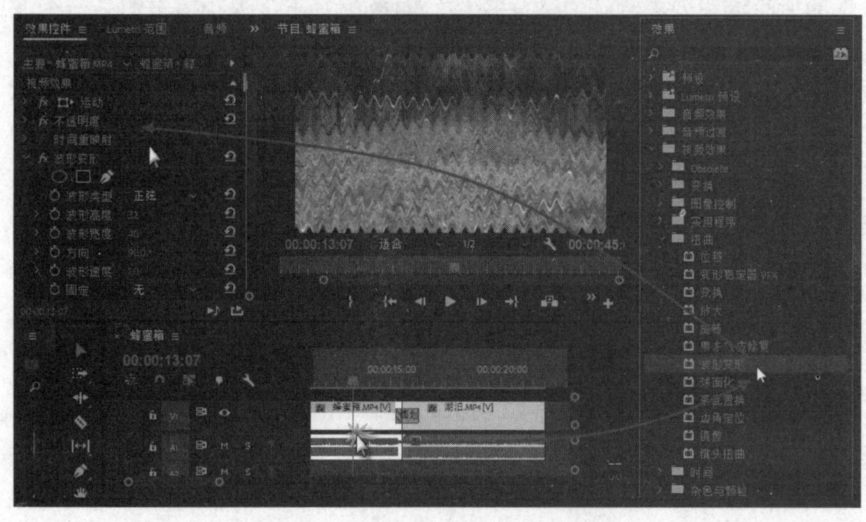

图 6-40　添加颜色校正视频滤镜特效

6.8.3 修改视频滤镜

使用 Premiere Pro“效果控件”面板修改视频滤镜特效，“效果控件”面板显示当前所选剪辑应用的所有效果，如运动、不透明度以及时间重映射等，具体操作方法如下。

1. 更改视频滤镜特效属性值

将指针放在数值的上方，自动出现向左或向右拖动图标，进行拖动修改，如图 6-41 所示，或单击属性值，输入新值，然后按 Enter 键确认。

2. 移除视频滤镜特效

在“效果控件”面板中，选择要移除的效果，按 Delete 键或从“效果控件”面板中选择“移除所选效果”，即可删除滤镜。此外，单击“效果”按钮，可禁用效果，如图 6-42 所示。

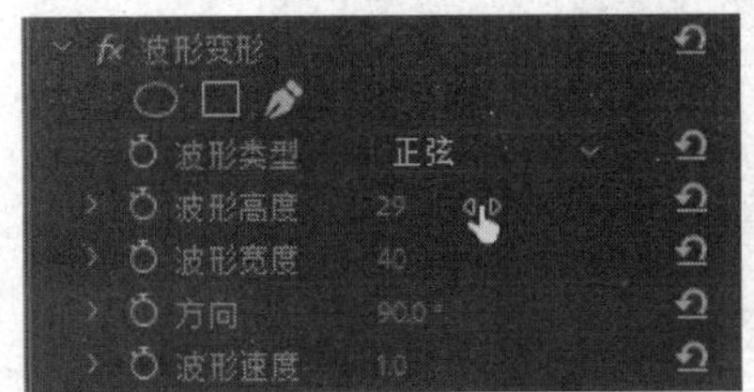

图 6-41　更改视频滤镜特效属性值

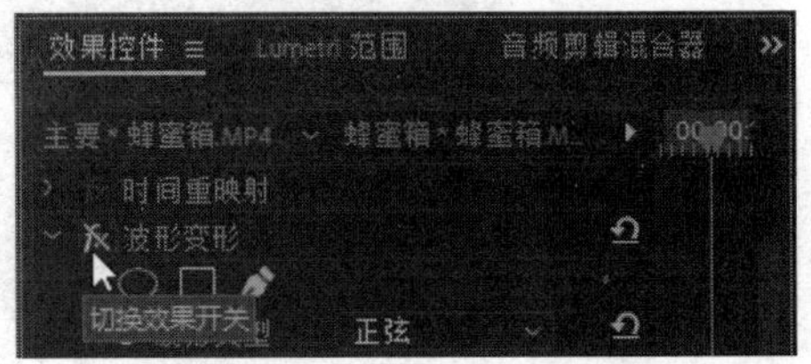

图 6-42　移除视频滤镜特效

3. 使用“粘贴属性”命令

使用“粘贴属性”命令，能够将调整好的滤镜特效应用到其他剪辑中。在“时间轴”面板中选择具有滤镜效果的视频剪辑，右击鼠标，在弹出的快捷菜单中选择“复制”命令，如图 6-43 所示，然后，在“时间轴”面板中，选择一个没有滤镜效果的视频剪辑，右击鼠标，选择“粘贴”命令，该剪辑添加了同样的视频滤镜效果，复制属性命令可以复制该视频剪辑的所有滤镜效果。在“效果控件”面板中右击该视频剪辑的某一个滤镜效果，选择复制属性命令，然后，在时间轴面板中选择一个要添加该效果的视频剪辑，在“效果控件”面板中，选择“粘贴”命令，即可复制该视频剪辑的一个滤镜效果。

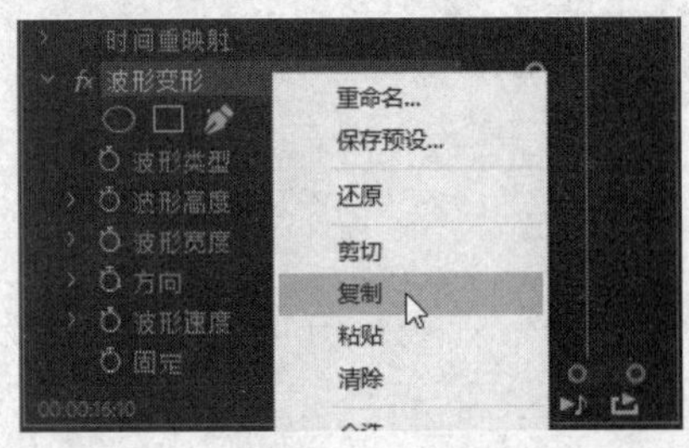

图 6-43　选择“复制”命令

6.8.4 关键帧动画

关键帧动画能够实现“效果控件”面板中视频剪辑相关属性的动态变化，如视频滤镜

特效的动态呈现、视频的放大或缩小、视频位置的移动等。关键帧动画效果设置需要至少设置两个关键帧：一个是起始关键帧，它决定变化开始的效果值；另一个是结束关键帧，它决定变化结束后的效果值。下面以颜色滤镜特效为例，介绍视频由黑白向彩色的变化过程。

1. 添加关键帧

在“效果控件”面板中为视频剪辑添加“视频效果→颜色校正→色彩”滤镜特效。“效果控件”面板一次显示所有效果属性、关键帧和插值法。关键帧的添加方法如下。

(1) 在“效果控件”面板中展开“色彩”滤镜特效的属性，单击“切换动画”码表图标，激活关键帧，此时默认添加起始帧，“着色量”值默认为 100%，即黑白效果，如图 6-44 所示。

(2) 在“效果控件”面板的时间窗口中，将时间标尺指示器移动到结束帧的位置。在“效果控件”面板中单击“添加/移除关键帧”按钮，添加结束帧。设置“着色量”值为 0%，即彩色效果，如图 6-45 所示。预览该视频剪辑，视频画面即从黑白逐渐过渡到彩色效果。重复步骤(1)和(2)可添加更多关键帧，实现更多效果。

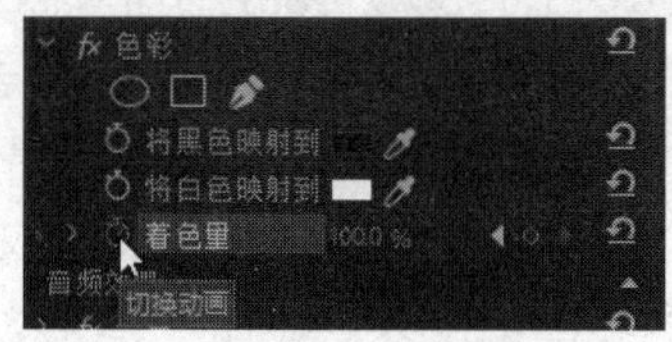

图 6-44　黑白效果设置

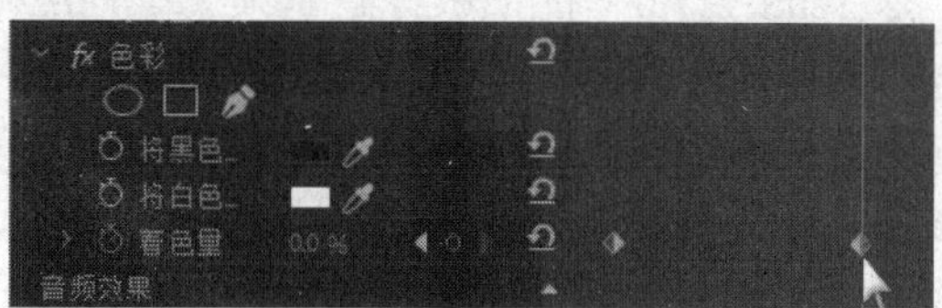

图 6-45　彩色效果设置

2. 修改关键帧值

在“效果控件”面板的时间页面中选中关键帧，激活关键帧，单击关键帧属性箭头，展开关键帧效果的“值”和“速率”图表。“值”图表提供任何时间点上非空间关键帧值的相关信息，如运动效果的“缩放”属性。“速率”图表可用于修改关键帧之间的变化速率，通过更改和调整关键帧插值，可精确控制动画的变化速率。此外，右击鼠标选择关键帧插值类型，如线性、贝塞尔曲线、自动贝塞尔曲线、连续贝塞尔曲线、定格等，修改关键帧插值类型，如图 6-46 所示。也可以通过手动调整关键帧或手柄直接将一种关键帧类型更改为另一种关键帧类型。

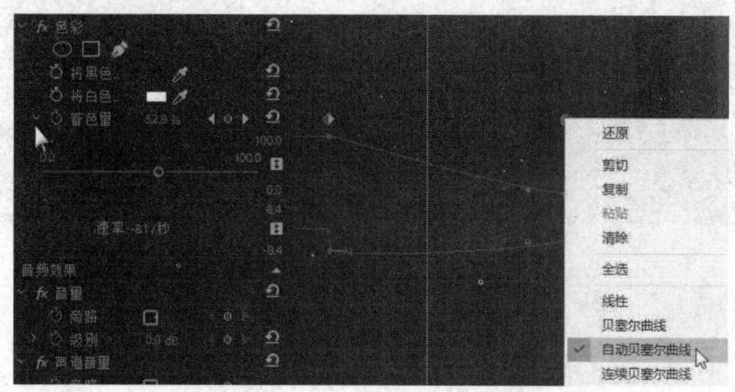

图 6-46　修改关键帧类型

3. 删除关键帧

在“效果控件”面板中选中关键帧，执行“编辑→清除”命令，或按 Delete 键，删除关键帧，如意外删除关键帧，执行“编辑→撤销”命令。

6.9 视频字幕特效

视频字幕特效

字幕是指以文字形式显示电视、电影、舞台作品中的对话等非影像内容，也泛指影视作品后期加工的文字。字幕是影视制作中重要的信息表现元素，它主要用于呈现作品的标题、对画面进行辅助解释、呈现作品的旁白解说词等信息。它通常在视频画面的中央或下方出现，帮助用户观看与理解视频信息。Premiere Pro 中创建字幕的方式主要有应用创建标题字幕、应用文字工具、应用基本图形、创建开放式字幕四种方式。

6.9.1 创建标题字幕

Premiere Pro 的旧版标题延续了早期版本用于创建影片字幕的功能，旧版标题功能适合于创建内容简短或具有文字效果(如描边、阴影等)的字幕。执行“文件→新建→旧版标题”命令，在弹出的字幕设置窗口中设置参数后，单击“确定”按钮，即可弹出旧标题字幕设计器，创建和编辑文字与图形。使用字幕工具可创建横排文字、垂直文字、区域文字、路径文字和图形等对象；在“旧版标题属性”面板中可对文字进行字体、大小、颜色、轮廓线和阴影等属性进行设置；使用字幕样式可将设置好的属性和颜色保存下来，直接应用到其他文字对象上；使用绘图工具可以创建矩形、椭圆形、多边形、线等简单的图形，如图 6-47 所示。

图 6-47 创建标题字幕

6.9.2 应用文字工具

相对于旧版标题字幕，文字工具可以快捷地在节目监视器面板中创建标题或文字，文

本工具创建的字幕直接生成在时间轴面板的空白视频轨道中，具体操作方法如下。

(1) 选择文字工具 T，在节目监视器窗口中单击鼠标，出现文本输入框，输入文字即可，如图 6-48 所示。

图 6-48　添加字幕

(2) 在“效果控件”面板中选择“文本”效果，激活文本控件后，可对文本进行字体、颜色、背景、位置、缩放等属性进行更改，如图 6-49 所示。

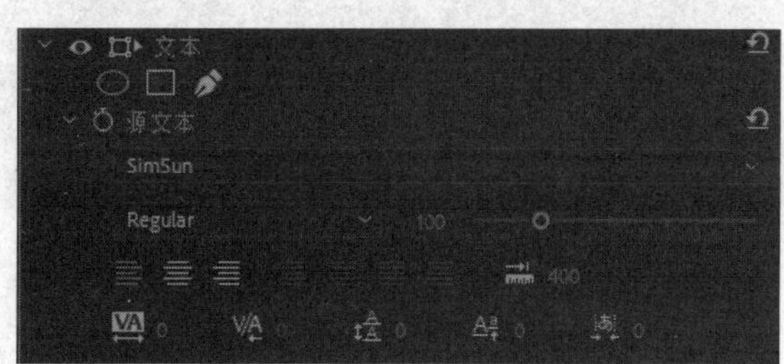

图 6-49　修改文本属性

6.9.3　应用基本图形

基本图形是 Premiere Pro CC 2019 新版本出现的功能，它可以直接调用预设的字幕和图形对象，也可以将 After Effect 做好的字幕效果模板导入，并在 Premiere Pro CC 2019 中进行调节。基本图形能够帮助用户创建动画字幕、图形以及标识，实现更加丰富多彩的字幕效果。具体操作方法如下。

(1) 执行“窗口→工作区→图形”命令(Alt+Shift+5)，选择“基本图形”面板。在“基本图形”面板中单击“浏览”选项卡，选择一种文本图形模板，直接拖曳到时间轴线上，即可为剪辑添加文字，如图 6-50 所示。

(2) 在时间轴线上选中字幕模板，在“节目监视器”面板中修改字幕模板的文本内容，在“基本图形”面板中选择“编辑”面板，即可对添加文本的内容、位置、对齐、样式、字体、文字颜色等属性进行修改，如图 6-51 所示。

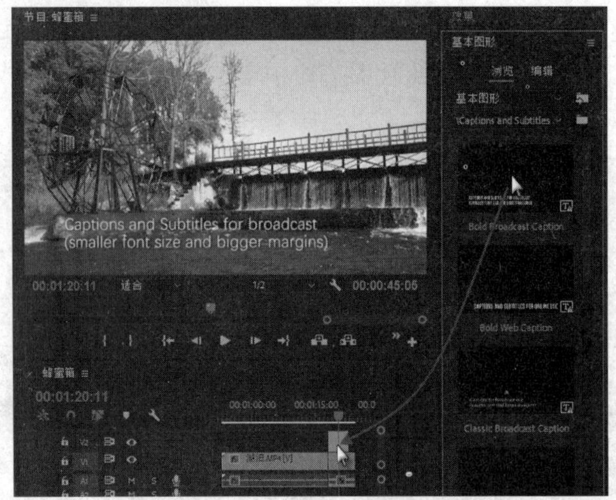

图 6-50　添加文本模板到时间线

图 6-51　修改文本属性

(3) 单击“编辑”面板中的“新建图层”按钮，可新建文本或图形等，并可对文本属性进行修改，进而为视频剪辑添加字幕。需要注意的是，“新建图层”命令并没有在时间轴线上生成新的字幕素材，如图 6-52 所示。

图 6-52　新建文本或图形

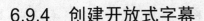

6.9.4 创建开放式字幕

创建开放式字幕功能是 Premiere Pro CC 2019 中的新功能，“旧版标题”命令创建的字幕只能作为素材存放在项目面板中使用。开放式字幕具有很好的兼容性，它可以导出为字幕素材，并应用到其他软件中。开放式字幕的具体操作方法如下。

1. 新建开放式字幕

执行“文件→新建→字幕”命令，打开“新建字幕”对话框，在“标准”下拉列表框中选择“开放式字幕”选项，并在对话框中设置视频宽度和高度等参数，如图 6-53 所示。单击“确定”按钮即可创建开放式字幕。

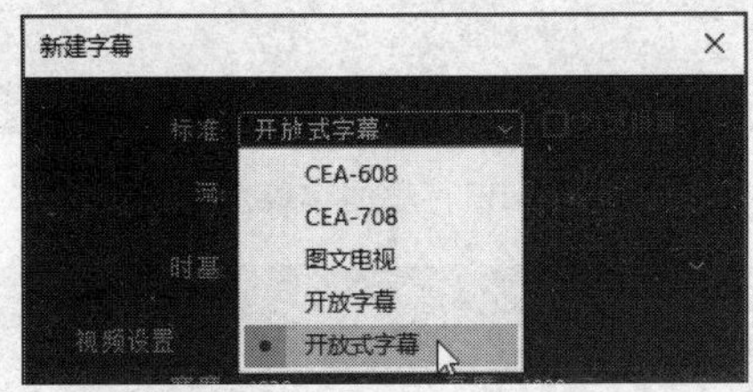

图 6-53 创建开放字幕

2. 将字幕添加到时间轴线

在“项目”面板中选择创建的开放式字幕，将其拖曳至时间轴线上，将字幕轨道位于视频剪辑序列的上面，在时间轴线上，将鼠标移至“字幕”对象的外边框上，将字幕时长调整为视频剪辑序列的时长，如图 6-54 所示。

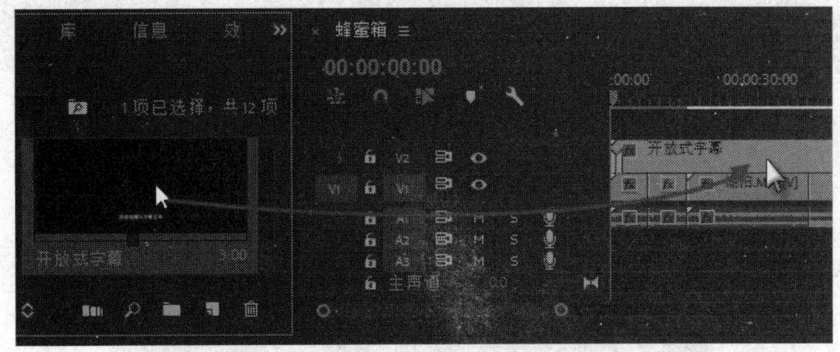

图 6-54 将字幕添加到时间轴线中

3. 添加字幕文本

在“项目”面板中双击字幕对象，打开字幕面板，根据视频剪辑序列的时序和内容需要，依次设置字幕的文本格式、入点和出点时间、字幕的呈现内容，单击“添加字幕”按钮，添加新的字幕序列，如图 6-55 所示，让字幕内容与视频剪辑序列画面一一对应，如图 6-56 所示。

4. 导出字幕

单击“字幕”面板右上角的扩展箭头按钮，选择“项目”选项，返回“项目”面板，在“项目”面板中选中字幕对象，执行“文件→导出→字幕”命令，打开导出字幕设置对话框，在“文件格式”下拉列表框中选择“SubRip 字幕格式(.srt)”选项，如图 6-57 所示，单击“确定”按钮。

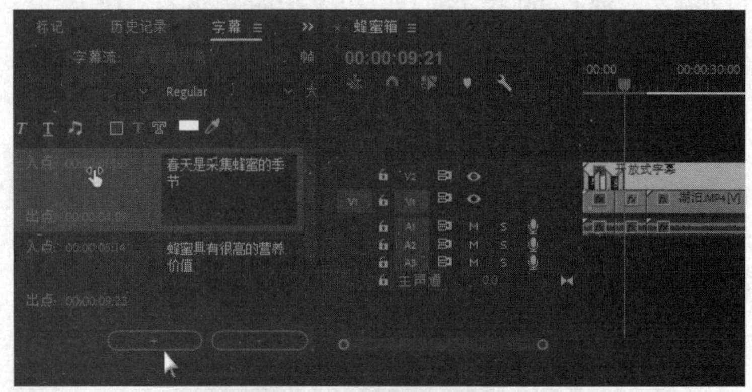

图 6-55　添加字幕文本

图 6-56　字幕呈现效果

图 6-57　导出字幕

导出作品文件

6.10　导出作品文件

Premiere Pro 支持各种用途和目标设备的格式导出。它可以导出可编辑的影片视频文件或音频文件，也可以将视频的单个帧导出为静止图像。

6.10.1　导出视频文件

作品的编辑、特效、字幕制作完成后，需要将剪辑序列渲染为视频文件，具体操作方

法如下。

(1) 设置视频渲染区域。“节目监视器”窗口中，使用入点和出点工具，为时间线上的剪辑做好开始点和结束点，这两点之间的剪辑即为将要导出的媒体时长，如图 6-58 所示。

图 6-58　设置导出媒体的入点和出点

(2) 执行“文件→导出→媒体”命令，弹出媒体导出设置对话框。在“导出设置”对话框中设置导出“文件格式”为 H.264 编码的 MP4 格式，视频预设质量为 High Quality 720P HD，如图 6-59 所示，在“输出名称”选项中设置视频的存储路径和文件名。

图 6-59　“导出设置”对话框

(3) 在“导出设置”对话框还可以设置视频匹配源的帧速率、比特率、宽高比等参数，音频的格式、编码、采样率等参数以及效果、字幕等参数，设置完成后，单击“导出”按钮。

6.10.2　导出音频文件

视频文件的导出方法与视频文件基本相同，主要区别在于视频文件是将视频和音频同时导出，音频文件只导出音频文件，具体设置如下。

(1) 在导出选项中取消“导出视频”选项，单击“导出音频”选项。

(2) 将音频格式设置为 MP3 格式。

(3) 在质量预设中选择 MP3 128Kbps 选项，如图 6-60 所示。

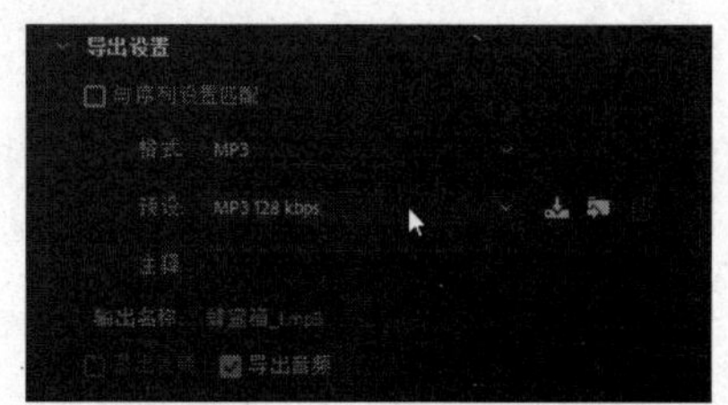

图 6-60　导出音频文件

6.10.3 导出静止图像

通过源监视器和节目监视器中的“导出帧”按钮，可以快速导出视频帧，具体步骤如下。

(1) 将播放指示器置于所需的剪辑或序列帧中。

(2) 默认情况下，Premiere Pro 会将所导出帧的颜色深度设置为源剪辑或序列的颜色深度。单击“导出帧”按钮，弹出“导出帧”对话框，输入帧的新名称，从“格式”菜单中选择格式，浏览到帧的目标，单击“确定”按钮，如图 6-61 所示。

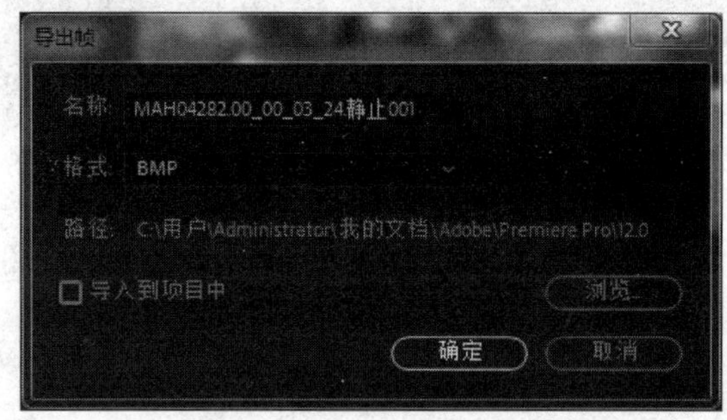

图 6-61 导出单个帧静止图像

微视频节目制作

实训目的

1. 掌握视频的获取方法和拍摄方法。
2. 掌握视频的简单编辑方法。
3. 掌握视频转场特效和滤镜特效的添加方法。
4. 掌握视频字幕的添加方法。
5. 掌握视频文件的导出方法。

实训重点

1. 使用多角度多景别的方法拍摄视频素材。
2. 为视频作品添加转场、滤镜、字幕等特效。

实训难点

1. 视频关键帧动画的实现。
2. 根据作品内容需要，选择并应用视频的转场特效。
3. 根据作品内容需要，选择并应用视频的滤镜特效。

实训内容

1. 选择一个简单的故事情节，以固定镜头的形式，利用多角度多景别的方法拍摄视频素材，要求每个视频的镜头时间长短为 5～10s，镜头画面不要出现明显晃动。

2. 将拍摄的素材导入到 Premiere Pro 中，根据故事情节安排，在时间轴线上对视频素材进行排列，使用“剃刀工具”和“选择工具”对视频素材进行剪辑。

3. 根据情节需要，使用“速率伸展工具”调整视频素材的播放速率，设计快镜头和慢镜头效果，为视频素材添加转场特效和视频滤镜特效，使用关键帧技术，对视频滤镜特效添加动态呈现效果。

4. 使用“文字工具”和“开放式字幕”为视频作品添加标题和字幕。

5. 在 Premiere Pro 的音频轨道中为视频作品录制旁白，在其他音频轨道添加背景音乐，使用音频包络线，调整视频的同期声、旁白、背景音乐的音量对比。

6. 在 Premiere Pro 中直接调用 Audition，对音频轨道(含视频素材的音频轨道)中音频块进行效果处理。

7. 设置渲染区域，将视频文件生成分辨率为 1280×720 的 MP4 格式。

本章系统地阐述了数字视频的概念、制式、参数、格式、获取方法、拍摄方法以及 Premiere Pro 视频处理软件的使用，通过本章的学习，您已具备以下能力。

(1) 对数字视频有清晰的认知。

(2) 能根据实际需要准确选择视频格式及分辨率，能使用多种设备获取图像。

(3) 能根据制作需要获取或拍摄视频素材。

(4) 能使用 Premiere Pro 软件对视频进行剪辑、添加转场特效、滤镜特效以及字幕特效，制作简单的视频作品。

复习思考题

一、基本概念

彩色电视制式　NTSC 制式　PAL 制式 .SECAM 制式　场　帧　逐行扫描　隔行扫描　帧率　视频分辨率　高清信号　码流　宽高比　MPEG 格式　MP4 格式　WMV 格式　镜头　景别　视频转场　视频滤镜

二、判断题

1. VCD 采用 MPEG-2 的编码。 (　　)

2. 隔行扫描的画面质量要好于逐行扫描的质量。 (　　)

3. 在视频处理转换过程中，为了获得更好的视频质量，将视频码率设置为512KB，是一个比较合适的选择。 ( )

4. 国内标准的DVD中的视频分辨率是720×480。 ( )

5. 帧是影像动画中最小单位的单幅影像画面。 ( )

三、选择题

1. 常见的视频帧率有( )。

   A. 12f/s　　B. 24f/s　　C. 25f/s　　D. 30f/s

2. 视频的常见获取方法有( )。

   A. 在视频网站注册下载　　B. 使用Vidown下载

   C. 使用FLVCD下载　　D. 使用QQ影音下载

   E. 使用Camtasia Studio录制屏幕

3. 常见的视频处理软件有( )。

   A. 会声会影　　B. Sony Vegas　　C. Premiere　　D. 暴风影音

4. 以下属于视频文件格式的有( )。

   A. MPG格式　　B. MP4格式　　C. FLV格式

   D. WMA格式　　E. RMVB格式

5. 常见的彩色电视的制式有( )。

   A. PAL制式　　B. SECAM制式　　C. HDTV制式　　D. NTSC制式

6. 以下视频信号能够达到高清标准的有( )。

   A. 480P　　B. 720P　　C. 1080i　　D. 1080P

7. 标准的高清信号，对视频分辨率的最低要求是( )。

   A. 1920×1080　　B. 1280×720　　C. 720×576　　D. 640×480

8. DVD图像的分辨率应为( )。

   A. 352×240　　B. 352×288　　C. 720×576　　D. 640×480

四、简答题

1. 在Premiere Pro中，如何实现视频画面由彩色向黑白过渡？
2. 在Premiere Pro中，开放式字幕和标题字幕之间的区别是什么？
3. 在Premiere Pro中，视频转场特效与视频滤镜特效之间的区别是什么？
4. 在Premiere Pro中，速率伸展工具如何实现快慢镜头的播放？

阅读推荐与网络链接

[1] 高文，赵德斌，马思伟. 数字视频编码技术原理[M]. 2版. 北京：科学出版社，2018.

[2] 张晓燕，单勇，符艳军. 数字视频处理及应用[M]. 西安：西安电子科技大学出版社，2014.

[3] 肖冬杰. 视频编辑与后期制作[M]. 北京：北京大学出版社，2013.
[4] 唐红连. Premiere 视频编辑实战课堂实录[M]. 北京：清华大学出版社，2014.
[5] 孙正. 数字图像处理技术及应用[M]. 北京：机械工业出版社，2016.
[6] 百度百科. 视频[DB/OL]. Https://baike. baidu. com.

第 6 章　数字视频处理技术.pptx

第 6 章　视频处理技术知识点纲要.docx

第 6 章　习题答案.docx

第7章　动画制作技术

学习要点

- 了解计算机动画的基本概念、分类以及应用领域。
- 掌握计算机动画的生成，包括二维动画、三维动画。
- 掌握计算机动画的运动控制方法与动画语言 ActionScript。
- 掌握利用 Animate 制作动画的方法。

核心概念

视觉暂留　动画　二维动画　三维动画　Animate　ActionScript

引导案例

动画可以清楚地表现事件的发生过程或展现一个活灵活现的画面。动画是指通过在连续多格的胶片上拍摄一系列单个画面产生动态视觉的技术和艺术，这种视觉是通过将胶片以一定的速率放映体现出来的。实验证明：动画和电影的画面刷新率为 24 帧/s，即每秒放映 24 幅画面，则人眼看到的是连续的画面效果。计算机动画技术可以看作计算机图形学的综合应用，它是图形生成(二维、三维)尤其真实感图形的生成技术。计算机图形学与计算机动画不同，计算机动画属于四维空间(三维加上时间)，而计算机图形学只限于三维空间。三维动画又称 3D 动画，它不受时间、空间、地点、条件、对象的限制，它运用各种表现形式，把复杂、抽象的节目内容、科学原理、抽象概念等用集中、简化、形象、生动的方法表现出来。三维动画技术模拟真实物体的方式使其成为一个有用的工具，由于其精确性、真实性和无限可操作性，被广泛应用于医学、教育、军事、娱乐等诸多领域。三维动画可以用于广告和电影电视剧的特效制作(如爆炸、烟雾、下雨、光效等)、特技(撞车、变形、虚幻场景或角色等)、广告产品展示、片头飞字等。国产三维动画代表作有《秦时明月》《精灵梦叶罗丽》《玩具之家》《魔比斯环》《大圣归来》《侠岚》《画江湖》《猪猪侠》《熊出没》等。

7.1　计算机动画概述

计算机动画概述

随着计算机图形学和计算机硬件的不断发展，人们已经不再满足仅仅生成高质量的静态场景，计算机动画应运而生。计算机动画是指采用图形与图像的处理技术，借助于编程或动画制作软件生成一系列的动态画面。

7.1.1　基本概念

1. 动画的基本发展

动画产生于电影之前，最早的光影技术是 17 世纪的“魔术幻灯”，它的现代名字叫投影仪。最初，这种技术主要用在娱乐上，利用光与影的原理将故事放在一个屏幕上。魔术幻灯是一个铁箱里面放一支蜡烛，铁箱两边各开一个小洞，洞上覆盖透镜，将一片绘有图案的玻璃放在透镜后面，经由灯光通过玻璃和透镜，图案便可以投射在墙上。魔术幻灯不断改良，17 世纪末，钟安斯·桑扩大了装置，把许多玻璃片放在旋转盘上，在墙上出现了一种运动的幻象。1839 年，希尔德的魔术幻灯已经有淡入淡出的效果。1870 年，亨利·R. 埃尔发明可以投影彩色照片的幻灯机，随着光影技术的发展，投影仪与电影、动画分离了出来。

古代中国也有类似的对“光”“影”的探索。宋代(公元 10 世纪)民间出现一种可以令影像活动起来的装置——走马灯，也叫骑马灯。走马灯点燃之后，上升的气流驱动纸灯旋转，灯屏上出现人马追逐、物换影移的连续画面，还可以演绎简单的故事情节。此外，还有人们所熟知的民间艺术瑰宝——皮影戏。皮影戏是一种由幕后透射光源的影子戏，17 世纪，被引入欧洲，1776 年，法国的塞拉凡在凡尔赛宫表演皮影戏，曾经风靡一时，其影像的清晰度和精致感不亚于同时期的魔术幻灯。

2. 动画的内涵

“动画”简单的理解是“活动的画面”。在一沓纸的每张纸上都画上一匹马，根据马匹跑动的规律，每张马的腿部、头部和鬃毛的位置或形态稍稍有所变化，快速翻动这沓纸，呈现在人们面前的就是一匹扬蹄飞奔的骏马。可见，动画是利用人类眼睛的“视觉暂留”现象，让一幅幅静止的画面连续播放，形成的动态效果。视觉暂留现象是人眼具有的一种性质，人眼在观看物体时，物体会成像于视网膜上，并由视神经输入人脑，感觉到物体的影像。当物体移去时，视神经的影像不会立即消失，还要延续 0.1～0.4s 的时间，人眼的这种性质被称为“视觉暂留”。

动画的内涵主要体现以下几个方面。

(1)　动画中的表演者是原本并不运动的静态物体。

通过动画制作技术，不仅可以使静态物体活动起来，逼真地模仿现实世界中的真实动作，而且可以创作出现实世界中不可能出现的动作，使用虚拟动作来表现人们的感情和思想。

(2)　动画所表现的是景物的活动影像。

动画用静止的景物创造出“运动”的视觉效果。为了让角色的动作连贯，必须按照“动作”的顺序来设计一系列内容相关的画面。拍摄动画时，摄像机将内容前后关联的静止图画一幅幅拍摄下来，然后按照一定的速度放映，才能在屏幕上产生动画的效果。

(3)　动画要以一定的速度放映画面，让画面流畅自然。

动画片的播放一般采用三种速度：电影动画放映速度是 24 格/s，电视动画放映速度是 25f/s(PAL 制式和 SECAM 制式)或 30f/s(NTSC 制式)。这里的“格”，亦称“画格”，就是胶片上的一格影像，电影胶片就是由这一个个画格组成的。电视中的一幅图像叫作一帧，它的含义与电影中的一个画格类似，英语单词 frame 可译作电影中的“格”或影视中的“帧”。

3. 动画文件格式

由于应用领域不同，其动画文件也存在着不同类型的存储格式，常见的动画文件格式如下。

1) AVI 格式

AVI 英文全称为 Audio Video Interleaved，即音频视频交错格式。AVI 文件将音频(语音)和视频(影像)数据包含在一个文件容器中，允许音视频同步回放，类似于 DVD 视频格式，AVI 文件支持多个音视频流。

2) GIF 格式

GIF(Graphics Interchange Format，图像互换格式) 文件是一种基于 LZW 算法的连续色调的无损压缩格式，压缩率一般在 50%左右。GIF 格式可以保存多幅彩色图像，将文件中的多幅图像数据逐幅读出到屏幕上，构成一种简单的动画效果。GIF 格式的特点是压缩比高、磁盘空间占用较少、图像文件短小、下载速度快、颜色数较少、无损压缩、支持透明色和基于帧的动画等。这些特点使得 GIF 多用于网络上的小图片，如图标或者 LOGO。考虑到网络传输中的实际情况，GIF 图像格式除了一般的逐行显示方式之外，还增加了渐显方式。也就是说，在图像传输过程中，用户可以先看到图像的大致轮廓，然后随着传输过程的继续而逐渐看清图像的细节部分，从而适应了用户的观赏心理。

3) FLIC 格式

FLIC 是 Autodesk 公司 Autodesk Animator/Animator Pro/3D Studio 等动画制作软件使用的动画文件格式，FLC 是 HLC 和 FLI 的统称，FLIC 是基于 320×200 像素的动画文件格式，而 FLC 是 FLI 的扩展格式，采用了更高效的数据压缩技术，其分辨率也不再局限于 320×200 像素。HLC 文件采用行程编码(RLE)算法和 Double Deha 算法进行无损数据压缩，首先压缩并保存整个动画序列中的第一幅图像，然后逐帧计算前后两幅相邻图像的差异，并对这部分数据进行 RLE 压缩。由于动画序列中前后相邻图像的差别不大，可以得到较高的数据压缩率，被广泛用于动画图形中的动画序列、计算机辅助设计和计算机游戏等应用程序中。

4) SWF 格式

SWF(Shockwave Format)文件是 Adobe Flash 生成的动画文件格式，它基于矢量技术，采用曲线方程描述内容，在缩放时不会失真，适用于描述由几何图形组成的动画。SWF 格式能够用较小的体积表现丰富的多媒体形式，受到了越来越多网页设计者的青睐。它与 HTML 文件充分结合，被广泛地应用于网页上，成为一种“准”流式媒体文件，适合于边下载边观看。

5) DIR 格式

Director 的动画格式，扩展名为 DIR，它是一种具有交互性的动画，可加入声音、数据量较大，多用于多媒体产品和游戏中。

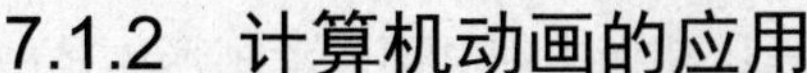

7.1.2　计算机动画的应用

计算机动画的发展与计算机图形学的发展紧密相关。计算机动画技术综合利用了计算机科学、数学、物理学、绘画、艺术等知识，广泛应用于各种领域中。

在影视制作中，计算机动画技术将奇幻的艺术灵感变为现实，制作出全新的、梦幻般的精彩画面，带给观众无比强烈的视觉冲击力。在电视广告的制作中，计算机动画技术让电视广告增添了超越时空的浪漫色彩，既让人感到计算机造型和表现能力的魅力，又让人接受了商品的推销意图。

在科学研究中，计算机动画技术将科学计算过程以及计算结果转换为几何图形或图像信息，并在屏幕上显示出来，为科研人员提供直观分析和交互处理等手段。一些复杂的科学研究和工程设计，比如航天、航空、水利工程以及大型建筑设计等，利用计算机动画技术进行模拟分析、仿真，预示工程结果，可有效地避免设计误区，保证工程质量。

在工业产品设计中，计算机动画技术能够提供电子虚拟设计环境，对产品功能进行仿真，并将最终产品的内部细节和外形显示在屏幕上。在室内装潢设计和服装设计等行业中，计算机动画技术让用户在房屋装修之前看到完工后的效果图，服装在剪裁之前穿在了电子模特儿的身上，设计师不再依靠自己的想象力来预测设计效果，在设计过程中可以实时地看到自己的设计成果，以便及时改进。

在虚拟现实方面，计算机动画技术模拟产生的一个三维虚拟环境系统，人们凭借系统提供 3D 的视觉、听觉甚至触觉设备，“身临其境”地沉浸在虚拟环境中。在教学领域中，使用计算机动画技术进行直观演示和形象教学，计算机动画技术将天地万物，大到宇宙形成，小到分子结构，以及复杂的化学反应、物理定律等形象生动地表示出来。此外，计算机动画还广泛应用于电子游戏、会展、文化娱乐以及文化传播等领域。

7.1.3　计算机动画的分类

计算机动画(Computer Animation)，又称计算机绘图。按照动画生成方法分为逐帧动画和实时动画，按照运动控制方式分为关键帧动画和算法动画，按动画制作原理分为二维动画和三维动画。

1. 按动画生成方法分类

1)　逐帧动画

逐帧动画是在“连续的关键帧”中分解动画动作，在时间轴的每帧上逐帧绘制不同的内容，使其连续播放形成动画。

2)　实时动画

实时动画也称为算法动画，它是采用各种算法来实现运动物体的运动控制，在实时动画中，计算机一边计算一边显示就能产生动画效果。

2. 按运动控制方式分类

1)　关键帧动画

关键帧动画是动画设计者提供的一组画面(即关键帧)，自动产生中间帧的计算机动画技术。关键帧动画实现方法包括图形关键帧动画和参数化关键帧动画。

基于图形的关键帧动画是通过对关键帧图形本身的插值获得中间画面，动画形体是由它们的顶点刻画的，运动是由相关既定的关键帧生成。每一个关键帧是由一系列对应于该关键帧顶点的值构成，中间帧是通过两个关键帧中对应顶点施以插值法计算生成，插值法包括线性、三次曲线和样条插值等方法。

参数化关键帧动画的实体是由构成实体模型的参数所刻画的，动画设计者通过规定与某给定时间相适应的参数值集合来产生关键帧，然后对这些值按照插值法进行插值，由插值后的参数值确定动画形体中间画面的图形。

2) 算法动画

算法动画又称模型动画或过程动画，它是采用算法实现对物体的运动控制或模拟摄像机的运动控制，一般适用于三维动画，包括运动学算法、动力学算法、逆运动学算法、逆动力学算法等。

3. 按动画制作原理分类

1) 二维动画(计算机辅助动画)

二维动画主要用来实现中间帧生成，即根据两个关键帧生成所需的中间帧(插补技术)。二维动画系统的功能包括：①画面生成；中间帧生成；②图像编辑；③着色、预演；④后期制作。

2) 三维动画(计算机生成动画)

三维动画是采用计算机技术来模拟真实的三维空间(虚拟真实性)。

三维动画系统的功能包括：①输入素材；②构造几何造型；③调整材质和贴图；④设置运动、相机和灯光；⑤着色生成图像文件。

7.2 计算机动画的生成

计算机动画的生成

7.2.1 生成过程

动画的制作过程可以分为总体规划、设计制作、具体创作和后期制作四个阶段，每一个阶段又有若干个步骤。[①]

1. 总体规划阶段

1) 剧本

根据设计需要创作剧本。动画剧本中避免使用复杂的对话，尽可能用画面表现视觉动作，由视觉创作激发人们的想象。

2) 故事板

根据剧本，绘制出类似连环面的故事草图(分镜头绘图剧本)，将剧本描述的动作表现出来。故事板由若干片段组成，每一片段都是由系列场景组成，一个场景被限定在某一地点和一组人物内，而场景又可以分为一系列被视为图元单位的镜头，由此构造出一部动画

---

① 王毅敏. 计算机动画制作与技术[M]. 北京：清华大学出版社，2010.

片的整体结构。

3)　摄制表

摄制表是整个影片制作的进度规划表，它用于指导动画创作集体各方人员统一协调工作。

2. 设计制作阶段

1)　设计

设计工作是在故事板的基础上，确定背景、前景及道具的形式和形状，完成场景环境和背景图的设计和制作。对人物或其他角色进行造型设计，并绘制出每个造型不同角度的标准页，以供其他动画人员参考。

2)　音响

在制作动画时，有些动作必须配以音乐，音响录音在动画制作前进行。录音完成后，将记录的声音精确地分解到每一幅画面位置上，即第几秒(或第几幅画面)动画人物开始说话、说话持续多久。

3. 具体创作阶段

1)　原画创作

原画创作是由设计师绘制出整个动画作品的关键画面。

2)　中间插画制作

中间插画是指两个重要位置或框架图之间的图画，即两张原画之间持续动作的画，它通常使用计算机动画软件快速生成。

4. 后期制作阶段

1)　检查

动画设计师对每一场景中的各个动作进行详细的检查。

2)　特效

利用软件功能或脚本代码，生成多种动画特技效果。

3)　编辑

主要完成动画各片段的连接、排序和剪辑等。

4)　录音

选择音响效果配合动画的动作，再把声音、对话、音乐、音响都混合到一个声道上，合成到动画文件中。

7.2.2　二维动画

二维动面是计算机动画中一种最简单的形式，二维动画的实现方法包括字符集动画和图形动画。

1. 字符集动画

字符集是计算机中提供的字符(如字母等)、符号与图符的集合。字符集动画是通过对字符集中的字符编制简单的小程序实现的。在字符集动画创作中需要创建关键帧，利用关键帧技术实现字符集动画的变化过程。

2. 图形动画

基于图形的动画比字符集方式产生的动画具有更好的效果。基于图形的动画可以使用专门的动画软件或者计算机语言编程实现，如 C 语言。基本方法如下：首先，在图形方式下选择某种色彩，然后使用绘图语句，如 Put pixel、Line、Circle 等；其次，图形移动，选一种新的色彩将原图再画一遍。

图形动画的生成步骤如下。

(1) 产生运动物体。

(2) 描述运动轨迹。

(3) 产生运动过程中各运动物体的中间图像。计算机动画过程中，各运动物体的中间图像不论是二维的还是三维的，都可以通过各种数学变换，如平移、旋转等获得。

(4) 显示运动过程。一个连续的运动过程是由于若干幅离散的图形组成的，只要以一定的速度依次显示这些图形即可。如果显示速度达不到一定的要求，就会出现运动不连续的抖动感。动画显示速度除受计算机硬件本身性能的制约外，软件及实现方法也起着重要的作用。

3. 二维动画软件

Animate CC 由原 Adobe Flash Professional CC 更名得来，它是在 Flash 开发工具的基础上新增了 HTML 5 创作工具，为网页开发者提供更适应现有网页应用的音频、图片、视频、动画等创作支持。Animate 将拥有大量的新特性，在支持 SWF、AIR 等格式的基础上，支持 HTML 5 Canvas、WebGL，并能通过可扩展架构支持包括 SVG 在内的几乎所有的动画格式。

Animate CC 具有以下特征。

1) 崭新的动画时代

Animate CC 全方位设计适合于游戏、应用程序和 Web 的交互式矢量动画和位图动画。

2) 将任何内容制成动画

Animate CC 可以创建应用程序、广告和多媒体内容并使其在屏幕上动起来。

3) 发布游戏

Animate CC 使用功能强大的插图和动画工具，为游戏和广告创建交互式的基于 Web 的内容：构建游戏环境，设计启动屏幕和界面，甚至集成音频。使用 Animate CC，用户可以在应用程序中完成所有的资源设计和编码工作，如图 7-1 所示。

4) 创建栩栩如生的人物

Animate CC 使用具有与真笔一样的压感和倾斜感的矢量画笔素描和绘制更具表现力的人物。使用简单的逐帧动画让人物眨眼、交谈、行走，并创建用户交互响应(如鼠标移动、触摸和单击)的交互式 Web 横幅，如图 7-2 所示。

5) 发布到多种平台

Animate CC 通过将动画导出到多个平台(包括 HTML 5 Canvas、WebGL、Flash/Adobe

AIR 以及诸如 SVG 的自定义平台），将动画投送到用户的桌面、移动设备和电视上。用户可以在项目中编写代码，甚至无须编写代码即可添加操作。

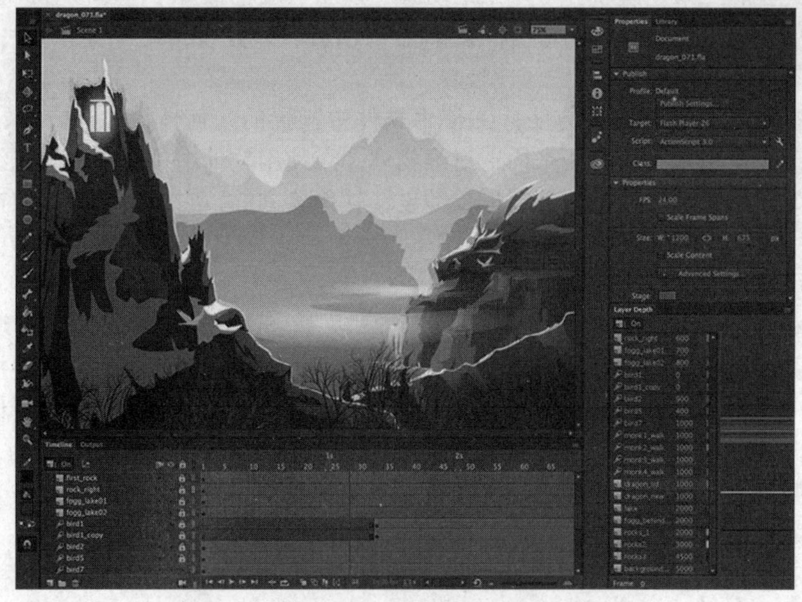

图 7-1　Animate 发布平台

图 7-2　使用 Animate 软件创建的人物角色

7.2.3　三维动画

1. 三维动画的发展和应用

早期，在计算机中使用计算机程序语言建立三维动画，用户需要具有较高的计算机编程、数学逻辑和艺术素养等方面的知识。当前，设计工程师们利用 CAD 系统方便地建立设计模型，计算机自动画出该模型的各种图纸，获得其他物理模型都无法获得的视觉效果。计算机三维动画给影视业制作等领域注入了新活力，人们能够很容易地创作出各种动画角色和特技效果。

2. 三维动画的建立

在一个典型的三维建模软件中，三维动画的建立一般包括五个基本步骤：建立一个三维模型，应用逼真的材料，加入光线和摄像机，使物体移动，表演。

1) 建立一个三维模型

三维模型的建立包括三种方法：①使用软件中预置的几何体，如立方体、球体、锥体、圆柱等；②使用二维轮廓线来构造三维物体；③使用软件中预置的常用三维物体，这些三维物体的原始模型往往是用计算机辅助设计软件建立的，它们常常被存储在一个标准的数据交换格式文件中(.dxf)。

2) 应用逼真的材料

三维模型建立后，需要将真实材质附于物体表面，这会让三维模型具有现实感和质感。三维计算机动画软件包括一个内部建立的材料库，库中存有多种材料，并提供一个材料编辑器，用于创立或修改材料。指定材料属性的最基本方法是明确其颜色特性。通常颜色特性利用光的三个属性来说明，它们是扩散(Diffuse)、光泽(Specular)和环境(Ambient)。“扩散”参数是指物体自身的颜色，“光泽”参数是指物体表面光线最强处的光亮程度；“环境”参数是指它在实景中周围的光线。

指定材料属性的另一种方法称为特征图案法(Fexfure Map)。特征图是一种简单的位图，它可以通过计算机绘图程序产生或直接扫描到计算机中。特征图能够用作物体的底或按一定的比例来应用。特征图可以采用簸箕图技术模拟一个凹凸不平的表面，这时特征图的值被用于模拟一个表面区域的升高或降低，其结果看上去像是粒状的不光滑。创作一个物体表面最高级的方法之一是利用一个称为 Shader 的可编程过程。许多普通材料如大理石、木头和砖等都可以利用计算机算法有效地实现，它比特征图具有更好的质感。

3) 加入光线和摄像机

为了使物体更具有真实感和达到特殊的修饰效果，必须为已建好的模型加入光线和摄像机。如今的大多数动画软件中，设有许多不同种类的光线。使用聚光灯一般能在物体的后面产生阴影。聚光灯在三维动画中是一个想象中的光源，在实际场合中是看不到的，只能从物体表面的反光程度和物体的阴影处感受到它的存在。

4) 使物体移动

关键帧动画是物体移动最常用的实现技术。在完成关键帧动画时，需要让物体之间产生某种联系，当一个物体运动时，与它相联系的物体也发生变化。

3. 三维动画软件

1) 3ds Max 简介

3ds 是 Three-Dimensional 的缩写，即三维图形。3ds Max 是由美国 Autodesk 公司开发生产的软件。它是基于 PC 系统的三维动画渲染和制作软件，主要用于绘制各种类型的 3ds 效果图和三维动画。3ds Max 是三维建模、动画及渲染的解决方案，主要应用在游戏动画、建筑动画、室内设计与影视动画等领域。

2)　软件功能[①]

3ds Max 有五个基本功能模块：建模(Modeling Object)、材质设计(Material Design)、灯光和相机(Lighting and Camera)、动画(Animate)、渲染(Rendering)。

(1)　建模。

几何体是场景中实体 3ds 对象和用于创建它们的对象，场景的主题和渲染的对象是由几何体组成的。几何体是 3ds Max 提供参数对象的基本形状，分为两个类别：标准几何体和扩展几何体。

- 建筑对象。3ds Max 提供了一系列建筑对象，可用作家庭、企业和类似项目模型的构造块。这些对象包括："AEC 扩展"对象(植物、栏杆和墙)、楼梯、门、窗。
- 图形。图形是由一条或多条曲线或直线组成的对象。3ds Max 包含下列图形类型：样条线和 Nurbs 曲线。
- 复合对象。复合对象是将两个或多个现有对象组合成的单个对象。系统将对象、链接和控制器组合在一起，以生成拥有行为的对象及几何体。
- 曲面建模。曲面建模相比几何体(参数)建模具有更多的自由形式。用户在参数化建模期间，可以从"创建"面板中创建基本几何体(如球体或平面)，然后使用设置参数来更改尺寸、线段等属性。
- 细分曲面。细分曲面是划分为更多面的多边形网格。同时保持对象的大体形状，通过执行细节，将细节添加到对象，使对象变得平滑。
- 塌陷工具。"塌陷"工具将一个或多个选中对象的堆栈，操作合并到可编辑面或堆栈结果中，同时可对它们执行布尔操作。
- 石墨建模工具。石墨建模工具位于功能区中，提供编辑多边形对象所需的所有工具。
- 面片对象。面片对象可用于面片建模，用户可以创建外观，亦可通过控制柄(如微调器)控制其曲面曲率的对象，使用内置面片栅格创建面片模型，大多数对象都可以转化为面片格式。
- Nurbs 建模。Nurbs 建模使用 Nurbs 曲面和曲线，它适合含有复杂曲线的曲面建模，是 3ds Max 中常用的建模方式。

(2)　动画。

3ds Max 提供了很多不同的创建动画的方法以及大量用于管理和编辑动画的工具。

- 动画概念和方法。使用 3ds Max，用户可以为各种应用创建 3ds 计算机动画，为计算机游戏设置角色和交通工具的动画，并对电影和广播生成特殊的效果。
- 动画和时间控件。主动画控件以及用于在视窗中进行动画播放的时间控件位于程序窗口底部的状态栏和视窗导航控件之间。
- 使用控制器。在 3ds Max 中设置动画的所有内容都通过控制器处理。控制器是处理所有动画值存储和插值的插件。
- 动画控制器。动画控制器存储动画关键点值和程序动画设置，并且在动画关键点

---

① http://help.autodesk.com/view/3DSMAX/2015/CHS/?guid=GUID-7BC2AB4C-5323-49B6-8979-697B486904CE.

值之间进行插值。

- 动画约束。动画约束可以帮助用户自动化控制动画的过程。通过与另一个对象的绑定关系，用户可以使用约束来控制对象的位置、旋转或缩放。
- 连线参数。使用“连线参数”可以连接视窗中的任意两个对象参数，调整一个参数就会自动更改另一个参数。这样用户可以在指定的对象参数之间设置单向连接和双向连接，或者用包含所需参数的虚拟对象控制任意数量的对象。通过关联参数可以直接设置自定义约束而不必去“轨迹视图”中指定控制器。
- 层次和运动学。当设置角色(人体形状或其他)、机械装置或复杂运动的动画时，将对象连接在一起，形成层次或链来简化过程。在已连接的链中，一个链的动画会影响其他链的动画，这使得一次性设置对象或骨骼成为可能。
- 轨迹视图。“轨迹视图”提供了两种基于图形的不同编辑器，用于查看和修改场景中的动画数据。另外，用户可以使用“轨迹视图”来指定动画控制器，以便插补或控制场景中对象的所有关键点和参数。
- 运动混合器。运动混合器能够让用户对 Biped 和非 Biped 对象组合运动数据。
- 保存和加载动画。通过“动画”菜单上的“加载动画”和“保存动画”命令，可以从实际场景中单独保存和加载任意数量对象的动画数据。
- 动画工具。3ds Max 提供了许多实用程序(位于“实用程序”面板中)，用来帮助用户设置场景动画。
- 照明和明暗处理。灯光对象可以照亮场景中的其他对象，材质可以为这些对象提供颜色和纹理。
- 灯光。灯光是模拟实际灯光效果(如家庭或办公室的灯、舞台和电影工作中的照明设备以及太阳光)的对象。不同种类的灯光对象使用不同的方法投影灯光，模拟真实世界中不同种类的光源。
- 照明分析助手。照明分析助手是一个对话框，在该对话框中可以协调并调整 3ds Max 中所提供的用于帮助用户分析场景照明的各种工具。通过照明分析助手，可以找到用户需要的工具，校正它们各自的设置，从而实现精确的照明模拟。
- 材质编辑器、材质和贴图。材质用于描述对象如何反射或透射灯光。在材质编辑器中，贴图可以模拟纹理、应用设计、反射、折射和其他效果。

(3) 渲染。

渲染就是把三维的模型转为二维的图片，在 3ds Max 里创建模型，需要为模型赋予材质，这样模型上才有纹理，此外，还需要设置灯光，使模型的层次感增强。渲染的用法分为以下几类。

- “渲染设置”对话框。使用“渲染”可以生成基于 3ds 场景的图像或动画，为设置的灯光、应用的材质以及环境等场景几何体着色。
- “渲染输出文件”对话框。使用“渲染输出文件”对话框可以向即将输出的渲染文件指定名称，还可以决定要渲染的文件类型。
- 渲染命令。渲染的主命令位于主工具栏和渲染帧窗口上。调用这些命令的另一种方法是使用默认的“渲染”菜单，该菜单包含与渲染相关的其他命令。
- 独立的渲染元素。“渲染过的元素”可以将渲染输出中各种类型的信息分割成单

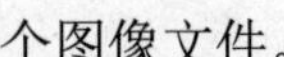

个图像文件。

- 渲染到纹理。“渲染到纹理”或“纹理烘焙”是基于对象在渲染场景中的外观创建纹理贴图。
- 渲染预览和捕获视口。“渲染预览”和“捕获视口”可以将视口捕获为图像文件，还可以生成动画的预览，这些命令位于“渲染”菜单的“屏幕捕获”子菜单中。
- 网络渲染。网络渲染是大量处理渲染任务或作业的方式。为了利用网络渲染，Autodesk Backburner TM 必须随 3ds Max 一起安装，Backburner 软件负责协调如何处理作业指定分配。
- 批处理渲染。“批处理渲染”是用于描述渲染一系列任务或指定给队列的作业过程的术语。
- 命令行渲染。“命令行渲染”工具执行批处理渲染作业，执行“渲染→批处理渲染”命令即可提交“一个快照”渲染作业。

4. 三维动画制作

三维动画制作包括 7 个基本步骤：提前规划，建立对象模型，材质设计，灯光和摄影机，角色动画，动画，渲染。

1)　提前规划

提前规划有助于了解 3ds Max 如何显示模型，对场景设置进行概述，还有助于了解如何选择对象，以便用户对其进行编辑，如图 7-3 所示。

2)　建立对象模型

建立对象模型需要从不同的 3D 几何基本体开始，也可以使用 2D 图形作为放样或挤出对象的基础，还可以将对象转变成多种可编辑的曲面类型，然后通过拉伸顶点和使用其他工具进一步建模，如图 7-4 所示。另一个建模工具是将修改器应用于对象。修改器可以更改对象几何体。“弯曲”和“扭曲”是修改器的两种类型。在命令面板和工具栏中可以使用建模、编辑和动画工具。

3)　材质设计

使用“材质编辑器”设计材质，编辑器在自身窗口中显示。使用“材质编辑器”定义曲面特性层次，创建有真实感的材质。曲面特性可以表示静态材质，也可以表示动画材质，如图 7-5 所示。

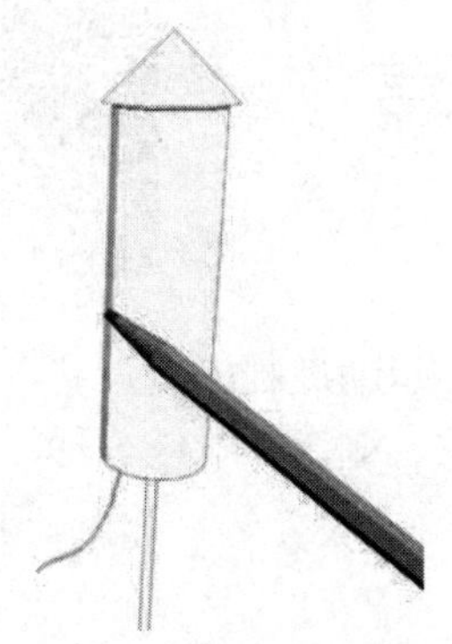

图 7-3　规划动画制作

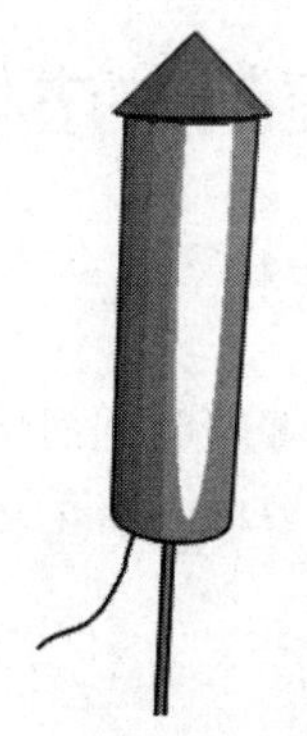

图 7-4　制作动画模型

图 7-5　动画的材质设计

4) 灯光和摄影机[①]

用户可以创建带有各种属性的灯光，为场景提供照明。灯光可以投射阴影、投影图像以及为照明创建体积效果。3ds Max 提供两种类型的灯光对象：标准灯光不使用物理值，光度学灯光在物理上是精确的，适用于真实模型。摄影机将在场景上设置视口。3ds Max 中的摄影机对象具有镜头长度、视野和运动控制等真实世界控件。

5) 角色动画

角色动画是为角色创建兴趣、彼此交互或与场景中其他对象的交互，如图 7-6 所示。3ds Max 提供了多种不同的创建角色的方法，如角色动画工具包(CAT)。

6) 动画

单击“自动关键点”按钮可以设置场景动画，关闭该按钮返回到建模状态。也可以对场景中对象的参数进行动画设置，实现动画建模效果，如图 7-7 所示。“自动关键点”按钮处于启用状态时，3ds Max 会自动记录用户所做的移动、旋转和缩放比例等更改。此外，还可以设置许多参数的动画，让灯光和摄影机随时间而变化，并在 3ds Max 视口中直接预览动画。使用轨迹视图来控制动画。“轨迹视图”是浮动窗口，用户可以在其中为动画效果编辑动画关键点、设置动画控制器或编辑运动曲线。

7) 渲染

渲染会在 3ds 场景中添加颜色和着色。3ds Max 中的渲染器包含选择性光线跟踪、分析性抗锯齿、运动模糊、体积照明和环境效果等功能，如图 7-8 所示。

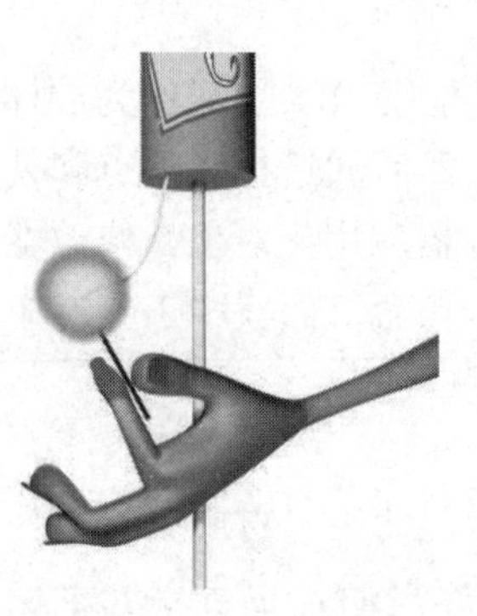

图 7-6 创建角色动画

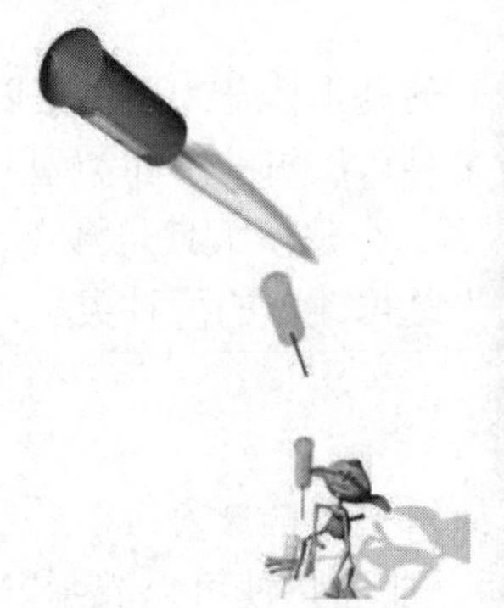

图 7-7 创建动画

图 7-8 3ds Max 渲染效果

7.3 运动控制方法与动画语言

运动控制方法与动画语言

7.3.1 计算机动画运动控制方法

运动控制方法是控制和描述动画形体随时间而运动和变化的运动控制模型。其主要方法有运动学方法、物理推导方法、随机方法、自动运动控制方法、刺激—响应方法、行为

① http://help.autodesk.com/view/3DSMAX/2015/CHS/?guid=GUID-7748D60F-7D15-4168-A818-A0AE70A98007.

规则方法等[①]。

1. 运动学方法

运动学方法是通过几何变换(旋转、比例、切变、位移)来描述运动的。在运动生成过程中并不使用物体的物理性质。运动学控制包括正向运动学和逆向运动学。正向运动学通过变换矩阵对造型树从根到叶子进行遍历，确定点的位置。逆向运动学则是根据空间某些特定点所要求的终结效果，确定所用几何变换的参数。可见，运动学方法是一种传统的动画技术。

2. 物理推导方法

物理推导方法是运用物理定律推导物体运动。运动是根据物体的质量与惯量作用于物体内部和外部的力、力矩以及运动环境中其他物理性质来计算的。采用此方法，动画设计者可不必详细规定其运动的细节。采用动力学作为控制技术，并建立一个系统，可实现以最少的用户交互作用产生高度复杂的真实运动，逼真地模拟自然现象，自动反映物体对内部和外部环境的约束。

3. 随机方法

随机方法是在造型和运动过程中使用随机扰动的一种方法。它与分维造型、粒子系统等方法相结合，确定不规则随机体(如云彩、火焰等)的运动和变化。

4. 自动运动控制方法

自动运动控制方法是基于人造角色，使用人工智能、机器人技术，在任务级上设计并用物理定律计算运动，它可用于跟踪实际动作以及产生行为动画等方面。

5. 刺激—响应方法

刺激—响应方法是在运动生成期间，考虑环境的相互影响，建立一个神经控制网络，从对象的传感器接受输入，由神经网络输出激发对象运动。采用此方法，可生成反映人面部表情愉快与忧愁等运动情况的动画。

6. 行为规则方法

行为规则方法是从传感器接受输入，由运动的对象感知，使用一组行为规则，确定每步运动要执行的动作。如由人控制传感器输入计算机中，从而实时地产生相应的各种动作。

7.3.2　动画语言

动画语言是用于规定和控制动画的程序设计语言。在动画语言中，运动的概念和过程由抽象数据类型和过程表示。动画形体造型、形体部件的时态关系和运动变量的显示由程序设计语言描述。动画语言适用于算法控制或模拟物理过程的运动，其缺点主要是动画设

---

① 张正兰. 多媒体技术及其应用[M]. 北京：北京大学出版社，2007.

计者在完成程序设计并绘出整个动画之前，不能看到其设计结果。基于动画描述模型开发的动画语言有线性表语言、通用语言、图形语言三类。线性表语言是用符号表达的线性表来描述动画功能；通用语言是指在通用程序设计语言中嵌入动画功能的常用方法，语言中变量的值可用作执行动画例程的参数；图形语言支持可视设计方式，以可视化方式描述并编辑修改动画功能。

1. ActionScript 语言

ActionScript 语句是 Flash 中提供的一种动作脚本语言，它能够面向对象进行编程，具备强大的交互功能，让动画与用户之间的交互和用户对动画元件的控制加强。通过 ActionScript 中相应语句的调用，让 Flash 实现许多特殊的功能，因而 ActionScript 是 Flash 交互功能的核心和不可缺少的重要组成部分。ActionScript 语句一般由语句、变量和函数组成，主要涉及变量、函数表达式和运算符等。

2. 变量①

1) 计算机程序的用途

计算机程序的内涵包括两个方面：程序是计算机执行的一系列指令或步骤，程序的每一步都涉及某一段信息或数据的处理。通常认为，计算机程序是用户提供给计算机执行的指令列表，每个单独指令称为语句。

2) 变量

变量是用来存放数据的，在程序运行过程中，变量是可以变化的。变量可以赋值一个数值、字符串、布尔值、对象等。

3) 常量

常量是程序运行过程中值不能改变的量。声明常量的语法与声明变量的语法几乎相同，唯一的不同之处在于，需要使用关键字 Const，而不是关键字 Var。常量主要包括两种：数值型，如 1，3.14，54%；字符串型，如“a”“D”“student”。

4) 数据类型

在 ActionScript 中，变量的数据类型主要有以下几种。

(1) String：文本值，如一个名称或书中某一章的文字。

(2) Numeric：对于 Numeric 型数据，ActionScript 3.0 包含三种特定的数据类型。

① Number：任何数值，包括有小数部分或没有小数部分的值。

② Int：一个整数(不带小数部分的整数)。

③ Uint：一个“无符号”整数，即不能为负数的整数。

(3) Boolean：一个 True 值或 False 值，如开关是否开启或两个值是否相等。

大部分内置数据类型以及程序员定义的数据类型都是复杂数据类型。常见的复杂数据类型主要有以下几种。

(1) Movieclip：影片剪辑元件。

(2) Textfield：动态文本字段或输入文本字段。

① https://help.adobe.com/zh_CN/as3/learn/WSf00ab63af761f170-700db3ce12937d124d5-7fff.html。

(3) Simplebutton：按钮元件。

(4) Date：有关时间中某个片刻的信息(日期和时间)。

3. 使用 ActionScript 构建应用程序[①]

1) 用于组织代码的选项

从简单的图形动画到复杂的客户端，服务器事务处理系统都可以通过 ActionScript 3.0 来实现。根据要构建的应用程序类型，使用其中一种或多种不同的方式在项目中加入 ActionScript。

(1) 将代码存储添加到 Flash 时间轴的帧中。在 Flash 时间轴的任何帧中都可以添加 ActionScript 代码，该代码在影片播放该帧时执行。通过向帧中添加 ActionScript 代码，可以方便地为 Flash Professional 构建的应用程序添加行为。用户可以将代码添加到主时间轴中的任何帧或任何 Movieclip 元件时间轴中的任何帧。

(2) 在 Flex MXML 文件中嵌入代码。在 Flex 开发环境(如 Flash Builder)中，可以在 Flex MXML 文件的<Fx:Script>标签中添加 ActionScript 代码。

(3) 将代码存储在 ActionScript 文件中。如果项目中包括重要的 ActionScript 代码，需要在单独的 ActionScript 源文件(扩展名为.As 的文本文件)中组织这些代码。

2) 选择合适的编写工具

(1) Flash Builder。

Adobe Flash Builder 是创建使用 Flex 框架的项目或主要包含 ActionScript 代码项目的首要工具。Flash Builder 包括功能齐全的 ActionScript 编辑器、可视布局和 MXML 编辑功能。它可用于创建 Flex 项目或纯 ActionScript 项目。

(2) Flash。

Flash 除了具有图形和动画制作功能外，还包括用来处理 ActionScript 代码的工具。代码可以附加到 Fla 文件中的元素中，也可以附加到外部纯 ActionScript 文件的元素中。

(3) 第三方 ActionScript 编辑器。

由于 ActionScript(.As)文件存储为简单的文本文件，任何能够编辑纯文本文件的程序都可以用来编写 ActionScript 文件。

3) ActionScript 开发过程

(1) 设计应用程序。

先以某种方式描述应用程序，然后构建该应用程序。

(2) 编写 ActionScript 3.0 代码。

使用 Flash Professional、Flash Builder、Dreamweaver 或文本编辑器来创建 ActionScript 代码。

(3) 创建 Flash 或 Flex 项目来运行代码。

在 Flash 中，创建 FLA 文件、设置发布设置、向应用程序添加用户界面组件并引用 ActionScript 代码。在 Flex 中，定义应用程序、使用 MXML 添加用户界面组件并引用 ActionScript 代码。

---

① https://help.adobe.com/zh_CN/as3/learn/WSf00ab63af761f170-700db3ce12937d124d5-7fea.html。

(4) 发布和测试 ActionScript 应用程序。

测试应用程序包括在开发环境中运行应用程序以及确保应用程序各方面都符合预期。如用户可以先设计应用程序的一个屏幕(步骤 1)，然后创建图形、按钮等(步骤 2)，最后编写 ActionScript 代码(步骤 3)并进行测试(步骤 4)。记住开发过程的这四个步骤很有用，在实际开发中，需要根据各阶段进行前后调整。

7.4 动 画 制 作

动画制作

7.4.1 Animate 简介

1. Animate 的发展历史

Adobe Systems 于 2005 年收购了 Macromedia，并重新打造了 Adobe Flash Professional 产品，以区别于播放器 Adobe Flash Player。它被包含在 CS3～CS6 的 Creative Suite 产品套件中，直到 Adobe 逐步淘汰 Creative Suite 阵容，转而使用 Creative Cloud(CC)。2015 年，Adobe 宣布将 Adobe Flash Professional CC 更名为 Adobe Animate CC，提供输出 HTML 5 Canvas 的支持。

2. Animate 动画创作的特点

Animate 是一个具有交互功能的、基于矢量动画的、专门用于互联网的创作工具，创作方式有逐帧动画、运动渐变动画和形状渐变动画三种类型。其创作特点归纳如下。

(1) 动画的创建如同排演电影一样，是通过在“舞台”上移动操作对象的位置，改变其形状、颜色、不透明度及旋转，然后在“时间轴”窗口中对帧进行处理，制作动画效果。

(2) Animate 是基于矢量图形的动画工具，矢量图形可无限放大而不降低画面质量，适用于不同分辨率的显示器，画面质量不受影响。

(3) 动画设置以“图层”为单位进行，对不同的场景单独制作，将各层动画合成在一起，形成复杂的动画效果。

(4) Animate 动画使用插件工作方式，调用速度快，容易下载安装。Animate 影片是一种流文件，可以边下载边播放。

(5) 为了能够重复使用某些动画片段或增强交互性，可以创建影片剪辑、按钮或图形元件库，然后将其添加到合适的场景中，变成元件“实例”，犹如演员与角色之间的关系。

(6) Animate 脚本语言给动画增加了交互性和特殊效果，用户可编写附加到元件实例与关键帧上的动作脚本。

7.4.2 工作界面

在 Animate 动画制作过程中，用户需要了解图层、场景、帧和关键帧、元件和库的相关概念。

1. 图层

在 Animate 图层上绘制和编辑对象，不会影响到其他图层上的对象。在图层中没有任何内容的舞台区域中，透过该图层可以看到下面的图层。若要绘制、涂色或者修改图层或文件夹，请在时间轴中选择该图层，并使其成为活动状态。时间轴中图层或文件夹名称旁边的铅笔图标指示该图层或文件夹是否处于活动状态。尽管一次可以选择多个图层，但同一时间只有一个图层处于活动状态。创建 Animate 文档时，仅包含一个图层。若要在文档中组织插图、动画和其他元素，请添加更多图层，还可以隐藏、锁定或重新排列图层。为了创建复杂的效果，使用特殊的引导层，可以创建遮罩动画等效果，如图 7-9 所示。

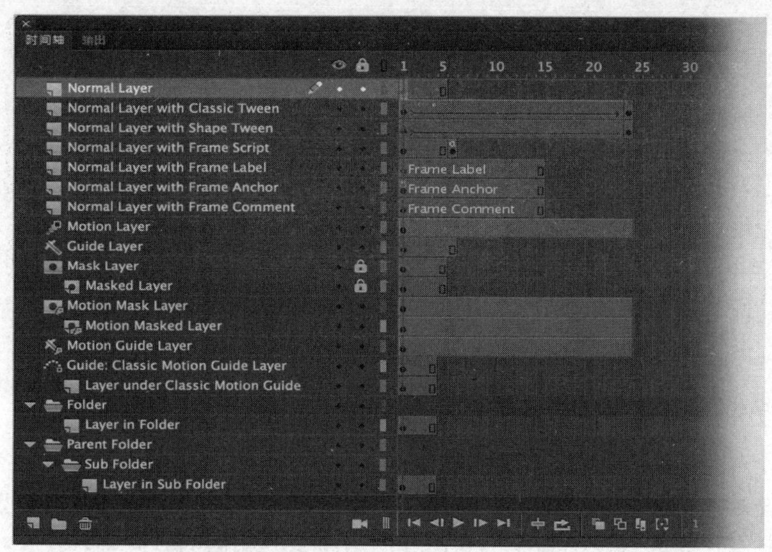

图 7-9　Animate CC 的图层界面

2. 场景

场景就像一个舞台，所有的演员与情节，都在这个舞台上进行。舞台由大小、音响、灯光等条件组成，场景也有大小、色彩等设置。对场景的操作主要包括添加一个新场景、清除场景、为场景命名等步骤。

3. 帧和关键帧

帧是动画的核心，它指定每一段动画的时间和运动幅度。影片中帧的总数和播放速度共同决定了影片的总长度。与胶片一样，Adobe Animate CC 文档的时间单位是帧。在时间轴中，使用这些帧来组织和控制文档的内容。

Adobe Animate CC 中的关键帧在时间轴中显示为一个新的元件实例。关键帧可以包含 ActionScript 代码，用于实现文档的特定功能。Adobe Animate CC 还可以为后续计划添加的元件在时间轴中添加一个空白关键帧，作为占位符，或者明确将该帧保留为空。时间轴中的黑点表示一个单独的关键帧，单独关键帧之后的那些浅灰色帧均包含相同的内容，无任何变化，这些帧的最后一帧有一条垂直黑线和一个空心矩形，如图 7-10 所示。起始关键帧处带有一个黑色箭头和蓝色背景的黑点表示传统补间。标准关键帧与属性关键帧不同之处是：属性关键帧的时间轴图标是一个实心菱形，而标准关键帧图标是一个空心或实心圆。

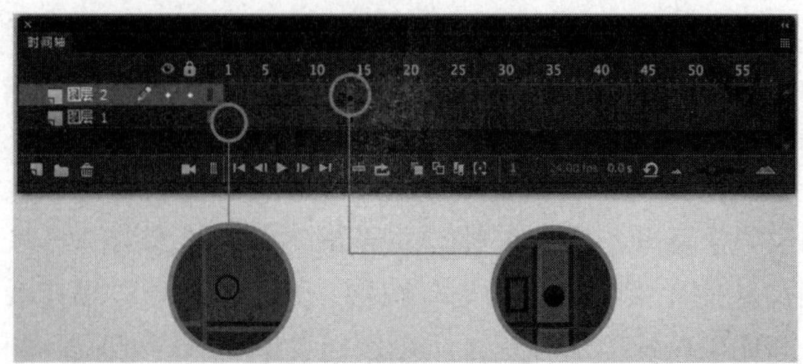

图 7-10　关键帧的时间轴上的表示

4. 元件

元件是在 Animate CC 创作环境中使用 Simplebutton(AS 3.0)和 Movieclip 类等方法一次性创建的图形、按钮或影片剪辑。该元件在整个文档或其他文档中可重复使用。元件可以包含从其他应用程序中导入的插图。用户创建的任何元件都会自动成为当前文档库的一部分。实例是指位于舞台上或嵌套在另一个元件内的元件副本。实例可以与其父元件在颜色、大小和功能等方面有差别。编辑元件会更新它所有的实例，但编辑实例应用效果则会只更新该实例。

5. Animate CC 元件的分类

元件可分为图形、按钮和影片剪辑三类。

图形元件是一组在动画中或单一帧模式中使用的帧。动画图形元件与放置该元件的文档时间轴是联系在一起的，动画图形元件使用与主文档相同的时间轴，在文档编辑模式下显示它们的动画。图形元件可用于静态图像，并可用来创建连接到主时间轴的可重用动画片段。交互式控件和声音在图形元件的动画序列中不起作用。由于没有时间轴，图形元件在 FLA 文件中的尺寸小于按钮或影片剪辑。

按钮元件是 Animate CC 中一种特殊的四帧交互式影片剪辑。在创建元件选择按钮类型时，Animate CC 会创建一个具有四个帧的时间轴。前三帧显示按钮的三种可能状态：弹起、指针经过和按下；第四帧定义按钮的活动区域。按钮元件时间轴并不像普通时间轴那样进行线性播放；它会通过跳至相应的帧来响应鼠标指针的移动和动作。要使按钮能够实现交互，可在舞台上放置一个按钮元件实例并为该实例分配动作，需将动作分配给 Animate 文件的根时间轴。如果按钮位于影片剪辑内部，可将动作添加到影片剪辑的时间轴，不要将动作添加到按钮元件的时间轴。

使用影片剪辑元件可以在 Animate CC 中创建可重用的动画片段。影片剪辑具有各自的多帧时间轴，它们独立于影片的主时间轴。用户可以将影片剪辑看作一些嵌套在主时间轴内的小时间轴，它们可以包含交互式控件、声音甚至其他影片剪辑实例。

7.4.3　动画方式

Flash 动画制作包括逐帧动画、形状补间动画、引导路径动画、遮罩动画、交互式动画等。

1. 逐帧动画

逐帧动画是指每一帧画面都是关键帧的动画。这种动画不能由动画软件自动生成，而是由用户逐帧创建，通过关键帧的不断变化产生的，它适合于创建不规则的运动动画。

2. 补间动画与传统补间

Animate CC 可以创建两种类型的补间动画：补间动画和传统补间。

补间动画是一种使用元件的动画，用来创建运动、大小和旋转的变化、淡化以及颜色变化等效果。传统补间是指在 Flash CS3 和更早版本中使用的补间，在 Animate CC 中予以保留，它主要是用于过渡的目的。补间动画和传统补间的区别如表 7-1 所示。

表 7-1　补间动画与传统补间

补间动画	传统补间
强大且易于创建，可以对补间动画实现最大限度的控制	创建复杂，包含在 Animate 早期版本中创建的所有补间
提供更好的补间控制	提供特定于用户的功能
使用关键帧	使用属性帧
整个补间只包含一个目标对象	在两个具有相同或不同元件的关键帧之间进行补间
将文本用作一个可补间的类型，而不会将文本对象转换为影片剪辑	将文本对象转换为图形元件
不使用帧脚本	使用帧脚本
拉伸和调整时间轴中补间的大小并将其视为单个的对象	由时间轴中分别选择的几组帧组成
对整个长度的补间动画范围应用缓动。若要对补间动画的特定帧应用缓动，则需要创建自定义缓动曲线	对位于补间中关键帧之间的各组帧应用缓动
对每个补间应用一种颜色效果	应用两种不同的颜色效果，如色调和 Alpha 透明度
可以为 3D 对象创建动画效果	不能为 3D 对象创建动画效果
可以另存为动画预设	不可以另存为动画预设。交换元件或设置属性关键帧中要显示图形元件的帧数

3. 引导路径动画

Animate CC 中的动画引导可以为要实现动画的对象定义一个路径，从而增强所创建动画的效果。这对动画的路径不是直线时比较有用。该过程需要两个图层来实施动画：一个图层包含要实现动画的对象，另一个图层定义对象在动画期间应遵循的路径。

4. 遮罩动画

遮罩层用来显示下方图层中图片或图形的部分区域。若要创建遮罩，请将图层指定为遮罩层，然后在该图层上绘制或放置一个填充形状。任何填充形状均可用作遮罩，包括组、文本和元件。透过遮罩层可查看该填充形状下的链接层区域。

创建遮罩层的步骤如下。

(1) 选择或创建一个图层，图层需包含出现在遮罩中的对象。

(2) 执行“插入→时间轴→图层”命令，创建一个新图层。遮罩层总是遮住其下方紧贴着它的图层，因此，需要在正确的位置创建遮罩层。

(3) 在遮罩层上放置填充形状、文字或元件的实例。Animate 会忽略遮罩层中的位图、渐变、透明度、颜色和线条样式。在遮罩层中的任何填充区域都是完全透明的，而任何非填充区域都是不透明的。

(4) 右击鼠标或按住 Ctrl 键单击时间轴中的遮罩层名称，然后单击“遮罩”选项，将出现一个遮罩层图标，表示该层为遮罩层。紧贴它下面的图层将链接到遮罩层，其内容会透过遮罩上的填充区域显示出来。被遮罩的图层的名称将以缩进形式显示，其图标将更改为一个被遮罩图层的图标。

(5) 若要在 Animate 中显示遮罩效果，请锁定遮罩层和被遮住的图层。

5. 交互式动画

交互式动画可使观众参与其中，通过鼠标、键盘和其他工具直接操控动画的流程，如停止播放、跳转到动画的不同部分或移动动画中的对象等，使用 ActionScript(AS)编程实现。AS 编程是在 Action 控制面板中实现的。使用 Action 控制面板中的一个动作语句来完成一个简单的动作或使用一系列语句来完成动作。使用 Action 控制面板时可从左侧的列表中选择合适的动作语句添加到脚本窗口区，并在参数区中设置有关参数。

ActionScript 脚本撰写语言允许用户向应用程序添加复杂的交互性、播放控制和数据显示。使用动作面板、“脚本”窗口或外部编辑器在创作环境内添加 ActionScript。ActionScript 遵循自身的语法规则和保留关键字，并且允许使用变量存储和检索信息。ActionScript 含有一个很大的内置类库，用户可以通过创建对象来执行许多有用的任务。

6. 发布动画

Animate 动画的发布是 Animate 动画的一个独特功能，在发布前可执行“文件→发布设置”命令，选择和指定所需的设置。发布命令可准备必需的文件，以便将 Animate 动画内容完整地发布到 Web 页上。单击“输出影片”按钮，可将 Animate 动画的内容输出到任何一种支持的文件类型。输出文件类型包括 SWF、AVI、GIF、BMP 等多种格式，SWF 文件格式是唯一支持所有 Flash 交互功能的格式，但 SWF 文件需要使用安装 Flash 插件的播放器观看。

7.4.4 案例制作

创建花朵元件，使用逐帧动画和传统补间动画，并添加引导层以实现花瓣被风吹走的动画效果。具体的操作步骤如下。

1. 准备动画舞台

首先双击桌面 Adobe Animate 图标，打开软件后，执行上方文件中的新建命令，创建

一个名为“风吹花瓣”的文档，或者打开后直接点击新建 ActionScript 3.0，另存为一个名为“风吹花瓣”的文档，默认文档大小为 550×400 像素。

2. 绘制花瓣及花朵元件

1)　绘制花朵

新建“花瓣”图形元件，执行“插入→新建元件”命令，弹出“创建新元件”对话框，输入元件“名称”为“花瓣”，选择“类型”为“图形”，单击“确定”按钮，如图 7-11 所示。

图 7-11　创建图形元件设置

2)　画花瓣

在“花瓣”图形元件的编辑场景中，选择“椭圆工具”，设置“笔触颜色”为红色，“填充颜色”为无，如图 7-12 所示。在场景中绘制出一个圆形，用“选择工具”将圆形调整成花瓣形状，如图 7-13 所示。注意，图形下端要靠近场景中心的十字形符号，下一步要做的旋转将以十字形符号为中心。

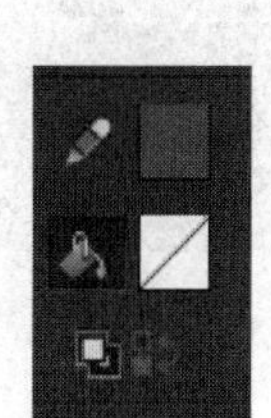

图 7-12　颜色设置

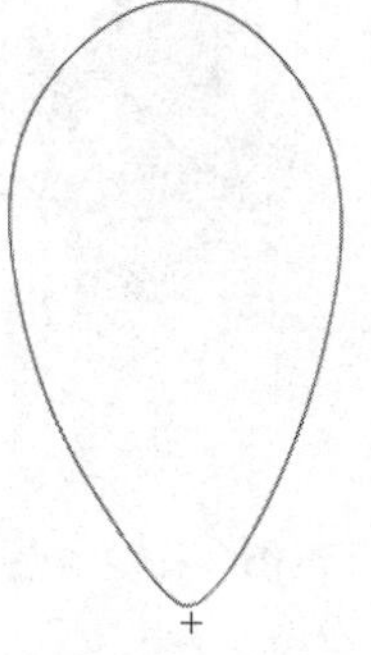

图 7-13　花瓣造型

3)　给花瓣填充颜色

打开右侧颜色面板，选择径向渐变，设定颜色为由大红渐变到浅红，如图 7-14 所示。在工具箱中选择“颜料桶工具”，给场景中的花瓣图像填充颜色，然后删除外框线条，如图 7-15 所示。

4)　创建“花朵”图形元件

新建图形元件，元件“名称”为“花朵”。在这个元件的编辑场景中，将刚刚绘制好的“花瓣”元件从“库”面板中拖放到场景中，然后使用“任意变形工具”将这个图形实例的中心点移动到花瓣图形的下端，如图 7-16 所示。保持场景中的“花瓣”实例处于被选中状态，执行“窗口→设计面板→变形”命令，弹出“变形”面板，如图 7-17 所示。

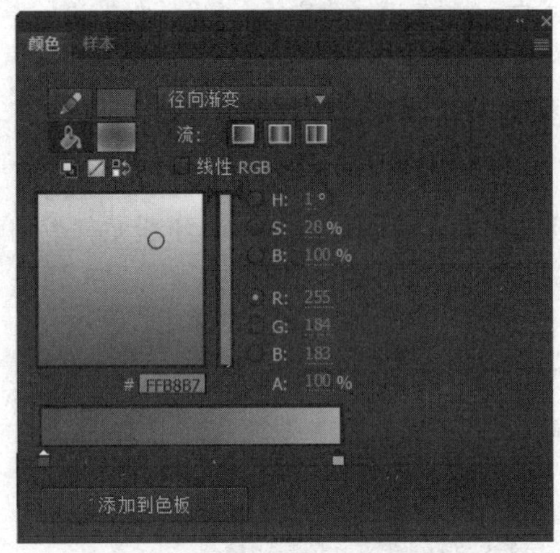

图 7-14　填充色设置

图 7-15　填充颜色

花朵

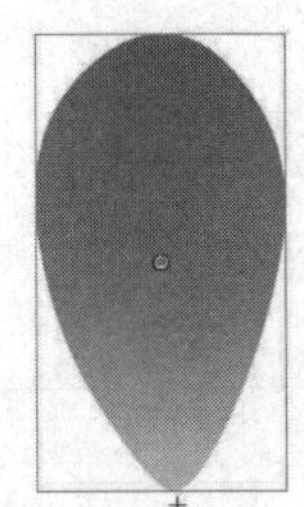

图 7-16　移动中心点

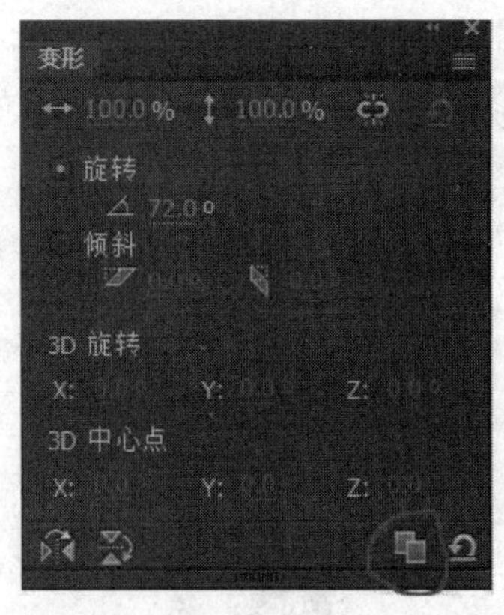

图 7-17　“变形”面板

在“变形”面板中，设置“旋转”为 72°，单击“复制并应用变形”按钮，这时花瓣旁边出现了一个同样的花瓣图形，接着单击“复制并应用变形”按钮三次，一朵花就画好了，如图 7-18 所示。

3. 制作花瓣被风吹走的动画

将花朵元件拖动到舞台上。新建图层_2，右击设置引导层，在舞台上使用铅笔绘制花瓣飘落的路线，在第 1 帧的位置将花瓣放置在引导线的头端，在第 30 帧的位置将花瓣放到引导线的末端，创建传统补间。按 Ctrl+Enter 组合键调试，观看花瓣飘落的过程，如图 7-19 所示。

图 7-18　完整的花朵

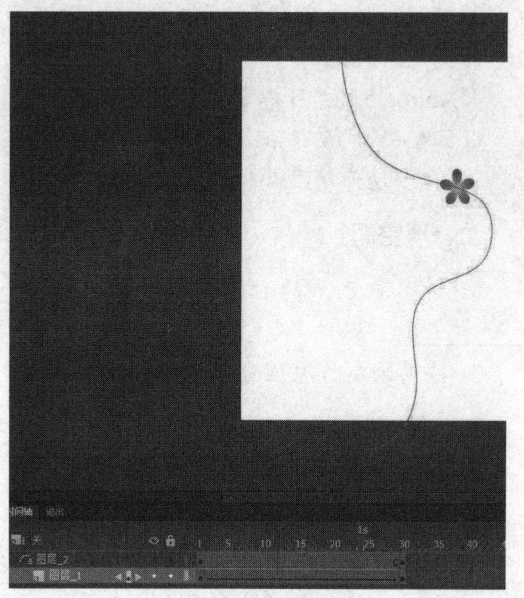
图 7-19　引导层的绘制

本章系统地阐述了计算机动画的基本概念、分类以及应用领域。计算机动画的生成，包括二维动画、三维动画、计算机动画的运动控制方法与动画语言 ActionScript 以及 Animate 制作动画的方法。通过本章的学习，您已具备以下能力。

(1) 掌握了动画以及视觉暂留原理的概念：“动画”指采用笔绘动画和偶动画等技巧制作的影视作品。物体在快速运动时，当人眼所看到的影像消失后，人眼仍能继续保留其影像 0.1～0.4s 的图像，这种现象被称为视觉暂留现象。

(2) 掌握了 Animate 制作动画的几种方法：逐帧动画、形状补间动画、动画补间动画、引导路径动画、遮罩动画、交互式动画等。

复习思考题

一、单选题

1. 在 Animate CC 中新建文档的快捷键为(　　)。

A. Ctrl+Shift+N　　B. Ctrl+ N　　C. Ctrl+P　　D. Ctrl+Shift+P

2. 在 Animate CC 中对对象进行组合，可执行“修改→组合”命令，也可按(　　)组合键。

A. Ctrl+B　　B. Ctrl+ R　　C. Ctrl+G　　D. Ctrl+Shift+G

3. 在 Animate CC 中打开文件的快捷键为(　　)。

A. Ctrl+O　　B. Ctrl+M　　C. Ctrl+P　　D. Ctrl+Shift+O

4. Animate CC 可以创建哪两种类型的补间动画？(　　)

A. 补间动画和传统补间　　B. 补间动画和动作补间

C. 动作动画和传统补间　　D. 连续动画和动作补间

二、填空题

1. 计算机动画的后期制作阶段包括____________、____________、____________、____________。

2. 按动画制作原理分类计算机动画分为____________、____________。

三、简答题

1. 如何理解视觉暂留原理？
2. 什么是计算机动画？
3. 计算机图形学与计算机动画之间有什么关系？
4. 创建三维动画的流程是什么？

四、制作题

利用 Animate 制作一个遮罩层或引导路径动画。

阅读推荐与网络链接

[1] 薛为民. 多媒体技术与应用[M]. 北京：中国铁道出版社，2007.

[2] 普运伟. 多媒体技术及应用[M]. 北京：人民邮电出版社，2015.

[3] 王毅敏. 计算机动画制作与技术[M]. 北京：清华大学出版社，2010.

[4] 张正兰. 多媒体技术及其应用[M]. 北京：北京大学出版社，2007.

[5] 李建芳. 多媒体技术及其应用案例教程[M]. 北京：人民邮电出版社，2015.

[6] 张明. 多媒体技术及其应用[M]. 北京：北京大学出版社，2017.

[7] Adobe Help Center: Https://Helpx.Adobe.Com/Support.Html.

[8] 维基百科：Https://En.Wikipedia.Org/Wiki/Main_Page.

[9] Autodesk Help: Http://Help.Autodesk.Com/View/3DSMAX/2018/CHS/.

第 7 章　动画制作技术.ppt

第 7 章　动画制作技术知识点纲要.docx

第 7 章　习题答案.docx

第 8 章　多媒体数据压缩技术

学习要点

- 了解和掌握数据压缩的基础知识。
- 掌握数据压缩的分类以及哈夫曼编码。
- 掌握常用的多媒体数据压缩标准，包括音频、图像以及视频压缩标准。
- 了解多媒体数据存储技术。

核心概念

数据压缩　有损失压缩　无损失压缩　哈夫曼编码　JPEG　MPEG　数据存储

引导案例

在信号处理过程中，数据压缩、源编码或比特率降低涉及使用比原始表示更少的比特来编码信息。压缩可以是有损或无损。无损压缩通过识别和消除统计冗余来减少比特，无损压缩不会丢失任何信息。有损压缩通过删除不必要或不太重要的信息来减少比特。减小数据文件大小的过程通常称为数据压缩。在数据传输的背景下，它被称为源编码；在数据源存储或传输之前完成编码。源编码不应与信道编码混淆，用于错误检测和校正或线路编码，即将数据映射到信号上的方法。压缩能够减少存储和传输数据所需的资源。计算资源在压缩过程中的消耗，通常是在过程的逆转(解压)中消耗。数据压缩受到时空复杂性权衡的影响，数据压缩方案的设计涉及各种因素之间的权衡，包括压缩程度，引入的失真量(使用时有损数据压缩)，以及压缩和解压缩数据所需的计算资源。

8.1　多媒体数据压缩基础知识

多媒体数据
压缩基础知识

8.1.1　数据压缩的必要性

多媒体信息包括了文本、数据、声音、动画、图形、图像以及视频等多种媒体信息。经过数字化处理后的声音、图像、视频数据量非常大，如果不进行数据压缩处理，计算机系统无法对它进行存储和交换。

用字节表示图像文件大小时，一幅未经压缩的数字图像的数据量计算公式如下：

$$图像数据量大小=像素总数\times图像深度\div 8$$

一幅 640×480 像素的 256 色(8 位)图像为 640×480×8/8=307200(B)，相当于 15 万汉

字，存储量约为0.03MB。

陆地卫星的水平、垂直分辨率分别为3240和2340像素，4波段、采样精度为8位。

一幅卫星采集图像的数据量为：2340×3240×7×4/8=28.9(MB)。按每天 30 幅计算，每天的数据量就有28.9×30=867(MB)，每年的数据量高达317GB。

数字音频可用以下公式估算声音数字化后每秒所需的存储量(未经压缩的)：

数字音频存储量=采样频率×量化位数×声道数÷8

数字激光唱盘(CD-DA)的标准采样频率为 44.1kHz，量化位数为 16 位，立体声。1s CD-DA 音乐所需的存储量为：

44100×16×2÷8≈172.3(KB)

一张650MB的CD光盘的播放时间：650×1024/172.3≈64(min)，即一张光盘只能存放1h左右的音频信息。

如表8-1和表8-2展示了数字音频及视频信号的存储量。

表8-1　1min数字音频信号需要的存储空间

数字音频格式	频带/Hz	带宽/kHz	取样率/kHz	量化位数	存储容量/MB
电话	200～3400	3.2	8	8	0.48
会议电视伴音	50～7000	7	16	14	1.68
CD-DA	20～20000	20	44.1	16	5.292×2
DAT	20～20000	20	48	16	5.76×2
数字音频广播	20～20000	20	48	16	5.76×6

表8-2　1min数字视频信号需要的存储空间

数字电视格式	空间×时间×分辨率	取样率/MHz	量化位数	存储容量/MB
公用中间格式(CIF)	352×288×30	亮度3；4.1.1	亮度、色差共12	270
CCIR 601号	NTSC720×480×30 PAL720×576×25	亮度13.5；4.2.2	亮度、色差共16	1620
HDTV亮度信号	1280×720×60	60	8	3600

8.1.2　数据压缩的可能性

多媒体数据包括两部分内容：信息和冗余数据。信息是有用的数据，冗余数据是无用的内容，它是可以压缩的。压缩这些冗余数据可以使原始数据大大减少，从而减少多媒体数据的存储量，解决多媒体数据的传输问题。

1. 冗余

冗余的具体表现是，相同或者相似信息的重复。它可能是空间范围的重复，也可能是时间范围的重复；可能是严格重复，也可能是相似性重复。冗余为数据压缩提供了可能，常见的冗余数据主要有空间冗余、时间冗余、听觉冗余、视觉冗余、结构冗余、知识冗余。

1)　空间冗余

在同一幅图像中，规则物体和规则背景的表面物理特性具有相关性，如天空背景是从蓝色到白色的渐变色，颜色之间具有相关性。这些相关性的成像结果在数字化图像中就表现为数据冗余[①]。

2)　时间冗余

时间冗余反映在图像序列中，相邻帧图像之间具有较大的相关性，一帧图像中的某物体或场景可以由其他帧图像中的物体或场景重构出来。如视频帧序列间的图像只有轻微的改变，它们之间存在冗余。

3)　听觉冗余

人耳对不同频率的声音的敏感性是不同的，人耳并不能察觉所有频率的变化，因此存在听觉冗余。

4)　视觉冗余

人眼对于图像的注意是非均匀的，人眼并不能察觉图像的所有变化。人类视觉的分辨能力一般为 26 灰度等级，而图像量化一般采用 28 灰度等级，存在视觉冗余。

5)　结构冗余

图像中重复出现或相近的纹理结构，结构可以通过特定的过程来生成。如方格状的地板、蜂窝、砖墙、草席等图在结构上存在冗余。

6)　知识冗余

有些图像的理解与某些知识有相当大的相关性，这类规律性的结构可以由经验知识和背景知识得到，知识冗余是模型编码的基础。如人脸图像有固定结构，嘴上方是鼻子，鼻子上方是眼睛，鼻子位于正脸图像的中线上，存在知识冗余。

2. 数据压缩的基本原理[②]

编码是指将各种信息以 0、1 数字序列来表示。数据压缩编码是为了减少码长的有效编码。根据数据压缩编码的长度，可以将编码方法分为等长编码和不等长编码。

以字符串 A Bb Ccc Dddd 编码为例，数据压缩的基本原理如下。

A Bb Ccc Dddd 字符串的每一个字符，在 ASCII 码表中都可以查到，每一个字符对应一个 8 位二进制码，存储时占用一个字符，如表 8-3 所示。

表 8-3　字符对应的 ASCII 编码

字　符	ASCII 编码	字　符	ASCII 编码
空格	00100000	C	01100011
A	01100001	D	01100100
B	01100010		

方法一：　ASCII 码直接编码

对每一个字符直接写出其 ASCII 编码为：

01100001 01100001 00100000 01100010 01100010…

① 薛为民. 多媒体技术与应用[M]. 北京：中国铁道出版社，2007.

② 薛为民. 多媒体技术与应用[M]. 北京：中国铁道出版社，2007.

字符串的编码总长度为：13(字符个数)×8(每个字符的编码长度)=104(bit)

方法二：等长压缩编码。

取每一个字符 ASCII 码的后三位进行观察，可以看出它们各不相同(即可以通过这三个 bit 唯一识别)，如只取每个字符的后三位直接编码，则新的码字序列可写为：

001 001 000 010 010…

字符串的编码总长度为：13(字符个数)×3(每个字符的编码长度)=39(bit)

数据压缩比为 39÷104=37.5%

方法三：不等长编码。

采用哈夫曼编码：数据压缩比为 32÷104=30.7%

数据经过压缩编码后，若要解开压缩的数据，则可以采取相应的解压缩方法得到(如查编码表)。对于等长编码方式来说，解压缩过程比较简单，只要从压缩编码中取出 N 位，就可以得到对应的一个原始字符；而对于不等长编码来说，解压缩过程相对复杂一些。

8.2　常用的数据压缩算法

常用的数据压缩算法

8.2.1　数据压缩方法分类

根据解码后数据与原始数据是否完全一致，数据压缩算法分为无损压缩法和有损压缩法。根据编码原理进行分类，数据压缩算法分为统计编码、预测编码、变换编码、分析-合成编码和其他一些编码方法，其中，统计编码是无损编码，其他编码方法都有一些数据损失。

1. 根据解码后数据与原始数据是否一致分类

1)　无损压缩

无损压缩也称为可逆压缩、无失真编码、熵编码等。此类方法解压缩后的还原数据与原始数据完全一致。

2)　有损压缩

有损压缩也称为不可逆压缩。此类方法解压缩后的还原数据与原始数据不完全一致，压缩时减少的数据是不可恢复的。

2. 根据编码原理分类

1)　预测编码

预测编码是根据原始的离散信号之间存在着一定关联性的特点，利用前面的一个或多个信号对下一个信号进行预测，然后对实际值和预测值的差(预测误差)进行编码。由于在对差值进行编码时进行了量化，预测编码是一种有失真的编码方法。差分脉冲编码调制(Differential Pulse Code Modulation，DPCM)和自适应差分脉冲编码调制(Adaptive Differential Pulse Code Modulation，ADPCM)是两种典型的预测编码。

2)　变换编码

变换编码(Transform Coding，TC)的主要思想是利用图像块内像素值之间的相关性，把

图像变换到一组新的基上，使得能量集中到少数几个变换系数上，通过存储这些系数而达到压缩的目的。变换编码系统中压缩数据有三个步骤：变换、变换域采样和量化。变换是可逆的，本身并没有进行数据压缩，它只是把信号映射到另一个域，它是一种间接编码方法。典型的变换有离散傅里叶变换(Discrete Fourier Transform，DFT)、离散余弦变换(Discrete Cosine Transform，DCT)、沃尔什-哈达玛变换(Walsh Hadamard Transform，WHT)、KL 变换 Karhunen-Loeve Transform，K-LT)等，其中，最常用的是离散余弦变换 DCT。

3)　统计编码

统计编码包括行程编码、LZW 编码、Huffman 编码和算术编码，属于无失真编码。它对于出现频率大的符号用较少的位数来表示，对于出现频率小的符号用较多的位数来表示。其编码效率主要取决于编码符号出现的概率分布，越集中，压缩比越高。

4)　行程编码

行程编码是最简单、最古老的压缩技术之一，其主要技术是检测重复的比特或者字符序列，利用它们的出现次数取而代之。在此方式下，每两个字节组成一个信息单元。第一个字节给出后面相连的像素个数，第二个字节给这些像素使用的颜色索引表中的索引值。

5)　分析合成编码

分析合成编码方法突破了经典数据压缩编码的理论框架。其本质是通过对原始数据的分析，将其分解成一系列更适合于表示的“基元”或从中提取出若干具有更本质意义的参数。编码时仅对这些基本单元或特征参数进行。译码时，借助一定的规则或模型，按一定的算法对这些基元或参数再“综合”成原数据的一个逼近。常见的分析合成编码有矢量量化编码、小波变换编码、分形图像编码和子带编码等。

3. 压缩方法评价①

数据压缩方法的优劣主要由所能达到的压缩倍数，它主要从压缩后的数据所能恢复(或称重建)的图像(或声音)质量以及压缩和解压缩的速度等几方面来评价。

1)　压缩比

压缩比是指压缩过程中输入数据量和输出数据量之比。压缩比越大，压缩效率越高。如一幅分辨率为 512×480、颜色深度为 24bit 的静态图像，输入=737280B，输出=15000B，压缩比=737280/15000=49。

2)　图像(声音)质量

压缩方法分为有损压缩和无损压缩，以图像压缩为例，图像的无损压缩在压缩与解压缩过程中没有损失任何原始信息，无损压缩不必担心恢复出来的图像质量。

3)　压缩/解压速度

通常压缩和解压缩不能同时进行，压缩和解压缩的速度需要分别估计。在静态图像中，压缩速度没有解压缩速度严格；在动图中，压缩速度、解压缩速度都有要求。除此之外，有些数据的压缩和解压缩可以在标准的 PC 硬件上用软件实现，有些则因为算法太复杂或者质量要求高，必须采用专门的硬件。

---

① 薛为民. 多媒体技术与应用[M]. 北京：中国铁道出版社，2007.

4. 压缩方法总结

根据质量有无损失，多媒体数据压缩编码方法可以分为两大类：冗余压缩法(无损压缩)与熵压缩法(有损压缩)，如图 8-1 所示。

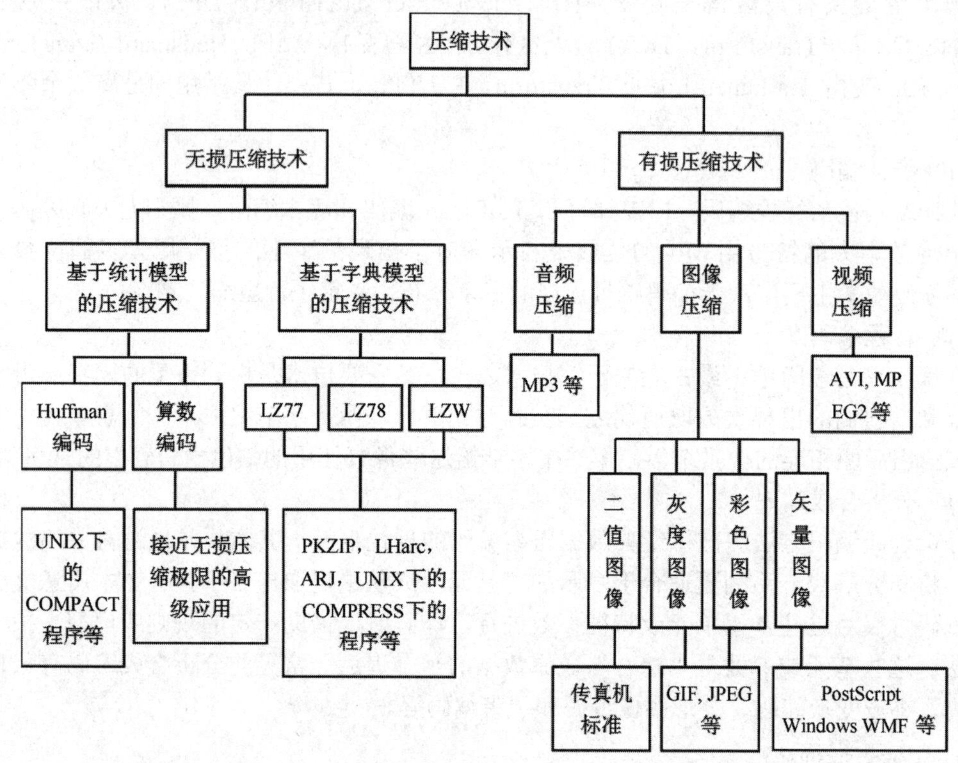

图 8-1　数据压缩方法

8.2.2　哈夫曼编码

哈夫曼于 1952 年提出了一种编码方法，即哈夫曼编码，它依据符号出现概率来构造异字头(前缀)的平均长度最短的码字，有时称之为最佳编码。哈夫曼编码是可变字长编码(VLC)的一种，各符号与码字一一对应，是一种分组码。变字长编码的最佳编码定理：在变字长编码中，对于出现概率大的信息符号以短字长编码，对于出现概率小的符号以长字长编码。如果码字长度严格按所对应符号出现概率的大小逆序排列，则平均码字长度一定小于其他以任何符号顺序排列方式得到的平均码字长度。该定理保证了按符号出现概率分配码长，使平均码长最短。

1. 哈夫曼编码方法

哈夫曼编码的码表产生是一个由码字的最末一位码逐位向前确定的过程，具体的编码步骤如下。

(1) 将符号按出现概率由大到小排列，为最后两个符号赋予一个二进制码，概率大的赋 1，概率小的赋 0(反之亦可)。

(2) 把最后两个符号的概率合成一个概率，重复上一步骤。

(3) 重复步骤(2)，直到最后只剩下两个概率为止。

(4) 将每个符号所对应的分支的 0，1 反序排出即可，如图 8-2 所示。

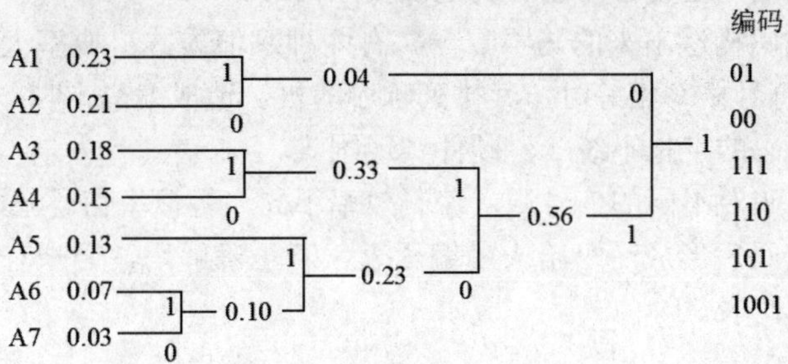

图 8-2　哈夫曼编码方法

2. 哈夫曼编码相关计算公式

(1) 编码的平均码长：

$$\bar{N} = \sum_{i=1}^{n} n_i \cdot P(x_i)$$

(2) 信息符号的熵值：

$$H(x) = -\sum_{i=1}^{n} P(a_i) \cdot \log_2 P(x_i)$$

(3) 编码效率：

$$\eta = H(a) / \bar{N}$$

其中，n_i 为每个符号的编码码长，$P(x_i)$为每个符号的出现概率。

	编码	码长
A1	01	2
A2	00	2
A3	111	3
A4	110	3
A5	101	3

码字的平均长度：

$$\bar{N} = \sum_{i=1}^{7} n_i \cdot P(a_i) = 2.72\text{bit}$$

信息符号的熵值：

$$H(a) = -\sum_{i=1}^{7} P(a_i) \cdot \log_2 P(a_i) = 2.61\text{bit}$$

编码效率：$\eta = 2.61/2.72 \approx 96\%$

可见，哈夫曼编码结果的平均长度接近于信息符号的熵值，但仍有冗余。

3. 哈夫曼编码的特点

(1) 哈夫曼编码是数据结构中的二叉树形式。

(2) 哈夫曼编码无歧义性，能正确地恢复原信号。

(3) 哈夫曼编码构造出来的码不唯一。有两种赋值方式：概率大的赋 1，概率小的赋 0，反之亦可。两符号概率相等时，其排列顺序随机，造成编码不唯一。

(4) 哈夫曼编码的字长不统一，硬件实现困难。

(5) 哈夫曼编码对不同的信号源，编码效率不同，等概率信号源，效率最低。

(6) 哈夫曼编码后形成一个哈夫曼编码表，若正确解码，必须有此编码表，在传送过程中也要传送此编码表。

8.2.3 预测编码

预测编码的基本思想是根据原始信号的相关性，在当前时刻(或位置)预测下一时刻(或位置)的信号值，并对预测出现的误差进行编码的压缩编码方法。对于绝大多数图像来说，在局部空间和时间上具有很好的连续性，即原始图像数据具有很强的相关性。利用这一特性，可以通过对一个或多个像素的观测，预测出它们相邻像素的估计值。这种思想导致产生了预测编码，它是利用图像数据的相关性，用已传输的像素值对当前像素进行预测，然后对当前像素的实际值与预测值之间的差值(即预测误差)进行编码传输。

预测编码主要考虑消除两个方面的信息冗余：①消除存在于图像内部的数据冗余，即空间冗余度；②消除存在于相邻图像之间的数据冗余，即时间冗余度。

预测方法分线性预测和非线性预测。由于线性预测的预测公式是线性的，即预测系数是固定的常数，在图像压缩编码中得到了广泛应用。采用线性预测的预测编码通常也称为差值脉冲编码调制，DPCM(Differential Pulse Code Modulation)。

8.2.4 变换编码

变换编码是指先对信号进行某种函数变换，从一种信号(空间)变换到另一种信号(空间)，然后对信号进行编码。变换编码的基本思想是利用变换方法(如 DCT 变换)先改变表示图像的模式(如 RGB 模式→YUV 模式)，再对变换得到的基信号进行量化取整和编码的技术。

变换编码不直接对原始的空域信号(基于空间的视频信号)进行编码，而是先将空域信号映射到另一个正交矢量空间(如以可见光频率表示的图像频域空间)。经过这样的变换后，将得到一批变换系数(即基信号)，再对这些系数进行编码。

以声音、图像为例，由于声音、图像的大部分信号都是低频信号，在频域中信号较集中，编码时需将时域信号变换到频域，再对其进行采样、编码。

变换编码系统中压缩数据有变换、变换域采样和量化三个步骤。变换本身并不进行数据压缩，它只把信号映射到另一个域，让信号在变换域里进行压缩。变换后的样值更独立和有序，这样，量化操作使用比特分配可以有效地压缩数据。

数学计算中，经常利用某些数学函数转换找出一条计算的捷径。

乘法：1000000×100000=100000000000，运算时，数据很大，可以变成对数进行加法运算，如图 8-3 所示。

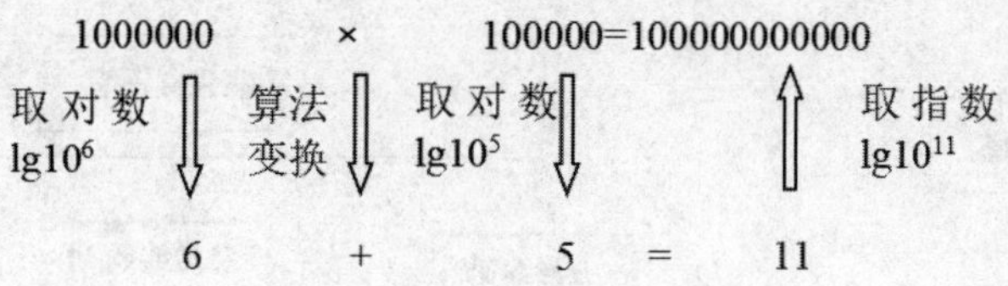

图 8-3　变换编码

8.3　常用多媒体数据压缩标准

常用多媒体数据压缩标准

8.3.1　音频压缩编码标准

音频信号可分成电话质量的语音、调幅广播质量的音频信号和高保真立体声信号。针对不同的音频信号，ITU-T 和 ISO 先后提出了一系列有关音频压缩编码的建议。这些标准广泛地应用于多媒体技术和通信中。

1. 音频压缩编码的基本方法

(1)　熵编码。

(2)　波形编码。在信号采样和量化过程中考虑人的特性，主要有 PCM、DPCM、ADPCM 等。

(3)　参数编码。将音频信号以某种模型表示，压缩倍数很高，计算量大，保真度不高，适合对语音信号编码。

(4)　混合编码。吸取波形和参数编码的优点，综合编码。音频信号的压缩方法如图 8-4 所示。

对于音频质量的评价包括客观评价和主观评价。客观评价是通过测量某些特性来评价解码音频的质量，如测量信噪比等。客观评价计算简单，与人对音频的感知不完全一致。得到广泛应用的是主观评价方法，如利用主观意见打分法(Mean Opinion Score，MOS)来度量，这种方法分为 5(优)、4(良)、3(中)、2(差)、1(劣)五级。

2. 电话质量的语音压缩标准

电话质量语音信号的频率范围是 300Hz～3.4kHz，采用标准 PCM。当采样频率为 8kHz，量化位数为 8bit 时，对应的速率为 64Kb/s。为了压缩音频数据，国际上从 ITU-T 最初的 G.711 64Kb/s 码率 PCM 编码标准开始，制定一系列语音压缩编码的标准。这些压缩标准充分利用了线性预测技术、矢量量化技术和综合分析技术，典型的算法有 ADPCM、码本激励线性预测编码(CELP)、短时延码本激励线性预测编码(LD-CELP)、长时线性预测规则码激励(RPE-LTP)、矢量和激励线性预测编码(VSELP)等。ITU 建议的用于电话质量的语音压缩标准见表 8-4。

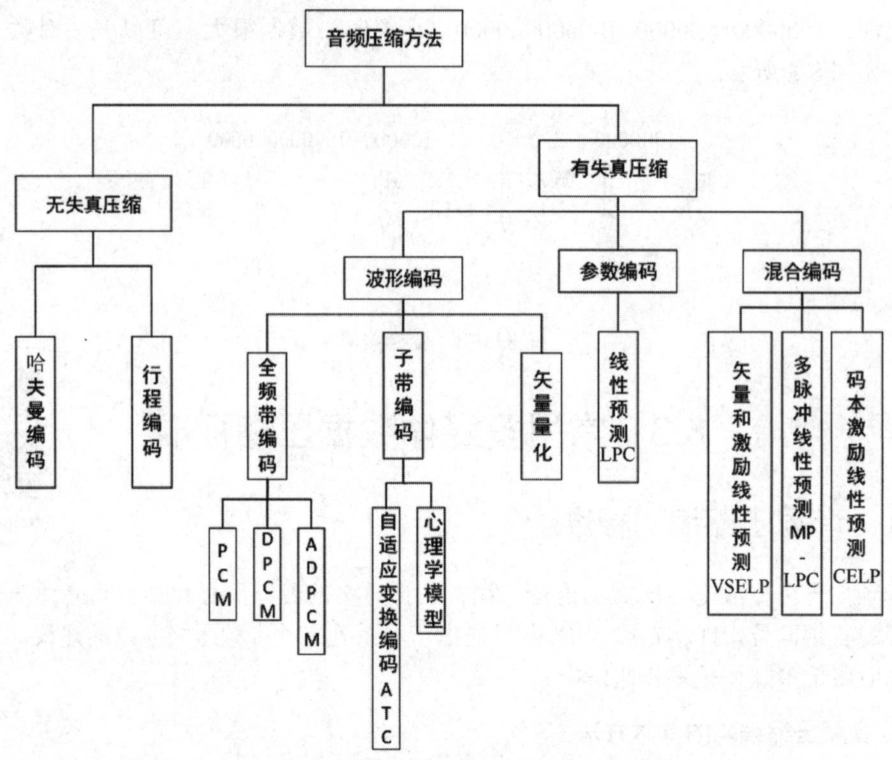

图 8-4　音频信号的压缩方法

表 8-4　ITU 建议的用于电话质量的语音压缩标准

标　准	说　明
G.711	1972 年，64Kb/s，MOS= 4.8
G.721	1984 年，32Kb/s，MOS= 4.2
G.723	1992 年，16Kb/s，MOS=4.2
G.728	8Kb/s，MOS=4.2

随着数字移动通信的发展，人们对于低速语音编码有了更迫切的要求。1983 年，欧洲数字移动特别工作组(GSM)制定了采用长时线性预测规则码激励(RPE-LTP)压缩技术的 GSM 编码标准，作为一种移动电话的压缩标准。8Kb/s 和 13Kb/s 的语音压缩标准具有较大的压缩率和较高的语音质量，应用前景广泛。

3. 调幅广播质量的音频压缩标准

调幅广播质量音频信号的频率范围是 50Hz～7kHz，又称“7kHz 音频信号”，当使用 16kHz 的抽样频率和 14bit 的量化位数时，信号速率为 224Kb/s。1988 年 ITU 制定了 G.722 标准，它可把信号速率压缩成 64Kb/s。

(1) G.722 标准：1988 年，64Kb/s，从采样频率为 16kHz，量化为 14bit 的 224Kb/s 中压缩而来，可以在窄带 ISDN 中传送调幅广播质量的音频信号。

(2) MPEG 标准：MP3。

(3) AC-3 标准：5.1 声道(6 声道)：左、中、右、左环绕、右环绕、低频增强(频率在 20～120Hz，0.1 声道)，采样频率为 48kHz，量化位数为 16～22bit。

8.3.2　静止图像压缩编码标准

1. JPEG 标准

JPEG(Joint Photographic Experts Group)即联合图像专家组，该组织负责制定静态图像的编码标准。

1992 年，JPEG 推出了 ISO/IEC 10918 标准(CCITT T.81)——连续色调静态图像的数字压缩与编码，简称 JPEG 标准，适用于灰度图与真彩图静态图像的压缩。

2000 年，JPEG 在 JBIG(Joint Bi-Level Image Experts Group，联合二值图像专家组)的帮助下又推出了比 JPEG 标准的压缩率更高、性能更优越的 JPEG 2000 标准，适用于二值图、灰度图、伪彩图和真彩图的静态图像压缩。

JPEG 主要采用了以 DCT 为基础的有损压缩算法。JPEG 2000 采用的是性能更优秀的小波变换。

由于视频的帧内编码就是静态图像的编码，JPEG 和 JPEG 2000 的算法也用于 MPEG 的视频编码标准中。

2. JPEG 专家组开发了两种基本的压缩算法

(1) 以 DCT 为基础的有损压缩算法。

使用有损压缩算法时，在压缩比为 25∶1 的情况下，压缩后还原得到的图像和原始图像进行比较，非图像专家难以发现它们之间的区别，因此得到了广泛的应用。如在 V-CD 和 DVD-Video 电视图像压缩技术中，使用 JPEG 的有损压缩算法，消除空间冗余数据。基于 DCT 的 JPEG 压缩算法是有损压缩，它利用了人的视觉系统的特性，使用量化和无损压缩编码相结合，消除视角的冗余信息和数据本身的冗余信息。

(2) 以预测技术为基础的无损压缩算法。

使用无损压缩算法时，压缩比较低，但保证图像不失真。

3. 在 JPEG 标准中定义了四种编码模式

1) DCT 顺序模式

DCT 顺序模式的基本算法是将图像分成 8×8 的块，然后进行 DCT 变换、量化和熵编码(哈夫曼编码)。这种模式下，每个图像分量的编码是一次扫描完成的。

2) DCT 渐进模式

DCT 渐进模式采用的算法与 DCT 顺序模式相类似，不同之处在于对图像进行多次扫描，先传送部分 DCT 系数信息(如低频带的系数或所有系数的近似值)，使接收端尽快获得一个“粗略”的图像，然后将剩余频带的系数渐次传送，最终形成清晰的图像。

3) 无失真编码模式

无失真编码模式采用一维或二维的空间域 DPCM 和熵编码。由于输入图像已经是数字化的，经过空间域的 DPCM 之后，预测误差值也是一个离散量，无须再次量化，即可实现无失真编码。

4) 分层编码模式

分层编码模式是对一幅原始图像的空间分辨率，分成多个分辨率进行“锥形”的编码方法，水平(垂直)方向分辨率的下降以 2 的倍数因子改变。分层编码模式先对分辨率最低的一层图像进行编码，然后将该层图像作为下一层图像的预测值，再对预测误差进行编码，依次类推，直到底层。

JPEG 使用 DCT 进行有损压缩时，压缩比可调整在压缩 10～30 倍后，图像效果仍然不错，得到了广泛的应用。JPEG 图像的压缩比与质量如表 8-5 所示。

表 8-5　JPEG 图像的压缩比与质量

压缩倍数	比特率(bit/Pixel)	图像质量
12～16	2.0～1.5	同原图
16～32	1.5～0.75	很好
32～48	0.75～0.5	好
48～96	0.5～0.25	中等

4. JPEG 压缩编码的步骤

JPEG 压缩编码大致分成三个步骤。

(1) 使用正向 DCT(FDCT=Forward DCT)把空间域表示的图变换成频率域表示的图。

(2) 使用加权函数对 DCT 系数进行量化，这个加权函数对于人的视觉系统是最佳的。

(3) 使用 Huffman 可变字长编码器对量化系数进行编码。

5. JPEG 压缩编码的具体过程

首先将输入图像颜色空间转换后分解为 8×8 大小的数据块，然后用正向二维 DCT 把每个块变成 64 个 DCT 系数值，其中 1 个数值是直流(DC)系数，即 8×8 空域图像子块的平均值，其余 63 个是交流(AC)系数，接下来对 DCT 系数进行量化，最后将变换得到的量化的 DCT 系数进行编码和传送，压缩过程完成。JPEG 标准的基于 DCT 的有失真压缩编码过程如图 8-5 所示，JPEG 标准的基于 DCT 的有失真解码过程如图 8-6 所示。

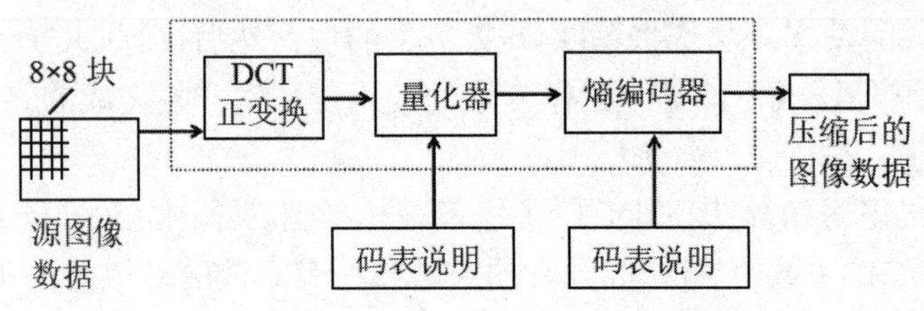

图 8-5　基于 DCT 编码的简化框图

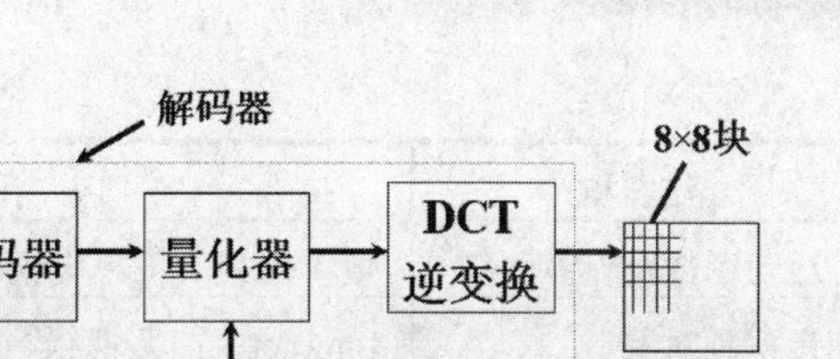

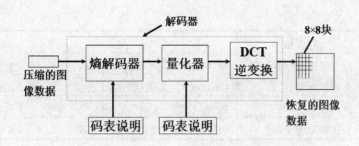

图 8-6　基于 DCT 解码器的简明框图

8.3.3　运动图像压缩编码标准

视频编码的国际标准包括计算机与网络领域的 MPEG 系列标准与电子、通信领域的 H.26x 系列标准。目前，被国际社会广泛认可和应用的通用压缩编码标准主要有 H.261、JPEG、MPEG 等。

1. 通用的压缩编码标准

1)　H.261

H.261 是由 CCITT(国际电报电话咨询委员会)制定，用于音频/视频服务的视频编码/解码器(也称 Px64 标准)。它使用两种类型的压缩方式：一是基于 DCT 的帧画面的有损压缩，二是用于帧画面间的无损压缩。在此基础上使编码器采用带有运动估计的 DCT 和 DPCM(差分脉冲编码调制)的混合方式。这种标准与 JPEG 及 MPEG 标准有明显的相似性，但关键区别在于它是为动态使用设计的，并提供完全包含的组织和高水平的交互控制。①

2)　JPEG

JPEG 的全称是 Joint Photogragh Coding Experts Group(联合照片专家组)，它采用基于 DCT 的静止图像压缩和解压缩算法，由 ISO(国际标准化组织)和 CCITT(国际电报电话咨询委员会)共同制定的国际标准。JPEG 把冗长的图像信号和其他类型的静止图像去掉，可以减小到原图像的 1%(压缩比 100∶1)。

3)　MPEG

MPEG 的全称是 Moving Pictures Experts Group(动态图像专家组)，它实际上是指一组由 ITU 和 ISO 制定发布的视频、音频、数据的压缩标准。它采用的是一种减少图像冗余信息的压缩算法，压缩比高达 200∶1，同时图像和音响的质量也非常高。现在通常有三个版本：MPEG-1、MPEG-2、MPEG-4，以适用于不同带宽和数字影像质量的要求。它的三个最显著的优点就是兼容性好、压缩比高，数据失真小。视频编码标准如表 8-6 所示。

表 8-6　视频编码标准

编码标准	结　构	应　用	码　率
MPEG-1	运动图像及伴音	VCD、视频监控等	低于 1.5Mbps

① 肖平. 多媒体技术应用基础[M]. 北京：科学出版社，2008.

续表

编码标准	结 构	应 用	码 率
MPEG-2	运动图像及伴音	数字电视、卫星电视、DVD	1.5～35 Mbps
MPEG-4	音视频对象	Internet、交互视频、移动通信	8 Kbps～35 Mbps
H.261	P×64Kbps 视频	ISDN 视频	P×64Kbps
H.263	低比特率视频	POTS 视频无线视频电话/会议	8 Kbps～1.5 Mbps

2. 常用的 MPEG 压缩标准

1) MPEG-1 标准

MPEG-1 处理的是标准图像交换格式(Standard Interchange Format，SIF)或者称为源输入格式(Source Input Format，SIF)的电视信号，即 NTSC 制为 352 像素×240 行/帧×30 帧/s，PAL 制为 352 像素×288 行/帧×25 帧/s，压缩的输出速率定义在 1.5Mbps 以下。这个标准主要是针对当时具有这种数据传输率的 CD-ROM 开发的，用于在 CD-ROM 上存储数字影视。MPEG-1 用于数据速率高达约 1.5Mbps 的数字存储媒体的视频和伴音编码，1992 年成为标准。

功能：低分辨率数字视频编码标准。

编码：DCT +视觉加权量化+熵编码+运动补偿+帧间预测。

格式 cif：25 或 30 帧/s、288 行×352 列或 240 行×352 列、8 位量化。

音频：I～III 层，声道——双-单声道、立体声、联合立体声。

应用：VCD、MP3。

2) MPEG-2 标准

MPEG-2 是 1994 年建立的，它是广播级运动图像及伴音编码的国际标准。设计目标是建立高级工业标准的图像质量及更高的传输率。MPEG-2 所能提供的传输率在 3～10Mbps 间，在 NTSC 制式下的分辨率为 720×486(DVD)。MPEG-2 能够提供广播级的视像和 CD 级的音质，MPEG-2 的音频编码可提供左、右、中和两个环绕声道及一个加重低音声道和多达七个伴音声道。MPEG-2 提供了一个较广范围的可变压缩比，以适应不同的画面质量、存储容量及带宽的要求。MPEG-2 广泛应用于 DVD、HDTV(高清晰度电视)、卫星直播提供的广播级数字视频。

功能：高分辨率数字视频编码标准。

编码：似 MPEG-1。

格式：低——352×288×29.79

主——720×480 或 576×29.79 或 25(DVD)

高——1440×1080 或 1152×30 或 25(HDTV)

高——1920×1080 或 1152×30 或 25(HDTV)

音频：AAC——兼容 MPEG-1，另支持 5.1/7.1 声道(AC-3/DTS)。

应用：DVD、HDTV。

3) MPEG-4 标准

MPEG-4 标准是 1999 年建立的。MPEG-4 对传输速率要求较低，在 4800～64000bps

之间，分辨率最低为 176×144 像素。MPEG-4 利用很窄的带宽，通过帧重建技术、数据压缩，达到用最少的数据获得最佳的图像质量。MPEG-4 最重要的三个技术特征是：基于内容的压缩、更高的压缩比和时空可伸缩性。它主要应用于家庭摄影录像、网络实时影像播放、可视电话等。

功能：分辨率可变的视听对象编码标准。

编码：视音频对象、分块/分级/分层、基于内容和对象的编码。

格式：支持各种不同的分辨率。

音频：支持多种码率——2～64Kbps。

应用：可视电话、电视会议、网络流媒体、移动视频通信、IPTV。

4)　MPEG-7 标准

MPEG-7(多媒体内容描述接口，Multimedia Content Description Interface)规定一套描述符标准，用于描述各种多媒体信息，以便更快更有效地检索信息。准确地说，MPEG-7 并不是一种压缩编码方法，而是一个多媒体内容描述接口。它主要解决日渐庞大的图像、声音信息的管理和迅速搜索等问题，广泛应用于数字图书馆、广播媒体选择、多媒体编辑及多媒体索引服务。

5)　MPEG-21 标准

MPEG-21 由 MPEG-7 发展而来，主要规定了数字节目的网上实时交换协议。

8.4　多媒体数据存储技术

多媒体数据存储技术

8.4.1　文件系统

1. 文件系统的概念

文件系统(File System)是指存储设备中组织、管理计算机数据的系统，它负责管理存储设备上的可用空间。文件系统是一种用于向用户提供底层数据访问的机制，它将设备中的空间划分为特定大小的块(扇区)，每种文件系统的块大小不一致。数据存在于这些块中，由文件系统负责将这些块组织为目录和文件，并记录哪些块分配给哪个文件，以及哪些块没有被使用。如果没有文件系统，放置在存储介质中的信息将是一大块数据，无法分辨一条信息停止的位置和下一条信息开始的位置。简言之，“文件系统”用于管理信息组及其名称的结构和逻辑规则。

2. 磁盘文件系统的分类

磁盘文件系统包括 FAT、exFAT、NTFS 等类型。

1)　FAT(File Allocation Table，又称 FAT32)

FAT(文件分配表)是 Microsoft 发明并拥有部分专利的文件系统，在 Microsoft 的 MS-DOS、Windows 操作系统中使用。

FAT 的优点：几乎所有个人计算机的操作系统都支持。

FAT 的缺点：没有权限信息，产生磁盘碎片，没有事务性，脆弱性。

随着更强大的计算机和操作系统的引入，以及为它们开发更复杂的文件系统，FAT 不再是 Microsoft Windows 计算机上使用的默认文件系统。FAT 文件系统仍然常见于软盘，闪存和其他固态存储卡和模块(包括 USB 闪存驱动器)，以及许多便携式和嵌入式设备。

2) exFAT(Extended File Allocation Table，exFAT，又称 FAT64)

exFAT(扩展的文件分配表系统)是一种特别适合闪存盘的文件系统。相比于之前的 FAT 文件系统，exFAT 具有以下优点。

(1) 可扩展至更大磁盘空间，从 FAT32 的 32GB 扩展到 256TB。

(2) 理论上文件大小限制为 264 字节，而 FAT32 只有 232 字节。

(3) 簇大小可以达到 32 MB；可用空间和删除性能得到了提升。

3) NTFS(New Technology File System)

NTFS 是由微软开发的专有文件系统。从 Windows NT 3.1 开始，它是 Windows NT 系列的默认文件系统。NTFS 对其取代的文件系统进行了若干技术改进，包括文件分配表(FAT)和高性能文件系统(HPFS)。NTFS 具有以下优点。

(1) 支持元数据，并且使用了高级数据结构，提高了性能及磁盘空间利用率。

(2) 支持访问控制列表和文件系统日志，增强了文件系统的安全性。

(3) 支持事务性，桌面与服务器的操作系统支持 NTFS。

8.4.2 光存储技术

1. 光存储技术概述

光存储技术主要采用光盘系统来存储信息。光盘系统由光盘驱动器和光盘片组成。驱动器的读写头是用半导体激光器和光路系统组成的光头，记录介质采用磁光材料。光存储技术是一种用光学方法读写数据的存储技术。其基本原理是：改变存储单元的性质，使其能反映被存储的数据，通过识别单元性质读出数据。光存储单元的性质是根据光反射强度、光反射极化方向的不同，来对应记录二进制的 0、1 信号，然后经检测光强和光极化性质的变化读出光盘上的数据。由于高精度的激光束能聚 1μm 的光斑，比磁盘存储技术具有更大的容量。

光存储技术具有以下特点。

(1) 与硬盘相比，具有携带方便、容量大、价格便宜等特点，但读取速度较慢。

(2) 与磁带相比，具有随机存取性。

(3) 激光头与介质无接触，故读取信息时不损害光盘表面，信息保存时间长。

光盘按读写能力分为三种类型。

(1) 只读光盘(CD-ROM)。光盘内容只能读，多用作电子出版物、素材库、大型软件的载体。

(2) 刻录光盘(CD-R)。通过光盘刻录机将信息一次“刻录”在 CD-R 光盘上，可多次读数据，但刻录上的信息不能再覆盖，多用于资料存储。

(3) 可擦写光盘(Rewritable)。可擦除光盘相对于其他光盘的优势在于，它是刻录后可以使用软件擦除数据，并再次使用的光盘。

2. 光存储技术中的读写原理

1)　光盘的写原理

光存储技术是利用存储介质在激光照射下某些性质会发生变化的原理，写入信息时激光照射存储介质，导致介质的某些性质发生变化而将信息保存下来。

2)　光盘的读原理

读取信息时通过激光扫描介质，识别出介质中存储单元性质的变化，将这些变化转换为数字信息。在实际操作中，通常使用二进制数据形式存储。当从光盘上读出数据时，利用激光束对光盘轨道上模压形成的凹坑进行扫描，当遇到凹坑边缘时，反射率就会发生跳变，表示二进制数字 1，在凹坑内或凸区上均为二进制数字 0，通过光学探测器产生光电检测信号，从而读出 0、1 数据，如图 8-7 所示。

存储数据编码采用 EFM(Eight To Fourteen Modulation)调制方式，即 1 字节的 8 位编码为 14 位的光轨道位，以提高读出的可靠性。这些光轨道采用 PLL(2，10)规则的插入编码，即 1 码间至少有两个 0 码，最多有十个 0 码；每个光轨道间距约为 0.28μm，最长的凹坑长度(即 1 码间最多有十个 0 码)约为 3.054μm 长。

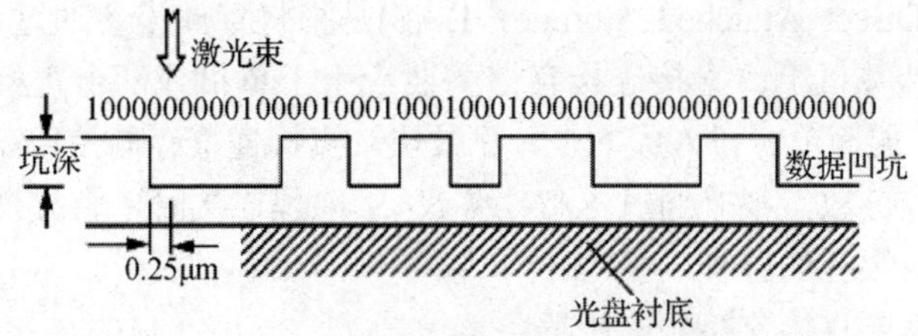

图 8-7　只读光盘压模的凹坑光轨道

3. 光盘驱动器工作原理

读写型光盘驱动器主要由激光头、读出通道、聚焦伺服、跟踪伺服、主轴电机和微处理器等组成。读写型光盘驱动器的结构框图如图 8-8 所示。

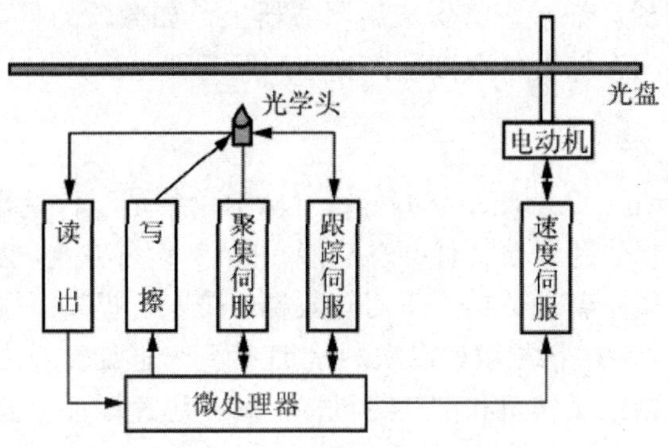

图 8-8　读写型光盘驱动器的构图

光盘驱动器与光盘片的耦合是由光学头系统完成的，其作用是从光盘片读出数据和向光盘中写入新的数据，一般由半导体激光器、光学系统和光电接收系统组成。光学系统使激光束准确地射到光盘的信息轨道上，光电接收系统把反射光信号变成电信号输出。从半导体激光器发出的光束经相位光栅产生三光束(用于光学头自动跟踪)，再经准直整形镜后形成圆光束，穿过偏振分束镜和 1/4 波片使光束的偏振方向旋转 45° 角。光束通过聚物镜聚焦到光盘的信息轨道上，具有不同反射特性的反射光以 90° 角偏振旋转后通过原 45° 分束区，输出与原光束偏振垂直的光束，再通过光学头自动聚焦的柱面镜入射到光探测器上，即可读出数据。

聚焦伺服与跟踪伺服系统根据光电检测的读写光点与数据轨道的跟踪误差信号，由放置在光学头的二维力矩器在与光盘垂直方向上移动聚焦透镜，实现聚焦伺服；在光盘的半径上移动透镜实现跟踪伺服，使物镜聚焦光束正确地落在光盘面上(聚焦)的信息轨道中央(跟踪)。主轴伺服电机系统(主轴电机速度伺服)利用旋转编码器产生的伺服信号，控制光盘以恒线速度或恒角速度旋转[①]。

8.4.3 网络存储技术

1. 直接连接存储

直接连接存储(Direct Attached Storage，DAS)是指将存储设备通过 SCSI 接口或光纤通道直接连接到一台计算机上。直接连接存储主要应用于单机或两台主机的集群环境中，主要优点是存储容量扩展简单、投入成本少、见效快。直接连接存储使用需要满足以下特征。

(1) 服务器比较分散，很难通过 SAN 或 NAS 远程连接时，直接连接存储是比较好的解决方案，如商店或银行的分支。

(2) 存储系统需要直接连接到应用服务器上。

(3) 数据库应用、群件应用和邮件服务应用需要直接连接到存储器上。

DAS 存储方式主要适用于以下环境。

(1) 小型网络。网络规模较小，数据存储量小，采用直接连接存储对服务器的影响较小。

(2) 地理位置分散的网络。

(3) 特殊应用服务器。在一些特殊应用服务器上，如微软的集群服务器或某些数据库使用的原始分区，均要求存储设备直接连接到应用服务器上。

2. 网络附加存储

网络附加存储(Network Attached Storage，NAS)设备是一种特殊的专用数据存储服务器，内嵌系统软件，可提供跨平台文件共享功能。NAS 设备完全以数据为中心。将存储设备与服务器彻底分离，集中管理数据，从而有效释放带宽，提高了网络的整体性能。

NAS 通过标准的网络拓扑结构(如以太网)，连接到一群计算机上。NAS 是部件级的存储方法，它的重点在于帮助工作组和部门级机构，解决迅速增加存储容量的需求。

NAS 的优点如下。

(1) 即插即用。NAS 是独立的存储节点存在于网络之中，与用户的操作系统平台无

---

① 程清钧. 多媒体技术与应用[M]. 北京：高等教育出版社，2001.

关，即插即用。

(2) 存储部署简单。NAS 不依赖通用的操作系统，而是采用一个面向用户设计的，专门用于数据存储的简化操作系统，内置了与网络连接所需要的协议，整个系统的管理和设置较为简单。

(3) 存储设备位置非常灵活。

(4) 管理容易且成本低。NAS 数据存储方式是基于现有的企业 Ethernet 而设计的，按照 TCP/IP 协议进行通信，以文件的 I/O 方式进行数据传输。

NAS 的缺点如下。

(1) 存储性能较低。

(2) 可靠度不高。

3. 存储区域网

存储区域网络(Storage Area Network，SAN)是一个专门提供集中化的块级数据存储的网络。有了 SAN，磁盘阵列、磁带库及光学存储设备相当于直接连接在本地服务器上的存储设备。SAN 通常与常用的计算机网络不相连，而是一个单独的网络。SAN 通常利用光纤来连接存储设备和计算机，光纤拓扑结构比 NAS 的网络结构提供更快更可靠的存储访问速率。

SAN 的优势如下。

(1) 网络部署容易。

(2) 高速存储性能。SAN 的光纤通道使用全双工串行通信原理传输数据，传输速率高达 1062.5MB/s，存储性能明显提高。

(3) 良好的扩展能力。由于 SAN 采用了网络结构，光纤接口提供了 10km 的连接距离，扩展能力更强。DAS、NAS 和 SAN 三种存储方式的比较如表 8-7 所示。

表 8-7　DAS、NAS 和 SAN 三种存储方式比较

性　能	DAS	NAS	SAN
价格	较低	中等	中等到较高
可扩展性	非常有限	依赖解决方案	依赖解决方案
可管理性	效率较低	效率较低	非常高效
容错性	容错性一般	容错性一般	容错性很好
适合文件存储	是	是	是
适合数据库存储	是	否	是
适合网页服务	是	是	是
Exchange 存储	是	否	是
安装简易性	简单	简单	困难
恢复灾难的能力	没有	没有	有

4. RAID 技术

计算机和网络技术的高速发展对存储性能和数据可靠性的要求不断提高。使用 RAID 技术是很好的解决途径，它将多个独立的物理硬盘按照不同的方式组合起来，形成一个虚

拟的硬盘。

1) RAID 0

RAID 0 是指磁盘条带集，条带是一种将多个磁盘驱动器合并为一个卷的方法，内容平均分布在各个磁盘中，没有冗余校验。它最大的优点是性能优化，性能是单一磁盘的性能×磁盘数，容量是磁盘数×最小磁盘容量。一旦其中一个磁盘出现损坏，则所有的数据都丢失，因此最少所需磁盘数为两个。RAID 0 运行原理如图 8-9 所示。

RAID 0 优点：极高的磁盘读写效率不存在校验，不会占用太多 CPU 资源设计、使用和配置比较简单。

RAID 0 缺点：无冗余，不能用于数据安全性要求高的环境。

RAID 0 适用领域：视频生成和编辑、图像编辑等需要较大传输带宽的操作。

2) RAID 1

RAID 1 是镜像磁盘，内容同时写入两个磁盘中，由此产生一个镜像集，若其中一个磁盘损坏，则数据可以在另外一个磁盘中找到。读性能是磁盘数的倍数，但是写性能不变。容量以磁盘中最小磁盘容量为准，最少所需磁盘数：两个。RAID 1 运行原理如图 8-10 所示。

RAID 1 优点：具有 100%数据冗余，提供最高的数据安全保障，理论上可以实现两倍的读取效率，设计和使用比较简单。

RAID 1 缺点：空间利用率只有 50%，写性能方面的提升不大。

RAID 1 适用领域：财务、金融等高可用、高安全的数据存储环境。

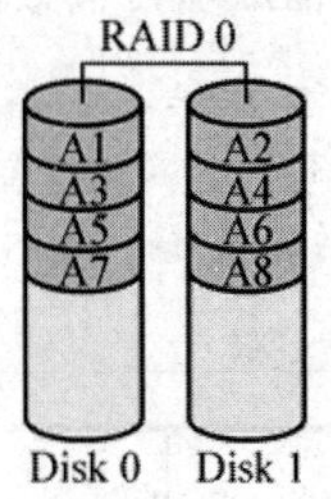

图 8-9 Raid 0 运行原理

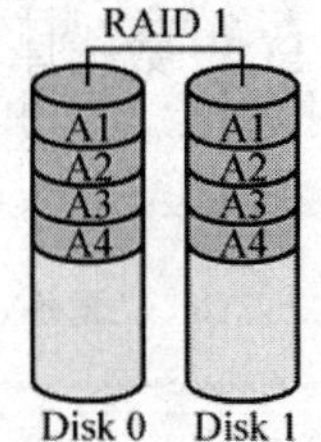

图 8-10 Raid 1 运行原理

8.4.4 云存储技术

云存储是云计算的存储部分，即虚拟化的、易于扩展的存储资源池，用户通过云计算使用存储资源池。云存储意味着存储可以作为一种服务，通过网络提供给用户，用户可以通过多种方式来使用存储。

1. 云存储的服务方式

云存储服务通过共同定位的云计算服务，Web 服务应用程序编程接口(API)或利用 API 的应用程序来访问，如云桌面存储、云存储网关或基于 Web 的内容管理系统等，云存储的服务方式主要有以下几种。

(1) 通过互联网开放接口(如 REST)，使得第三方网站可以通过云存储提供的服务为用户提供完整的 Web 服务。

(2) 用户直接使用存储相关的在线服务，如网络硬盘、在线存储、在线备份以及在线归档等服务。

(3) 用户传送文件或者服务商发布内容时的缓冲。

2. 典型的云存储

1) Icloud

Icloud 是 Apple 公司 2011 年提供的云端服务，使用者可以免费储存 5GB 的资料。Icloud 是基于原有的 MobileMe 功能全新改写而成，提供邮件、日历、联络人及工作文档等同步功能。

2) Amazon

Amazon Simple Storage Service 是 Amazon Web Services(AWS)提供的“简单存储服务”，它通过 Web 服务接口提供对象存储。AWS 于 2006 年在美国推出了 Amazon S3，Amazon S3 经由 Web 服务界面，包括 REST 接口、SOAP 接口及比特流，为用户提供能够简易地把文件储存到网络服务器上的方案。用户使用 AWS 开发工具包或使用 Amazon S3 REST API 管理对象，并且可以使用 2KB 的元数据，最大可达 5TB。

3) Microsoft Azure

Microsoft Azure 投资组合包括对象存储、文件存储和块存储等扩展菜单，包括 Azure Hot 和 Cool 存储以及 Azure Archive Blob 存储。它还具有基于 HDD 硬盘或 SDD 硬盘的存储和其他服务。Microsoft Azure 的主要目标是为开发者提供一个平台，帮助开发可运行在云服务器、数据中心、Web 和 PC 上的应用程序。云计算的开发者能使用微软全球数据中心的存储、计算能力和网络基础服务。Azure 服务平台包括以下主要组件：Windows Azure；Microsoft SQL 数据库服务；Microsoft.Net 服务；用于分享、储存和同步文件的 Live 服务；针对商业的 Microsoft Sharepoint 和 Microsoft Dynamics CRM(客户关系管理系统)服务。

基本案情：

哈夫曼编码技术。

下表为某信息源发出的八个消息事件以及其相应出现的概率，用哈夫曼方法对其进行编码。

信息	A	B	C	D	E	F	G	H
概率	0.1	0.18	0.4	0.05	0.06	0.1	0.07	0.04

1. 编码过程

(1) 把事件按照出现的概率由大到小排成一个序列，即 $P(1) > P(2) > P(3) > \cdots > P(s_{m-1}) > P(s_m)$，将信息源事件按照概率递减的顺序排列；

(2) 把其中两个最小的概率 $P(s_{m-1})$ 和 $P(s_m)$ 挑出来，并且将事件 1 赋给其中最小的事

件 $P(s_m)$，将事件 0 赋给另一个较大的事件 $P(s_{m-1})$；

(3) 把两个最小概率相加作为新事件的概率，即求出 $P(s_{m-1})$、$P(s_m)$ 的和 $P(s_i)$，$P(s_i)$ 是对应于一个新消息的概率：

$$P(s_i) = P(s_{m-1}) + P(s_m)$$

(4) 将 $P(s_i)$ 与上面未处理的 $(M-2)$ 个消息的概率重新按照由大到小的顺序排列，构成一个新的概率序列；

(5) 重复上述步骤(2)～(4)，在每次合并信息源事件时，将被合并的信息源分别赋 0 和 1 值，直到所有 M 个事件的概率都全部合并处理为止；

(6) 寻找从每一个信息源事件到概率总和为“1”处的路径，对每一个信息源事件写出 1、0 序列(从树根到信息源事件节点)，作为码字。

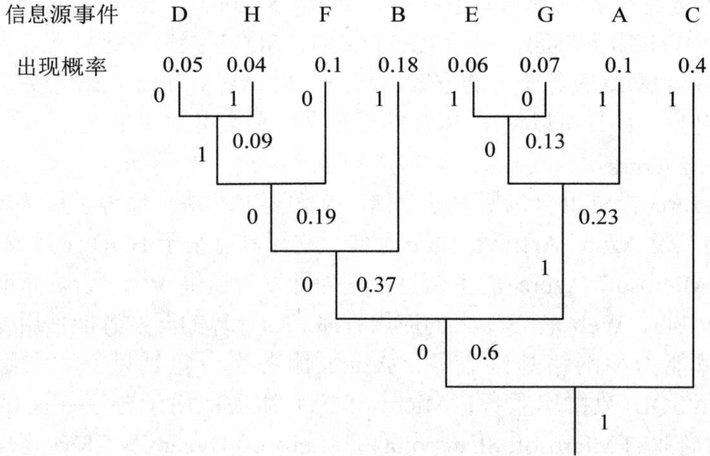

2. 编码结果

码元	A	B	C	D	E	F	G	H
码字	011	001	1	00010	0101	0000	0100	00011
码长	3	3	1	5	4	4	4	5
概率	0.1	0.18	0.4	0.05	0.06	0.1	0.07	0.04

3. 平均码字长度的计算

$$L = \sum_{i=1}^{n} n_i P(s_i)$$

4. 图像的信息熵 $H(s)$定义

$$H(s) = -\sum_{i=1}^{n} P(s_i) \log_2 P(s_i)$$

5. 编码效率的定义

$$\eta = \frac{H(s)}{L}$$

必须精确地统计出原始文件中每个值出现的频率，否则压缩的效果就会很差，甚至根本达不到压缩的效果。

对于位的增删比较敏感，这是由于哈夫曼编码的所有位都是合在一起而不考虑字节分

位的，因此增加一位或者减少一位都会使译码结果面目全非。

思考讨论题：

1. 符号出现概率总和是多少？
2. 编码方式是否唯一？

分析要点：

1. 哈夫曼编码的特点及步骤。
2. 哈夫曼编码的特例情况。

(1) 多媒体数据压缩技术：首先介绍了数据压缩的必要性、可能性以及数据压缩基本原理。其次，要掌握常用的数据压缩算法，最后掌握几种多媒体数据压缩标准。

(2) 多媒体数据存储技术：掌握文件系统、光盘存储技术、网络存储技术、云存储技术。

复习思考题

一、填空题

1. 多媒体数据能不能被压缩，关键是多媒体数据中是否存在________，即“多媒体数据压缩的可能性”。
2. “信息量”与“数据量”之间的关系是________。
3. 三大经典编码方案是指：________、________和________。
4. 数据压缩方法划分为两类，即________、________。
5. 统计编码包括________、________和________等，属于无失真编码，它是根据信息出现概率的分布特性而进行的压缩编码。
6. 变换编码系统中压缩数据有三个步骤，分别是________、________和________。
7. JPEG 标准的主要内容包括________、________。

二、选择题

1. 以下不属于统计编码的是(　　)。

　A. 行程编码　　B. LZW 编码　　C. Huffman 编码　　D. 预测编码

2. 目前，被国际社会广泛认可和应用的通用压缩编码标准大致有(　　)。

　(1)H.261　　(2)JPEG　　(3)MPEG　　(4)DVI

　A. (1)(2)　　B. (1)(3)　　C. (1)(2)(3)　　D. 全部

3. 以下哪个不是云存储的优点？(　　)

　A. 公司只需要为实际使用的存储付费，通常是一个月内的平均消费。这并不意味着云存储更便宜，只是它会产生运营费用而不是资本支出

　B. 使用云存储的企业可以将其能耗降低多达 70%，从而使其成为更加绿色的业务

　C. 可以选择场外和本地云存储选项，也可以选择两种选项的混合，具体取决于与

初始直接成本节约潜力相辅相成的相关决策标准

D. 云存储更便宜，它不会产生资本支出，且存储更方便

三、简答题

1. 简述多媒体数据压缩的必要性。
2. 简述数据压缩中数据压缩的可能性。
3. 什么是空间冗余？什么是时间冗余？
5. 简述 JPEG 标准。
6. 简述 MPEG 标准。

四、计算题

1. 已知信源符号的概率分别为：

符号 A_i	A_1	A_2	A_3	A_4	A_5	A_6	A_7
概率 $P(A_i)$	0.20	0.19	0.18	0.17	0.15	0.10	0.01

对该信源序列做哈夫曼编码，并计算其平均信息码字长度。

2. 一幅 512×512(像素)的灰度图像信号，若每像素用 8bit 表示，则不经压缩数据量为多少？同样一幅大小的 RGB 彩色图像，每像素用 8bit 表示，不经压缩数据量应为多少？如果采用 JPEG 保存该文件，压缩比为 20∶1 时，其数据量是多少？

3. 对于音频信号，采样频率为 44.1kHz、采样位数为 16 位，双声道立体声，在一秒钟时间内，不经压缩数据量为多少？那么，一个 650MB 的 CD-ROM 可存放的时间是多少小时？如果音乐长度为 38，并将其保存为 MP3 文件，压缩比为 12∶1，该文件的大小为多少？如果按上述 MP3 格式计算，一款 256MB 的 MP3 播放机最多可以保存几首音乐？

阅读推荐与网络链接

[1] 薛为民. 多媒体技术与应用[M]. 北京：中国铁道出版社，2007.
[2] 普运伟. 多媒体技术及应用[M]. 北京：人民邮电出版社，2015.
[3] 赵淑芬. 多媒体技术教程[M]. 北京：机械工业出版社，2009.
[4] 卢官明. 多媒体技术及应用[M]. 北京：高等教育出版社，2006.
[5] 程清钧. 多媒体技术与应用[M]. 北京：高等教育出版社，2001.
[6] 张明. 多媒体技术及其应用[M]. 北京：北京大学出版社，2017.
[7] 肖平. 多媒体技术应用基础[M]. 北京：科学出版社，2008.
[8] 胡晓峰. 多媒体技术教程[M]. 4 版. 北京：中国邮电出版社，2015.
[9] 李泽年. 多媒体技术教程[M]. 北京：机械工业出版社，2006.
[10] 维基百科：Https//En. Wikipedia. Org/Wiki/Main_Page。

第 8 章　多媒体数据压缩技术.ppt

第 8 章　多媒体数据压缩技术知识点纲要.docx

第 8 章　习题答案.docx

第 9 章　多媒体应用系统开发

学习要点

- 了解多媒体应用系统的开发流程。
- 掌握超文本与超媒体的优势与不足。
- 掌握多媒体演示系统的设计原则。
- 掌握多媒体演示系统的制作方法。

核心概念

多媒体系统　多媒体应用系统　超文本　超媒体　多媒体创作工具　触发器　超链接　自定义动画　母版　动作按钮

引导案例

随着多媒体技术的迅猛发展，多媒体应用系统在社会各个领域中发挥着重要作用。多媒体应用系统将文本、图形、图像、声音、视频、动画等多种媒介信息，进行有机的融合，形成图、文、声、像并茂的应用系统。多媒体应用系统创作不仅包括美学、心理、教育、传播等诸多方面因素，还需要对多媒体信息的画面构图进行创意与组织设计，使其具有友好和自然的人机交互界面，通过超链接技术将图、文、声、像等多媒体信息按某种特定要求进行集成。多媒体著作工具是基于多媒体应用系统的软件开发平台，它能够便捷地帮助制作人员组织编排各种多媒体数据，利用数据采集技术、视音频压缩技术、二维和三维动画技术、虚拟现实技术、超文本和超媒体技术，调度处理多媒体数据，制作多媒体作品。当前，多媒体著作工具应用已不再局限于早期的 Toolbook 和 Authorware 等软件，它们呈现目标化、智能化、网络化的趋势，如 PowerPoint 主要用于多媒体演示作品开发，Flash 主要用于多媒体交互作品开发，Dreamweaver 主要用于多媒体网页作品开发，HTML 5 主要用于移动多媒体作品开发。

9.1　多媒体应用系统

多媒体应用系统

进行多媒体创作时，首先使用的是计算机系统，包括计算机硬件系统和计算机操作系统。随着对多媒体创作的进一步深入，将会使用多媒体系统，主要包括常见的媒体制作工具。最后，开发出多媒体应用系统，多媒体应用系统的直接结果是多媒体的产品。

9.1.1 多媒体应用系统

1. 多媒体系统

多媒体系统有广义层面和狭义层面。从广义层面上讲，多媒体系统是由多媒体硬件系统和多媒体软件系统组成，硬件系统主要包括计算机硬件配置和各种外部设备以及与各种外部设备的控制接口卡，软件系统包括多媒体驱动软件、多媒体操作系统、多媒体数据处理软件、多媒体创作工具软件和多媒体应用软件等。从狭义层面上讲，多媒体系统是指对文本、图形、图像、动画、视频和音频等多媒体信息进行逻辑互连、获取、编辑、存储和播放等功能的一个计算机系统，多媒体系统能够开发出多媒体应用系统，如图 9-1 所示。

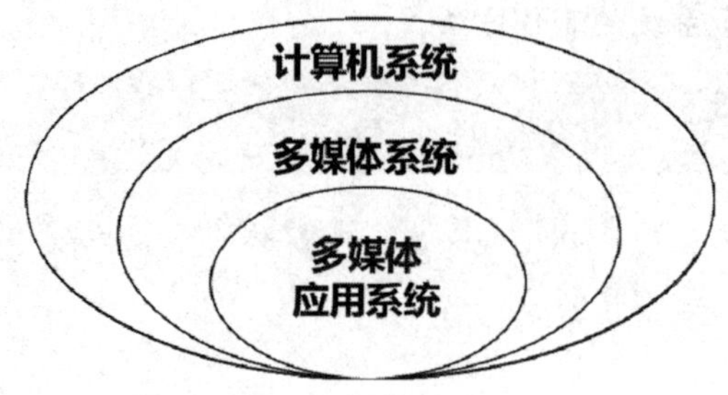

图 9-1 多媒体系统

2. 多媒体应用系统

多媒体应用系统是指利用多媒体开发工具开发，综合多种人机交互手段，集成处理和整合各种媒体而生成的具有良好人机交互能力的多媒体产品。多媒体应用系统并不等于简单的多媒体产品，它是面向多媒体商业化的产品。典型的多媒体应用系统有：多媒体教学软件系统、多媒体电子出版物、多媒体数据库应用系统、多媒体通信、视听会议系统、游戏等。

多媒体应用系统被广泛地应用于教育、培训、咨询、信息服务与管理、信息通信、娱乐等领域，它是多媒体技术、程序编制、通信技术、传播技术、数据库技术的总集成。多媒体应用系统应用目的不同，采用核心技术不同，制作难度不同，这里特指以多媒体技术为核心的多媒体应用系统。它的主要特征如下。

1) 丰富的交互性

多媒体应用系统应具有良好的连接界面，让用户与产品之间具有更好的互动性，提高用户的使用体验。

2) 高度的集成性

多媒体应用系统能够将文本、图片、声音、视频、动画等多媒体信息集合在一起，实现媒体间的优化组合，提升多媒体产品的功能。

9.1.2 多媒体应用系统开发流程

多媒体应用系统开发流程包括需求分析、结构框架设计、撰写脚本、素材采集与制作、多媒体创作工具集成、调试、成品等步骤。

1. 需求分析

多媒体应用系统的需求分析主要是对系统的供求关系进行分析，根据实际情况采纳用户的意见，了解用户的真实想法，咨询用户对该项目的要求。需求分析的目的是衡量产品的应用价值和推广价值，论证开发的必要性和可行性，确定项目对象、信息种类、表现手法及要达到的目标。在需求分析阶段，需要围绕系统需求设定目标，确定最佳的媒体形式，优化媒体组合的方法，选择合适的呈现方式等。

2. 结构框架设计

多媒体应用系统的结构设计不仅是总体上的设计，还包括单一模块的细化结构，它对于多媒体应用系统的开发是极其重要的。一般来说，多媒体应用系统的结构设计主要包括内容组织的结构设计、导航策略的设计、交互界面的设计等。根据多媒体应用系统应用目的的不同，以演示为主的多媒体应用系统通常采用线性结构，这有利于用户的快速认知；以交互为主的多媒体应用系统通常采用树型结构或网状结构，这有利于用户的操作体验。

3. 撰写脚本

脚本的作用类似于电影或电视剧中的剧本，脚本设计的好坏直接决定了项目能否顺利实施。脚本是根据多媒体表现形式和使用方式进行编创的，它事先对多媒体应用系统的界面、模块、技术等进行规范性描述。脚本呈现界面结构的形式、内容组织的层次、媒体设计的安排和交互设计的方法。脚本包括文字脚本和制作脚本两种类型。文字脚本通常由产品的项目经理编写，它主要对产品研发过程进行统筹规划。制作脚本主要描述产品的系统结构、模块划分、屏幕设计、色彩搭配、链接与交互技术等方面。脚本相当于工作蓝图，由于多媒体应用系统通常由团队合作共同开发，在作品制作过程中应该让每位成员都明确自身的工作任务，这有利于团队成员之间的协作开发。

4. 素材采集与制作

多媒体素材采集与制作主要包括文本输入、图形图像处理、音乐声音录制、动画制作和视频拍摄等。多媒体素材的质量是多媒体作品效果的基石，优秀的多媒体作品需要高质量的多媒体素材的支持，多媒体素材的制作是多媒体作品创作过程中最耗时的环节。

5. 多媒体创作工具集成

多媒体应用系统开发，按照脚本的设计和结构设计中的要求，将处理过的多媒体素材按照一定的方法和规则组织到相应信息单元中，形成一个具有特定功能的完整系统。多媒体应用系统开发，应根据制作脚本的具体要求，结合多媒体创作工具的自身特色，选择适合的多媒体创作工具。如以演示为主，可以选择 PowerPoint、Prezi、Focusky、万彩动画大师等工具；以交互为主，可以选择 Flash、Director 等工具；以网页展示为主，可以选择 Dreamweaver 作为开发工具；以手机移动展示为主，可以选择 HTML 5 作为开发工具。

6. 调试

调试是对制作完成的多媒体产品进行容错检验，从用户体验的角度测试系统运行的容错性以及系统功能的完备性，评估多媒体应用系统是否实现了预定的开发目标。

7. 成品

根据调试结果对产品进行修改和完善。对调试完成的产品进行包装，进行推广发行。多媒体应用系统开发流程如图 9-2 所示。

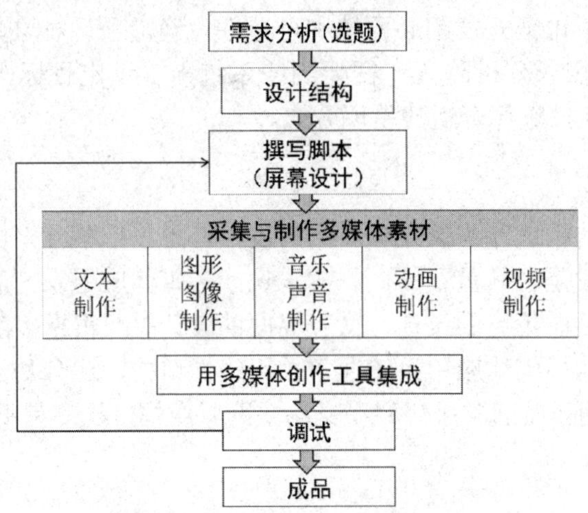

图 9-2　多媒体应用系统开发流程图

9.1.3　多媒体应用系统项目成员

传统意义上的多媒体应用系统多指产品，是由项目组开发的。一个完整的多媒体项目的开发小组需要包含下面几类人员：项目经理、多媒体设计师、写作专家、视频专家、音频专家、多媒体程序员。

1. 项目经理

项目经理是项目开发小组的核心成员之一，它主要负责统筹规划项目的开展。项目经理需具备对作品的需求分析、脚本、素材、集成等一系列环节统筹规划的能力。

2. 多媒体设计师

多媒体设计师是进行具体创作的工作人员。它主要包括图形设计师、脚本编写师、动画创作师、文字编辑员等。它们主要解决产品界面的设计、色彩的搭配以及相关制作等问题。

3. 写作专家

写作专家是多媒体应用系统中的基石。多媒体应用系统呈现给观众的内容，每一项内容都需要精挑细选。这些内容由写作专家来编辑。

4. 视频/音频专家

在多媒体作品中，声音效果和视觉效果是至关重要的。视频/音频专家负责对声音和视频进行剪辑，根据创作的要求向项目组提供最具有代表性的音响效果和视觉效果。

5. 多媒体程序员

多媒体程序员主要是对多媒体素材进行集成，完成交互设计、数据连接等功能。

在多媒体应用系统制作过程中，需要注意以下几个问题。

(1) 创作脚本的价值。

(2) 选择一个合适的多媒体制作工具。

(3) 发挥多媒体的组合优势。

(4) 强调交互性。

(5) 使用超文本结构。

(6) 友好的人机交互界面。

(7) 资料文档齐全。

需要注意的是，多媒体应用系统项目成员划分依据是基于软件工程的思想，在实际创作过程中，这些成员划分并不是绝对的，随着产品完成的难易程度不同，一些简单的多媒体应用系统通常是由个体独自完成，个体完成全部项目成员的职能。

9.2　超文本与超媒体

超文本与超媒体

超文本与超媒体是多媒体应用系统开发的核心技术，多媒体系统使用超文本与超媒体实现系统集成。

1. 超文本与超媒体

1) 超文本

文本是人们最熟悉的信息表示方式，以字、句子、段落、节、章作为文本内容的逻辑单位，以字、行、页、册、卷为物理单位。文本在组织形式上是线性的和顺序的，这种线性结构需要用户按照固定顺序一字一字、一行一行、一页一页地进行阅读。这种线性的阅读方式与人类的联想记忆结构不同，人类的记忆是一种网络的结构，是需要联想的，当人们看到某一个专题的时候，会自然而然地联想到其他相关的内容。

超文本是在人类联想结构的基础上演变而来的，从本质上说，超文本是一种信息管理技术，它是由若干节点及节点间的链路构成的语义网络。节点、链路与网络是超文本的三要素，节点表示信息单元、片断或其组合，链路则表示节点与节点之间的关系，网络表示链路与链路之间的关系。超文本结构如图 9-3 所示。

2) 超媒体

超媒体是由超文本演变而来的，超文本以文本作为节点，超媒体除了使用文本外，还使用图形、图像、声音、动画或视频片段等多种媒体信息作为节点。超媒体展现文本、图形、图像、声音、动画和影视片段等媒体之间的链接关系①。

---

① 林福宗. 多媒体技术基础[M]. 4 版. 北京：清华大学出版社，2009.

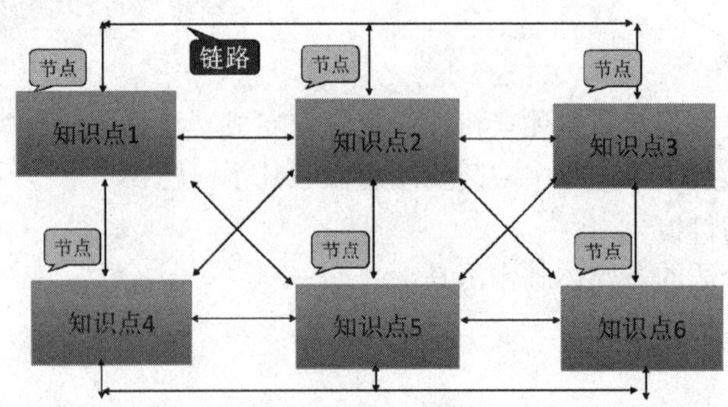

图 9-3　超文本结构示意图

2. 超文本/超媒体的优势

(1) 超文本/超媒体符合人类联想式非线性结构，有利于促进用户对信息加工与转换的过程。

(2) 超文本/超媒体易于分解和揭示信息的复杂性，强调重点内容。当展示一个复杂的内容、一个整体、一个比较大的专题时，超文本技术可以把这个内容分为多个层面，如第一个层面是最重要的节点信息，第二个层面是相对琐碎的节点信息，用户在浏览主题时就可以有目的地选择重要的节点信息。

(3) 超文本/超媒体能够呈现多样性的多媒体信息，提高信息传递的效率和易理解性。

(4) 超文本/超媒体容易实现多样化、多路径、多选择性的信息传递方式。

3. 超文本/超媒体的不足

1) 盲目性

超文本/超媒体技术为用户提供了一定的自我控制权，让用户按照自己的需求去选择信息。当链接目标不明确或节点特征不鲜明时，会导致用户浏览和选择的盲目性。

2) 高认知负荷加重

超文本/超媒体的节点数越多，用户面临的选择越多，用户在信息搜寻过程中需要不断地在不同节点之间跳转。节点数目越多，各个节点之间的关系越复杂，用户的认知负荷越高。

3) 迷航现象

当用户接触到一个不熟悉的主题或者超文本/超媒体的链接路径过深时，如 3 级以上节点链接层次时，用户会持续地沿链接路径被动跳转，当认知负荷的水平超过用户能力极限时，迷路现象就会出现。

4) 遗失重要内容

当超文本/超媒体的链接结构不清晰或者节点过细时，用户会在各个节点间频繁跳转，可能导致用户忽略重要的节点信息。

4. 超文本/超媒体导航技术

为了解决超本文的盲目性、高认知负荷、迷航与遗漏现象，多媒体应用系统常常为用户设计导航路径。常见的导航技术有模块导航、帮助导航、线索导航、脑图导航、演示导

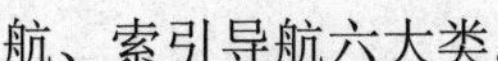

航、索引导航六大类。

1)　模块导航

模块导航是由一些标志性短语建立的超链接，它常位于页面的固定位置，如顶端、左侧或底部。通过模块导航，用户可随时进入相关子模块浏览。模块导航通常与颜色标记配合使用，如为节点设置未访问的超链接颜色和已访问的超链接颜色，帮助用户识别哪些内容被访问过，哪些内容未被访问过，避免遗漏重要节点内容。

2)　帮助导航

帮助导航通常采用浮动窗口形式进行呈现，向用户提供产品简介、主要功能、使用说明等信息。当用户在使用过程中遇到问题时，帮助导航可快速帮助用户了解产品的使用方法。

3)　线索导航

线索导航也称“记录导航”，线索导航会系统地记录用户的使用路径，以便用户了解已经完成的内容和未完成的内容，并允许用户进行回溯。线索导航在多媒体应用系统中并不常用，它主要应用在大型系统中，如网络学习系统等。

4)　脑图导航

脑图导航也被称为“地图导航”，脑图导航以可视化的方式呈现出整个系统节点的网络结构，让用户在使用过程中准确地选择自己感兴趣的节点。一个良好的多媒体应用系统通常具备脑图导航，脑图导航在生活中随处可见，如书本中的知识结构图、商场中的路线导航图等。

5)　演示导航

演示导航常用于用户首次使用系统。它通常以用户的视角，把系统的重要节点信息向用户演示，模拟产品的使用过程，帮助用户了解产品使用时的注意事项。

6)　索引导航

索引导航常用于用户对节点信息的查找，它需要大量节点数据库支持，为用户快速找寻节点提供一个简便、高效的途径。

9.3　多媒体创作工具

多媒体创作工具

多媒体创作是指充分运用计算机的综合交互功能，将文字、声音、图形、图像、动画和视频等多媒体信息组织和编辑成一个有机的整体，从而为某个目标服务。多媒体创作工具能够帮助开发和设计人员在多媒体操作系统的基础上，利用多媒体软件开发平台，组织编排各种多媒体数据对象，自动生成程序代码，创作多媒体的应用软件。20 世纪 90 年代人们开始使用多媒体技术至今，产生了无数多媒体创作工具，根据多媒体创作工具制作手法的不同，常见的多媒体创作工具主要有面向可视化程序、面向图标/流程图、时间轴/动画操控、面向页面四个类型。

1. 面向可视化程序的创作工具

Visual Basic 是多媒体与可视化程序结合的标志性工具，它作为一种可视化的编程语言，是程序设计类多媒体创作工具的典型代表。

Visual Basic 的优点是功能强大、控制灵活、扩展性极好，可调用各种多媒体素材，利用方法、事件、属性来控制媒体对象与链接关系，实现对象的精确控制。

Visual Basic 的缺点是需要手动编写程序代码，对制作人员的编程能力要求较高，工作量较大，它适用于复杂的多媒体产品制作，尤其是多媒体数据库系统的开发。

2. 面向图标/流程图的创作工具

Authorware 是基于图标(Icon)和流程图(Line)的典型工具，在一段时期内它成为多媒体创作工具的代名词。Authorware 的制作不需要传统的计算机编程语言，它通过不同类型的图标将多媒体素材和交互事件排列在流程线上，将文字、图形、声音、动画、视频等多媒体项目数据汇总在一起。Authorware 的创新之处在于，使用基于图标的流程图替代传统计算机语言编程的设计思想。

Authorware 在 PC 时代是一款出色的多媒体创作工具，随着网络时代的来临，2007 年 8 月 3 日，Adobe 宣布停止在 Authorware 的开发计划，而且没有为 Authorware 提供其他相容的替代产品。

3. 面向时间轴/动画操控的创作工具

1) Director 多媒体创作工具

Director 是基于角色动画和时间轴结合的创作工具。它主要用于多媒体项目的集成开发，广泛应用于多媒体光盘、教学/汇报课件、触摸屏软件、网络电影、网络交互式多媒体查询系统、企业多媒体形象展示、游戏和屏幕保护等领域。Director 能够创建由高品质图像、数字视频、音频、动画、三维模型、文本、超文本以及 Flash 文件组成的多媒体程序。Director 是 CD Roms 与 DVD Roms 等多媒体的工业标准，它是最早出现的多媒体创作工具之一(1985 年)。

随着 Adobe Cloud 服务的推行，2017 年 2 月 1 日 Adobe Director 停止销售，2019 年 4 月 9 日基于 Director 的 Adobe Shockwave 将停止运行，Shockwave 播放器将不再提供下载。

2) Flash 多媒体创作工具

动画又被称为闪客，Flash 的前身是 Future Wave 公司的 Future Splash，它是世界上第一个采用二维矢量动画的软件，1996 年 11 月，美国 Macromedia 公司收购了 Future Wave，并将其改名为 Flash。随着 Flash 版本的更新，功能越来越强大，现在的 Flash 软件不但能制作动画，还能处理图形、图像、音频、视频等各种多媒体素材。Flash 提供了强大的脚本语言 Action Script，支持组件编程，支持数据库和网络应用。

随着 HTML 5 技术的普及，2015 年，Adobe 宣布将 Adobe Flash Professional CC 更名为 Adobe Animate CC，提供输出 HTML 5 Canvas 的支持。2017 年 7 月 26 日，Adobe Systems 公司宣布，计划在 2020 年年底逐步淘汰 Flash 播放器插件，Adobe 同时建议内容开发者将 Flash 内容移植到 HTML 5、Web GL 以及 Web Assembly 格式。

4. 面向页面的创作工具

1) ToolBook 多媒体创作工具

ToolBook 是基于页面的多媒体创作工具，把一个多媒体应用系统看作一本书，书上的每一页可包含许多媒体素材，如按钮、字段、图形、图片、影像等。1990 年，ToolBook 系列已经发展成为特色的著作工具，它对数据库和互联网支持很好，既适合于无编程能力的一般用户，也适合于需进行复杂编程设计的高级用户。ToolBook 提供了一个功能丰富的课件编辑解决方案，任何人都可以使用 ToolBook 开发符合国际标准的互动课件、测试、评估和模拟训练。

ToolBook 的不足之处是，它是符合企业和培训师需求的课件制作工具，ToolBook 的课程内容模板、页面模板和风格模板能够为用户快速启动课件制作，主要面向企业培训，应用范围较小。

2)　PowerPoint 多媒体创作工具

PowerPoint 是多媒体演示作品的典范。PowerPoint 以页为单位制作演示文稿，然后将制作好的页集成起来，形成一个完整作品。一套完整的 PowerPoint 文件一般包含：封面、前言、目录、过渡页、内容页、片尾页等；PowerPoint 广泛应用在工作汇报、企业宣传、产品推介、婚礼庆典、项目竞标、管理咨询、教育培训等领域，正在成为人们工作生活的重要组成部分。

PowerPoint 作为一款经典的多媒体演示作品制作工具，因其简易性，一直没有被公认为多媒体创作的主流工具，但自从其(1990 年)诞生以来，人们就从来没有离开过它，而且依赖感越来越强，PowerPoint 是个人制作多媒体作品的应用最广泛的工具。

5. 面向网页的创作工具

Dreamweaver 是一种专业级、功能强大的网页设计与制作工具。Dreamweaver 是集网页制作和管理网站于一身的所见即所得网页代码编辑器，它能够以最快速的方式将 Fireworks、Freehand、Photoshop 等档案移至网页上，利用其对 HTML、CSS、Javascript 等内容的支持，使用所见即所得的接口，结合 HTML 的编辑功能，借助经过简化的智能编码引擎，轻松地创建、编码和管理动态网站，实现网页设计和动态网站制作。

6. 面向脑图的创作工具

1)　Prezi 多媒体创作工具

脑图(The Mind Map)是表达发散性思维的有效图形思维工具，将思维形象化的一种方法。脑图利用人脑放射性的思考方式，把各级主题的关系，用相互隶属与相关的层级图表现出来，呈现出放射性立体结构，建立记忆链接。

Prezi 是 2012 年推出的基于云端的可视化演示/演讲工具，它是一款基于脑图思维的多媒体创作工具，打破了传统 PowerPoint 的单线性时序播放的局限，采用故事板(storyboard)格式，利用系统性与结构性一体化方式，以脑图路线的形式，进行演示，实现由整体到局部相互转换的开放性思维方式。它将脑图中一个物件演示到相关的另一个物件，配合缩放、旋转等动作，增强视觉冲击力。Prezi 支持 PPT 和 PPTX 两种格式的 PowerPoint 文件导入，支持图片、视频、PDF 等各种媒体素材的嵌入，用户既可以在 Prezi 网站上在线创建编辑，也可以在客户端(Windows、Mac、iPad、iPhone)上离线编辑制作。

2)　Focusky 多媒体创作工具

Focusky 是 2015 年向中国用户推出的，它的功能与 Prezi 相近。Focusky 具有快速简单的操作体验，在漫无边界的画布上，实现脑图动态展示。Focusky 自带精美的模板，可以快速地制作出多媒体幻灯片。Focusky 加入生动的 3D 镜头缩放、旋转和平移特效，给听众带来强烈的视觉冲击力。Focusky 能够创建出思维导图风格的幻灯片演示文稿，以逻辑思维组织路线，引导听众跟随您的思维去发现、去思考。Focusky 支持多种输出格式，如 HTML 网页版、*.EXE、视频等，可以在线浏览或者在电脑上本地离线浏览。

9.4 多媒体演示系统设计

多媒体演示系统设计

多媒体演示系统特指以 PowerPoint、Prezi、Focusky 为多媒体创作工具开发的多媒体作品，根据多媒体演示作品的设计流程，多媒体演示系统设计主要包括内容、背景、配色、动画、交互五个部分。

1. 内容设计

多媒体演示系统内容设计的基本原则是展示内容的数量不在多，贵在精。一个优秀的多媒体演示作品必须有优秀的内容做支撑，内容是决定一个多媒体演示作品精彩与否的关键因素，从本质上来说，多媒体演示作品是为了把内容呈现出来，如果内容混乱、毫无逻辑可言，即使再华丽的包装也都无法提升作品的整体效果。

2. 背景设计

多媒体演示系统的背景也被称为母版，通俗地讲，幻灯片母版是一种套用格式。

幻灯片母版是存储关于模板信息的演示文稿样式，幻灯片母版用于设置幻灯片的样式，供用户设定各种标题文字、背景、属性等，只需更改一项内容就可更改所有幻灯片的设计。在 PowerPoint 中有三种母版：幻灯片母版、标题母版、备注母版，灵活应用母版主要有以下两个优点。

1) 能够节约设置格式的时间

修改幻灯片母版中占位符的字体、字号与颜色，能够让演示文稿中所有幻灯片的字号和字体都是一致的，避免用户在制作时逐一修改每张幻灯片中的字号和字体，提高用户的制作效率。

2) 便于整体风格的修改

在幻灯片的母版中添加作品的基本信息，如作品的 Logo、制作人、制作单位以及统一风格的背景等，它能够保证所有新添加的幻灯片中均呈现这些基本信息，无须二次添加。修改幻灯片母版可以显示或隐藏在幻灯片背景中的这些信息。

3. 配色设计

人的视觉对色彩有着天生的感知能力，当人们欣赏一个多媒体演示作品时，首先映入眼帘的是色彩搭配。色彩搭配会让人产生各种各样的视觉效果，直接影响人对美感的认知。当色彩搭配不当时，多媒体演示作品会让人感觉情绪烦躁。

多媒体演示作品色彩设计的基本原则是色彩种类不在多，贵在和谐。

1) 配色的作用

演示文稿中颜色的作用体现在美化、强调、区分三个方面。

(1) 美化。美化是通过不同颜色的点缀，让 PPT 页面看起来更富有设计感、更具有美感。

(2) 强调。强调即运用不同的颜色，把 PPT 页面中的重点内容凸显出来，从而给人以直观具体、生动形象的感觉。

(3) 区分。区分即用不同的颜色对不同的内容进行区分，让内容看起来更有层次。

2) 配色的分类

PPT 中的配色设计主要包括四类：主色、辅助色、背景色和字体色。

(1) 主色。主色是视觉的冲击中心点，整个画面的重心点，它的明度、大小、饱和度都直接影响到辅助色的存在形式以及整体的视觉效果。

(2) 辅助色。辅助色在整体的画面中起到平衡主色的冲击效果，起到一定的视觉分散的效果，减轻观看者产生的视觉疲劳度。

(3) 背景色。背景色作为页面背景而存在，给观众呈现出整体的感觉。

(4) 字体色。即为文字的颜色。

3) 配色的步骤

配色的步骤是依次为幻灯片选定主色、辅助色、背景色和字体色。

(1) 先选定主色。

主色在 PPT 配色中是处于支配地位的色彩。在配色前，主色是最先确定的颜色，比如科技类企业一般采用蓝色，极简风格一般是黑白灰，欧美风格企业喜欢浅蓝色或者绿色，党政类大多用红色，环保及农业类可以选择绿色等。

(2) 再选辅助色。

辅助色是除了主色和背景色外，经常出现在幻灯片中的另一种色彩，辅助色通常为主色的互补色，主色决定整个 PPT 的风格，确保传达信息正确。辅助色能帮助主色建立更完整的形象，让画面更丰富。主色是 C 位，辅助色不宜喧宾夺主，如 PPT 主色为蓝色，辅助色不宜大面积使用黄色或红色。

(3) 再选背景色。

背景色不仅决定着整个页面的风格，也影响着人们对 PPT 页面的整体印象。背景色起到强调画面内容，突出画面图片、文字等信息的作用，背景色不宜选用非常强烈的色彩。根据颜色的感情特征，选用白色、灰色、淡色色调、深色色调、黑色等背景色。白色背景体现舒畅、简约、高档、纯净、趣味、整洁、朴素等特征，淡色调背景体现优雅、情绪化、家庭、清新、慰藉、女性、素净、轻松、轻薄等特征，深色调背景体现豪华、执着、幻想、格调、趣味、沉静、稳重、坚实等特征，黑色背景体现压抑、幻想、强力、刺激、高级、刚毅、庄重、严肃、神秘等特征。大面积使用白色或浅灰色背景，会令 PPT 看上去简约精致，相反，大面积使用深色背景，可以最大限度地呈现文字对象信息。

(4) 最后定文字色。

文字颜色配色一般没有太多要求，常用的颜色主要有白色、灰色、黑色及 PPT 主色等。需要注意的是，文字与背景色之间有足够的对比差异，以保证可读性[①]。

---

① ppt 菜鸟逆袭记. PPT 配色. https://www.pptfan.com/341.html[2019-7-17].

4. 动画设计

多媒体演示作品动画设计的基本原则是色彩种类不在多，贵在需要。动画可以丰富作品的表现形式，它是吸引观众眼球的关键。多媒体演示作品的动画设计是为内容呈现而服务，切忌为了动画而动画。过量使用动画会导致整个多媒体作品华而不实。多媒体作品的动画设计需要注意以下几点。

1) 叠放次序

叠放次序表示素材内容的图层关系。演示文稿中呈现的内容是按照添加的先后顺序进行逐层累计的。右击鼠标，选择“叠放次序”命令，能够改变各个素材之间的层级关系，实现类似遮罩动画的效果。

2) 组合

组合是将多个形状、图片或对象合并成一个对象，组合后对象可以进行旋转、翻转、调整大小或排列等操作。组合能够实现从简单到复杂的制作过程，如一个复杂的图像可能有十多个图形组合在一起，直接制作难度较大，将其划分几个部分，单独制作，然后执行“组合”命令，将其拼合成一个整体，实现起来则较为容易。组合实现过程应遵循以下规律：从简单到复杂，从背景往前景，从放大到缩小。

“组合”命令实现方法如下。

(1) 同时选中多个对象。使用鼠标套选，或按住 Ctrl 键依次选择对象，同时选中多个对象。

(2) 执行“组合”命令。右击鼠标，执行“组合”命令，即可将多个对象合并成一个对象。

3) 精细调整

复杂对象或者复杂的动画需要将单一的对象精确排列。具体操作方法如下。

(1) 放大幻灯片操作视图。

在演示文稿中改变幻灯片视图的显示比例，如将显示比例设置为 400%，通过放大对象进行精确对齐。

(2) 改变对象的对齐方式。

演示文稿中对象默认的对齐方式是与网格对齐，这可能导致在幻灯片视图的放大情况下，无论如何移动对象都无法将两个对象进行精确对齐。按住 Alt 键，同时使用鼠标移动对象，能够将对象进行精确移动，不再与网络对齐。

5. 交互设计

多媒体作品需要使用者与产品之间有更好的互动，以此来达到学习目的。交互是由用户发出指令来控制该程序的运行、暂停、停止等操作。交互设计的基本原则包括以下要点[①]。

1) 易识别

交互对象在形状、大小、布局、色彩等方面与其他对象要有差异性，如按钮通常具有一定的立体效果，导航栏对象通常位于屏幕的右下角，超链接对象通常具有明显的颜色差

---

① 李世国，顾振宇. 交互设计[M]. 北京：中国水利水电出版社，2012.

异等。

2)　可感知

交互对象对鼠标经过、单击、单击后具有明显的提示信息，如鼠标经过交互对象时给予文本提示或者触发效果声进行暗示，单击交互对象时，在单击时和单击后对象需要改变颜色或形状等信息。

9.5　多媒体演示文稿的背景

多媒体演示文稿的背景

演示文稿的背景是多媒体演示作品的重要组成部分，它能直接影响演示文稿内容的呈现，就像黑板一样。合适的背景不仅能强化多媒体演示作品所要表达的主题，还会带来视觉享受。

9.5.1　演示文稿背景选择

1. 根据观看对象选择背景

不同阶段的观看对象，认知能力不同。如小学生，他们天生活泼，自我控制能力较弱，色彩鲜艳的亮丽背景能够吸引他们的注意力，激发他们的观看兴趣。成年人则具有较强的自我控制能力，他们更在乎演示文稿自身所传达的内容信息，纷繁复杂的背景会转移他们的注意力，影响画面的认知效果，他们更适用于中性直观的简洁背景。

2. 根据主题内容选择背景

根据演示文稿的主题选择幻灯片的背景，会让用户有一种带入感。如新春、庆典类主题，多以红色的暖色调作为主题背景；科技、自然科学、工作报告类等主题，多以蓝色的冷色调为主；教育、环保类主题，多以绿色调为主题背景。

3. 根据使用环境选择背景

大屏幕投影是演示文稿呈现的主要形式。当投影幕的亮度较低时，演示文稿的背景如果设置为黑、灰等暗色调，画面会让人感觉压抑，影响用户的观看体验。因此，投影幕的亮度较低时，演示文稿的背景应适当提高亮度。

9.5.2　演示文稿背景添加

1. 图片背景

演示文稿背景图片要注意简洁，留有充足的空间给图片和文本，并且明暗变化不能太大[①]。这意味着我们现实生活中大部分的照片都不适用于做演示文稿的背景，使用这些照片作为演示文稿的背景，会影响演示文稿主体内容的呈现。将图片改变透明度或虚化是图片作为演示文稿背景的常用手段。

---

① 果因 PPT 工作室. 幻灯时代的演示视觉设计[M]. 北京：中国青年出版社，2017.

其具体操作步骤如下。

(1) 执行“设计→设置背景格式”命令，在“填充”选项卡下选择“图片或纹理填充”命令。

(2) 单击“插入图片来自”按钮，选择图片，单击“打开”按钮，插入图片。

(3) 设置背景图片的透明度。“填充”选项卡中设置背景图片透明度为30%，如图9-4所示，让背景图片的清晰度降低。

(4) 设置背景图片的“虚化”艺术效果。“效果”选项卡中设置图片艺术效果为“虚化”，如图9-5所示，让背景图片模糊。

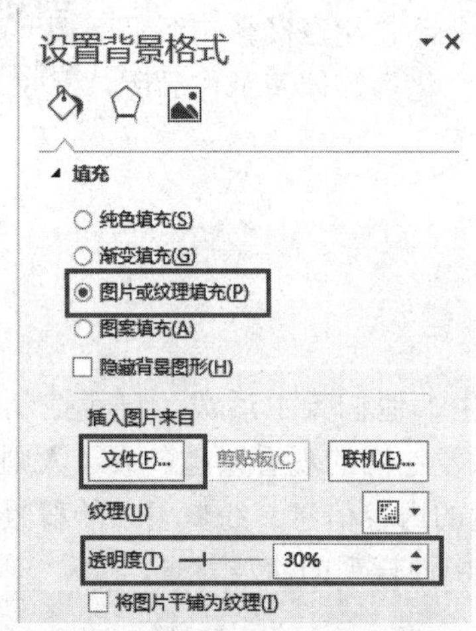

图9-4 设置图片背景透明度

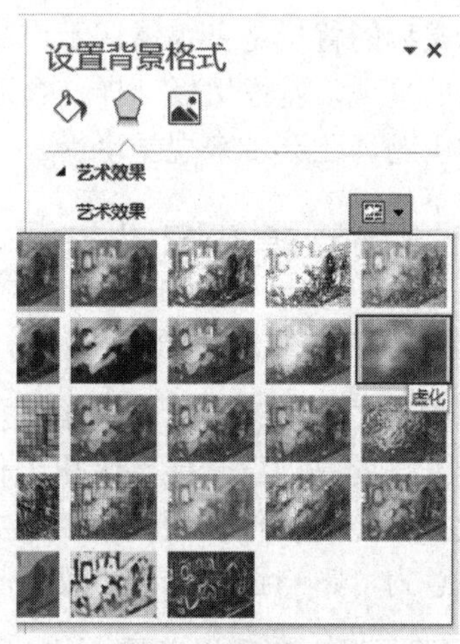

图9-5 设置图片背景“虚化”艺术效果

2. 颜色背景

通常不宜选择高饱和度颜色作为背景颜色，这样会削弱演示作品中的图表和文字的视觉效果。演示文稿的颜色背景包括纯色和渐变填充两种形式，相对于纯色背景，渐变色背景更具有层次感，视觉效果更好。透明度和亮度是渐变填充的两个重要属性。

其具体操作步骤如下。

(1) 选择渐变色。

在颜色的选择上尽可能选择相近的颜色，即色相环中两种相近的颜色。

(2) 设置渐变背景色。

在幻灯片页面中右击鼠标，在弹出的快捷菜单中执行“设置背景格式”命令，在弹出的“设置背景格式”任务窗格中选中“渐变填充”单选按钮，然后设置渐变色的渐变类型为“线性”、方向为“线性向上”、角度为“270°”等相关属性参数，如图9-6所示。

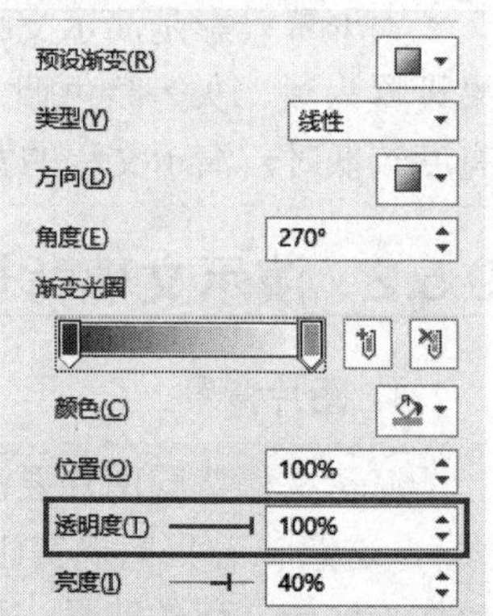

图9-6 颜色渐变背景

(3) 设置渐变光圈。

渐变光圈是渐变最重要的部分，在渐变光圈上可增加和减少渐变颜色的控点，设置渐变颜色的位置、透明度、亮度，改变渐变的效果。如半透明的渐变效果，在光圈的左侧一端设置透明度为 100%，右侧一端设置透明度为 0%，即可实现自上向下的透明渐变填充效果。

9.5.3　演示文稿母版背景

幻灯片母版隐藏在演示文稿设计页面的最底层，它是用于存储关于模板信息的设计模板，这些模板信息包括项目符号、字体的类型和大小、占位符大小和位置、背景设计和填充、配色方案等元素。幻灯片母版多用于设计者对演示文稿进行全局更改(如替换字形)，并使该更改应用到演示文稿中的所有幻灯片中。

1. 幻灯片母版的设置

单击幻灯片母版视图，进入幻灯片母版，在母版视图左侧幻灯片浏览列表中包括总母版和子母版，如图 9-7 所示。修改总母版改变的是整个幻灯片的页面背景，修改子母版改变的是使用相应样式的幻灯片背景。在总母版页面中改变幻灯片占位符的字体、字号、颜色、背景、页眉、页脚等信息，演示文稿的所有幻灯片都会相应地改变。

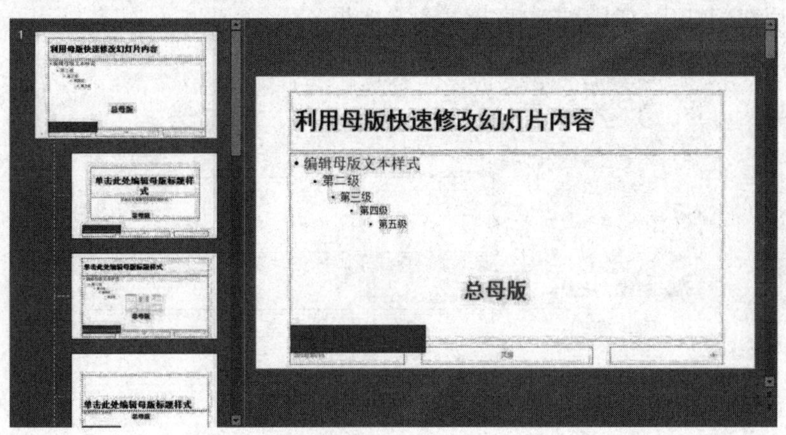

图 9-7　幻灯片的母版

2. 幻灯片母版的修改

幻灯片母版优先级高于幻灯片的背景设置，当幻灯片母版设置完毕后，在幻灯片页面中修改幻灯片的背景，只能改变幻灯片母版的背景颜色。幻灯片母版中添加的图像、图形、文本等要素不受影响，仍然在幻灯片背景中显示。在“设置背景格式”任务窗格中选中“隐藏背景图形”复选框，则会彻底删除幻灯片的母版图形，如图 9-8 所示。

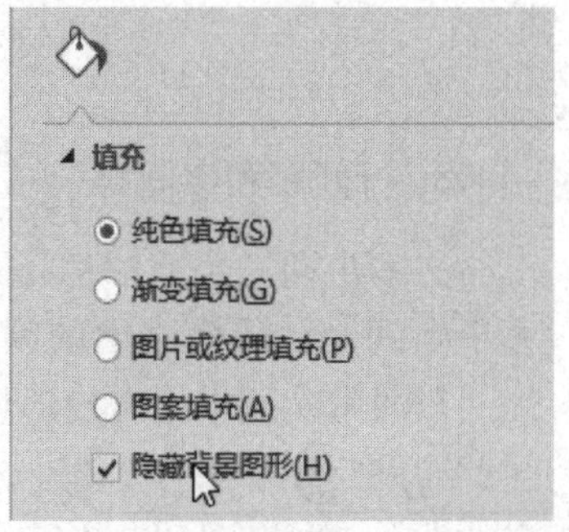

图 9-8　删除幻灯片的母版图形

9.6 多媒体对象的添加

9.6.1 文本的添加

1. 文本设计

演示文稿里面的文本是呈现给用户观看的，而不是给演讲者观看的。纲领性文本是演示文稿设计的首要原则。

从认知心理学的角度来说，演示文稿的行数不要超过六行，超过六行，用户的认知负担就会加重。所谓六行文本是指幻灯片页面整体分布的六行，而不是幻灯片文本段落中的六行。

2. 幻灯片版式与占位符

幻灯片版式包含幻灯片上显示的所有内容的格式、位置和占位符框，如图 9-9 所示。占位符是幻灯片版式上的虚线容器，其中包含标题、正文文本、表格、图表、SmartArt 图形、图片、 剪贴画、视频和声音等类型。幻灯片版式与占位符能够帮助使用者快速地完成演示文稿的制作，但它并不适用于演示文稿的精细化与自定义处理。因此，精细化的演示文稿多使用在幻灯片空白版式中直接插入文本框。

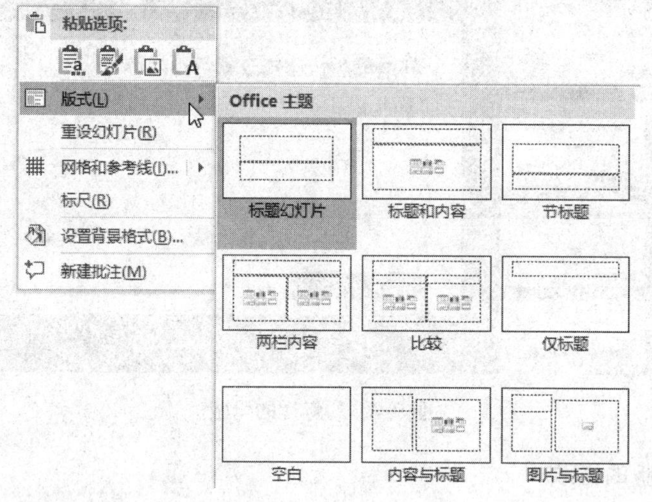

图 9-9 幻灯片版式

3. 行间距和字间距

文本是通过合适的字间距和行间距形成一个舒适的识别区域。通常情况下，行间距要大于字间距，段落之间的间距要大于段落内的行间距。行距是提高文本易读性的首要属性，在演示文稿中根据段落内容的多少，设置行间距，通常行距设置为 1.2 倍到 1.5 倍之间。如果行距小于 1.2 倍，行与行之间缺少区分度，影响易读性；如果行距大于 1.5 倍，会让人有一种分离感，影响段落内容的整体性，如图 9-10 所示。

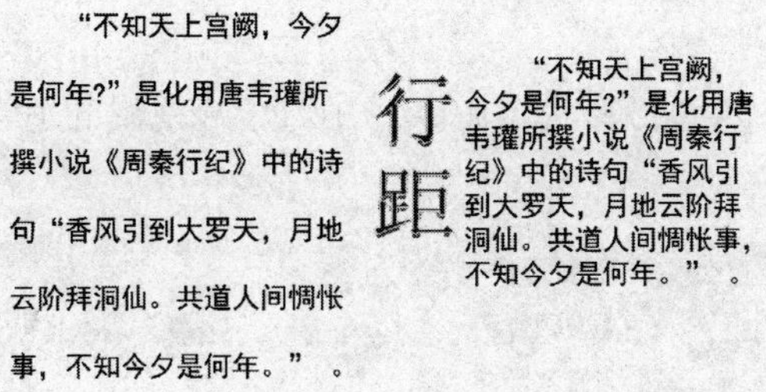

“不知天上宫阙，今夕是何年?”是化用唐韦瓘所撰小说《周秦行纪》中的诗句“香风引到大罗天，月地云阶拜洞仙。共道人间惆怅事，不知今夕是何年。”。

行距

“不知天上宫阙，今夕是何年?”是化用唐韦瓘所撰小说《周秦行纪》中的诗句“香风引到大罗天，月地云阶拜洞仙。共道人间惆怅事，不知今夕是何年。”。

图 9-10　行距效果

行距的调整方法如下。

(1) 选择要更改的文本。在“开始”选项卡的“段落”组中，单击“行距”按钮，然后单击“行距”下拉按钮。

(2) 在“行距”下拉列表中选择对应的选项，如 1.5 倍行距或多倍行距。如果要设置精确的行距，如 1.2 倍，则在“设置值”微调框中直接输入即可，如图 9-11 所示。

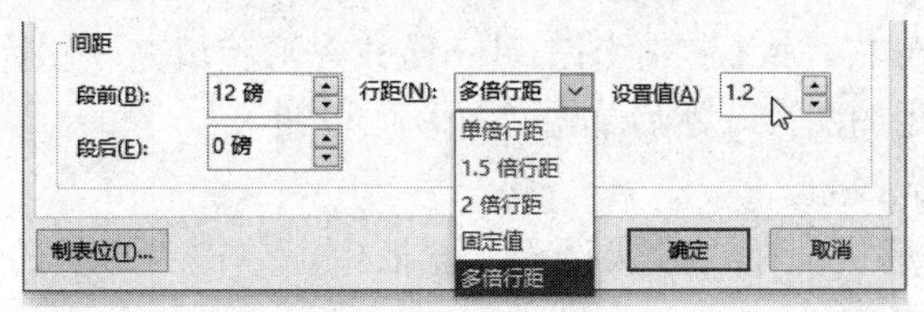

图 9-11　设置行距

9.6.2　图片的添加

在默认情况下，幻灯片中插入的图片是标准的矩形图片，图像的形状、透明度无法改变，在 PowerPoint 2010 以上版本中，使用“图片格式”选项卡，可以对图像的形状、亮度、对比度、色彩进行调整。利用图形的格式填充功能，可进一步丰富图像的各种效果。

1. 图片艺术效果

PowerPoint 可以为图片添加应用样式或艺术效果，以增强图片的视觉效果。如扭曲图片、图片模糊、更改图片的边缘样式等。具体操作方法如下。

(1) 单击图片，选择“图片工具→格式”选项卡，在“图片样式”面板中选择所需的样式，单击“图片效果”下拉按钮，添加或更改阴影、反射、发光、边缘、棱台或三维旋转等艺术效果。

(2) 单击图片，选择“图片工具→格式”选项卡，在“调整”面板中单击“艺术效果”下拉按钮，选择所需的艺术效果，如图 9-12 所示。

2. 任意形状的图片

PowerPoint 中插入的图片均为矩形，这些矩形图片无法在 PowerPoint 中修改为其他形状，也就是说，任意形状的图片无法通过插入图片的方法实现。但在 PowerPoint 中可以插入任意形状的图形，以六边形的形状为例，选择形状格式，设置图片填充与无线条，即可完成六边形图片的添加，具体操作方法如下。

(1) 插入六边形。

执行“插入→形状→六边形形状”命令。在幻灯片视图的适当位置拖曳鼠标，放置六边形形状。

图 9-12 设置艺术效果

(2) 设置图片填充。

单击“六边形”形状，执行“绘图工具→格式→形状填充→图片→插入图片→来自文件”命令，选择要使用的图片，然后单击“打开”按钮。

(3) 设置形状为无线条。

单击“六边形”形状，在“形状样式”面板中，单击“形状轮廓”下拉按钮，执行“无轮廓”命令，如图 9-13 所示。

图 9-13 设置形状

3. 图片透明度

图片透明度的调整包括修改形状的透明度和修改图片的透明度两种方法。

(1) 修改形状的透明度。

PowerPoint 2013 之前的版本能够改变形状的透明度，但不能改变图片的透明度，利用形状的图片填充功能，修改形状的透明度，即可实现图片的半透明，如图 9-14 所示。具体操作方法如下：对“六边形”形状进行图片填充，将形状轮廓设置为“无轮廓”；右击“六边形”形状，执行“设置图片格式”命令，在“设置图片格式”任务窗格中选择“填充与线条”选项卡，拖动“透明度”滑标，设置合适的透明度，如图 9-15 所示。

(2) 修改图片的透明度。

PowerPoint 2019 版中图片透明度设置非常方便，可通过图片格式直接修改。选择要更改透明度的图片，执行“图片工具→格式→透明度”命令，单击“图片透明度选项”按

钮，然后在“设置图片格式”任务窗格的“透明度”选项中，向右拖动“透明度”滑标，设置所需透明度的百分比或在框中输入百分比值，0%为完全不透明(默认设置)，100%为完全透明，中间值为半透明，如图 9-16 所示。

注意：由于 PowerPoint 版本的不同，直接修改图片透明度可能在一些版本中无法实现。

图 9-14　填充透明度

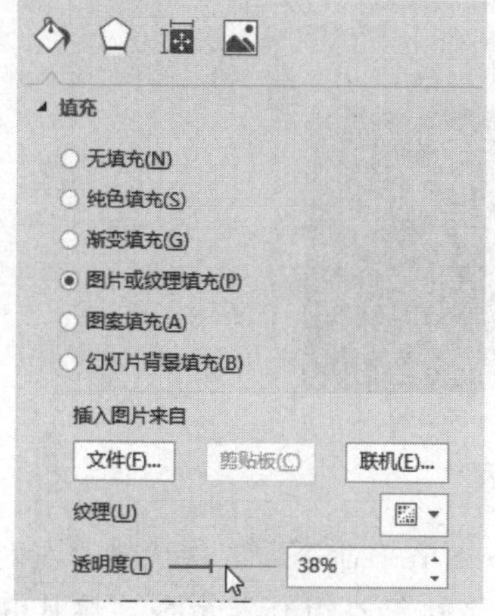

图 9-15　拖动滑标

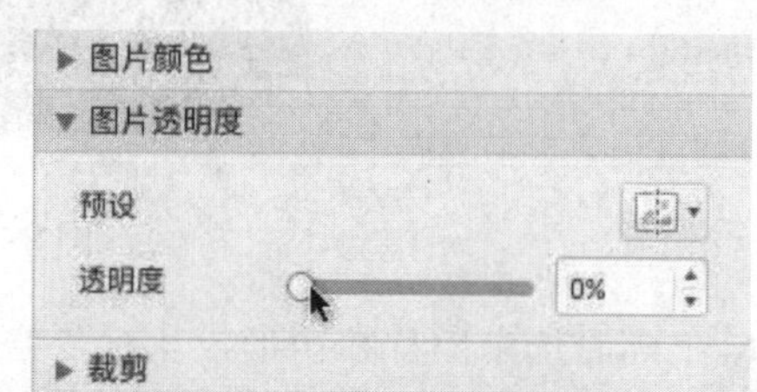

图 9-16　修改图片透明度

(3) 图片的过渡透明效果。

PowerPoint 不能直接设置图片的过渡透明效果，这些具有过渡透明效果的图片是以 PNG 格式呈现在 PowerPoint 中，它们与幻灯片的背景融为一体，如图 9-17 所示。过渡透明的 PNG 图片通常是由 Photoshop 等软件进行制作，它们对演示文稿的精致化，起到至关重要的作用，能够优化演示文稿的画面呈现和动态展示效果。

图 9-17　图片透明度

4. 图片蒙版

蒙版是 Photoshop 中的概念，它可以理解为覆盖在其他元素上的半透明色块，蒙版能够实现图片过渡透明的效果。在 PowerPoint 中利用图片和形状的复合叠加，可以实现类似 Photoshop 的蒙版效果。下面以渐变蒙版为例，介绍图片蒙版的具体操作方法。

(1) 在 PowerPoint 中插入一个图片。

(2) 在图片上绘制一个同样大小的矩形，右击矩形对象，选择“设置形状格式”命令，在“设置形状格式”任务窗格中，选择“填充与线条”选项卡，单击“渐变填充”按钮。

(3) 设置渐变光圈。选择“颜色”为“蓝色”，“渐变类型”为“线性”，“角度”为“90 度”，左侧一端设置透明度为 100%，右侧一端设置透明度为 0%，渐变蒙版添加完成，如图 9-18 所示。

图 9-18 图片蒙版

(4) 同时选中图片和矩形，执行“格式→排列→对齐”命令，依次选择“左对齐”和“顶端对齐”选项，将图片和矩形完全重合。右击，执行“组合”命令，将其变成一个对象。

9.6.3 音频的添加

PowerPoint 使用音频格式主要有 MP3、WMA、WAV 等。在 PowerPoint 2003 版中，音频与 PowerPoint 是分离的，用户需要将声音文件和 PPT 文稿存储在同一个文件夹中，才能确保音频文件能够顺利播放。在 PowerPoint 2010 以上版本中，声音文件被集成到 PPT 文稿中，用户无须担心音频文件的存储问题，只需拷贝 PPT 文稿(PPTX)即可确保音频文件的顺利播放。此外，在 PowerPoint 2010 以上版本中，PowerPoint 能够对音频进行在线剪辑。

1. 音频剪辑

在 PowerPoint 2007 之前的版本中，PowerPoint 无法对音频进行剪辑，音频剪辑需要使用 Audition 等第三方软件完成。PowerPoint 2010 之后的版本能够对音频进行剪辑，实现淡入淡出、裁切音频等功能。

其具体操作方法如下。

1) 添加音频

选中需要添加音频的幻灯片，执行“插入→音频→PC 上的音频”命令。

2)　剪辑音频

单击“剪裁音频”按钮，在“剪裁音频”对话框中，拖动绿色的“起始时间”滑块和红色“终止时间”滑块，设置音频的开始时间和终止时间，单击“确定”按钮，滑块之间的音频将保留，其余音频将被裁剪掉，如图 9-19 所示。

3)　淡化处理

选择音频图标，选择“音频工具→播放”选项卡，在“淡化持续时间”面板中，设置“淡入”和“淡出”的时间值，时间值表示淡入淡出效果的持续时间。通过设置淡化持续时间，使剪辑后的声音没有突兀感，如图 9-20 所示。

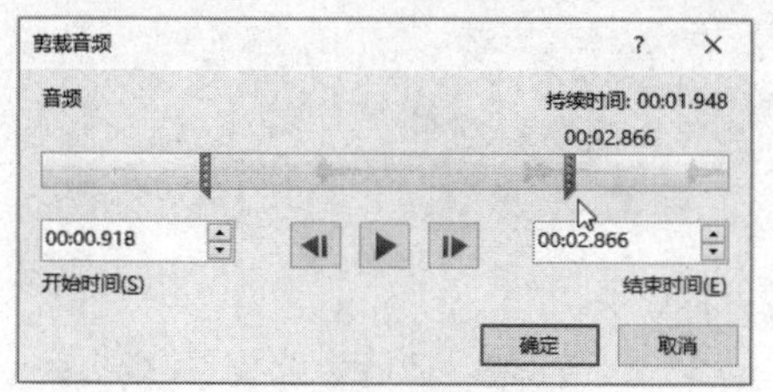

图 9-19　剪裁音频

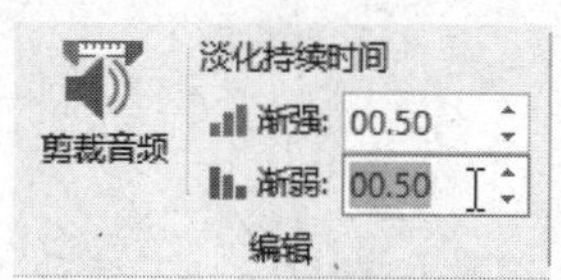

图 9-20　音频淡入淡出

2. 设置 PowerPoint 的背景音乐

在 PowerPoint 中音乐添加后，默认的状态是单击鼠标播放，切换到下一张幻灯片后，音乐自动停止播放。背景音乐的设置需要满足三个条件：①音乐自动播放；②跨幻灯片播放；③音乐循环播放且声音播放图标隐藏。其具体操作方法如下。

(1)　音乐自动播放。

执行“插入→音频→PC 上的音频”命令。在出现的“插入声音”对话框中选中要作为背景音乐的音频文件，单击“确定”按钮。在弹出的对话框中单击“自动”按钮，插入音乐对象，音频自动播放。

(2)　跨幻灯片播放。

执行“音频工具”命令，选择“播放”选项卡，依次选中“跨幻灯片播放”“循环播放，直到停止”“放映时隐藏”等选项，完成背景音乐的设置，如图 9-21 所示。

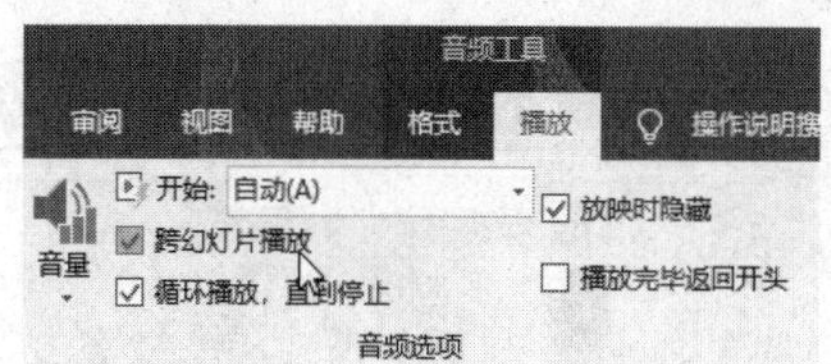

图 9-21　跨幻灯片播放

9.6.4　视频的添加

1. 视频格式选择

在 PowerPoint 中添加的视频格式主要有 WMV、MPG、MP4 格式。随着 PowerPoint 版本的不同，使用视频格式的范围也不同。PowerPoint 2010 之前的版本，建议使用 WMV

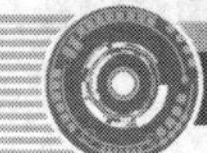

格式和 MPG 格式。PowerPoint 2010 之后的版本，在 WMV 和 MPG 格式基础上，支持使用 H.264 视频和 AAC 音频编码的 MP4 格式。

2. 视频的剪裁

在 PowerPoint 2010 以上的版本中，PowerPoint 能够对视频进行剪辑。执行“插入→音频→PC 上的视频”命令，选择“视频工具→播放”选项卡，在“编辑”面板中单击“剪裁视频”按钮，在“剪裁视频”对话框中，对视频的开始点和结束点进行剪裁，如图 9-22 所示，同时也可以在“淡化持续时间”选项中设置剪裁后视频的淡入和淡出效果。

图 9-22　剪裁视频

3. 视频播放注意事项

与音频一样，PowerPoint 2003 版本中视频与 PowerPoint 是分离的，为了确保视频的顺利播放，视频文件需要和 PowerPoint 复制在同一个文件夹中。在 PowerPoint 2010 以后的版本中，视频文件集成到 PowerPoint 中，视频文件无须单独复制，即可播放。

9.6.5　3D 模型的添加

1. 3D 模型制作

PowerPoint 2019 版本支持 3D 模型，将画面展示由二维层面延展到三维层面。PowerPoint 中 3D 模型可以从联机库中查找添加，Remix 3D 是一种包含大量免费 3D 模型的在线目录，若要从 Remix 3D 中执行三维模型命令，执行“三维模型→来自在线来源”命令即可。在显示的对话框中，可浏览或搜索 Remix 3D 目录中的三维图像。如果 PowerPoint 不能使用在线的三维模型，也可通过 Windows 10 自带“画图 3D”应用来制作简单的 3D 模型，如图 9-23 所示。

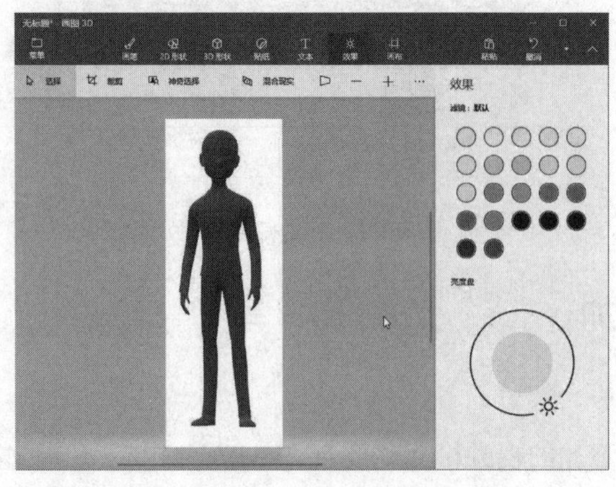

图 9-23　画图 3D

2. 3D 模型添加

执行“插入→3D 模型”命令。三维模型插入后，按住鼠标左键，拖动三维控件图标，即可控制图像向任何方向旋转或倾斜。右击鼠标，在弹出的快捷菜单中执行“平移与缩放”命令，向里或向外拖动图像句柄，可缩小或放大图像。

3. 3D 模型演示

在默认情况下，PowerPoint 只能展示三维模型的静态画面，呈现效果与图片相似。通过为 3D 图形添加动画效果或设置幻灯片的“平滑”切换，可以实现三维模型的动态展示。

其具体操作方法如下。

(1) 为三维模型添加“进入”“转盘”“摇摆”“退出”等三维模型动画效果。

在功能区的“动画”选项卡上，单击任意一种 3D 动画效果，选择所需的动画效果，如图 9-24 所示。在功能区面板上，执行“效果选项”命令，设置“方向”“强度”“旋转轴”等属性，单击“预览”按钮，查看效果。

图 9-24　三维模型动画效果

(2) 设置幻灯片的“平滑”切换，动态展示三维模型。

平滑切换是一种特殊效果类型的切换动画，它可以在幻灯片上实现平滑的动画、切换和对象移动。平滑切换效果至少需要两张以上的幻灯片，每张幻灯片中至少有一个共性对象。以三维模型的平滑切换为例：首先，在当前幻灯片中添加三维模型；然后，复制当前幻灯片，在复制后的幻灯片中对三维模型进行旋转或缩放；最后，在功能区的“切换”选项卡中，设置复制后的幻灯片切换效果为“平滑”，如图 9-25 所示，预览幻灯片，即可实现三维模型的动态展示。

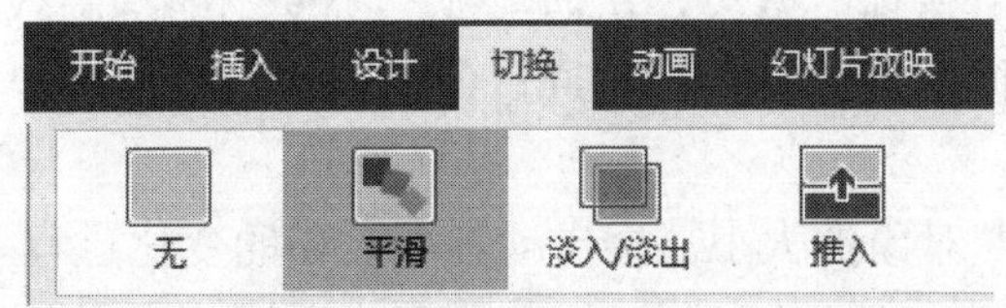

图 9-25　幻灯片平滑切换

9.7　演示文稿动画的设计

演示文稿动画的设计

9.7.1　自定义动画的种类

演示文稿的自定义动画主要有进入、强调、退出、路径、变体五种类型。

1. 进入动画

进入动画用于设置文本或对象以何种方式出现在屏幕上。进入动画主要有“原地进入”和“位移进入”两种效果。“原地进入”动画是指在原位置上产生动画效果，适用于控制对象的播放时序，主要有出现、淡出、擦除、随机线条、旋转、展开等动画效果。“位移进入”动画是指在出现时产生了位移效果，主要有飞入、升起、浮动等动画效果，一般用于文稿演示风格具有方向性或强调某种效果时使用。

2. 强调动画

强调动画用于为文本或对象添加特殊效果。强调动画主要有“色彩变化”和“大小变化”两种效果。“色彩变化”是通过色块或色框的颜色变化，突出对象的显示。“大小变化”是通过对象的尺寸改变，强调对象的视觉效果。

3. 退出动画

退出动画多用于设置文本或对象以何种方式从幻灯片中消失。退出动画和进入动画类似，退出动画分为“原地消失”和“位移消失”两种效果。“原地消失”有淡出、消失和擦除等动画效果。“位移消失”一般用于文稿演示风格具有方向性或作强调效果时使用[①]。

4. 路径动画

路径动画多用于设置文本或对象的运动路线。使用动作路径动画效果可以按故事的顺序移动幻灯片对象，如飞机的起飞、人物的移动、小球的弹跳等。

5. 变体动画

变体动画是利用幻灯片“变体”切换效果，实现对象的颜色、形状、位置、角度的改变。在 PowerPoint 2016 版本中，变体动画的切换效果名称是“变体”，在 PowerPoint 2019 版本中，变体动画的切换效果名称是“平滑”。

变体动画的实质是一种幻灯片切换，不是自定义动画。它将同一个对象放在两个连续的幻灯片页面中，将下一张幻灯片页面中对象的颜色、形状、位置、角度等参数进行调整，并对此幻灯片加上“变体”效果，从而形成一个变幻的动画效果。变体效果必须是同一个对象，不能实现不同图形的变体，它通过两张连续幻灯片的“变体”动画设置，实现同一对象的一系列变化。

(1) 大小变化。改变对象的大小，会自动补全面积的变化过程。

(2) 形状变化。改变长宽高的形状、调整可变化手柄，实现变形。

(3) 颜色变化。改变对象的颜色、渐变色、透明度，实现颜色和透明度的变化。

(4) 位置变化。改变对象在画面中的位置，实现对象的位置变化，效果类似于直线的路径动画。

(5) 角度变化。改变对象的变换角度，实现对象的自动翻转。

---

① 果因 PPT 工作室. 幻灯时代的演示视觉设计[M]. 北京：中国青年出版社，2017.

9.7.2　动画和效果的管理

1. 向一个对象添加多个动画

在默认情况下，用户习惯于对一个对象添加一个“进入”动画效果，如“飞入”“擦除”等动画，在复杂的幻灯片动画设计中，一个对象通常需要添加多个动画效果，实现复合动画效果。如制作一个小球向右弹跳并逐渐滑行至静止，则需要向小球依次添加“向右”“向右弹跳”“向右”三个路径动画，并将三个路径的起点和终点依次对接，如图 9-26 所示。

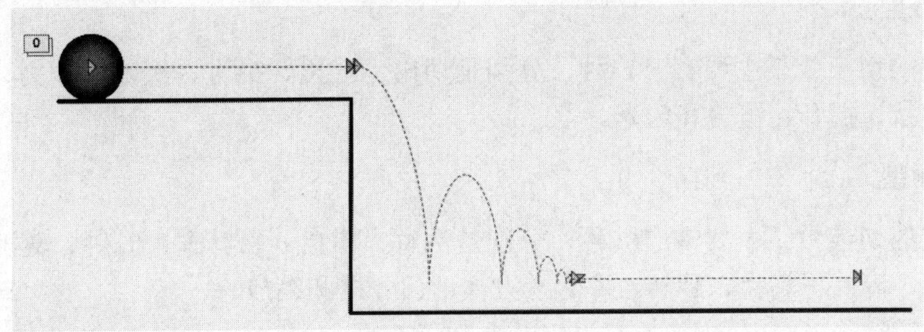

图 9-26　添加多个动画

2. 动画的启动方式

在 PowerPoint 中，每一个动画可以有多重启动方式，分别是单击、同时、之后。这些自定义动画通过不同的启动方式进行优化组合，实现各种各样不同的动画效果。

“单击”是自定义动画的默认效果，表示单击鼠标启动自定义动画效果。

“同时”是动画效果与前一个动画一起播放。

“之后”是在前一个动画播放后再播放当前的动画。

“持续时间”是延长或缩短效果。

“延迟”是在效果运行之前增加时间。

图 9-26 中小球要实现自动播放的效果，则需要把第二个路径动画和第三个路径动画的启动方式设置为“之后”，实现路径动画按时序自动播放。

3. 更改动画播放的顺序和效果选项

选择“动画”选项卡，单击“动画窗格”按钮。在“动画窗格”中，单击要移动的动画效果并按住鼠标不放，然后向上或向下拖动到新位置。到达新位置时，显示一条水平指示线，释放鼠标按钮，完成移动。

平稳开始和平稳结束是路径动画最常用的效果选项。

平稳开始是动画速度从零到设定速度，就像缓缓启动一样，如果不加平稳开始，动画开始的速度就很快，并保持匀速。

平稳结束是动画速度由正常逐渐减速到停止的过程。

如图 9-26 中小球的路径动画在默认情况下是按恒定速度进行移动，没有明显的起落过程，通过设置路径动画的平稳开始和平稳结束等效果选项，小球的移动会更加自然。具体操作方法如下：在“动画窗格”中，选中小球的第一个路径动画，单击下拉箭头，执行“效果选项”命令，在弹出的对话框中，设置“平稳开始”的时长为 1 秒，“平稳结束”的时长为 0 秒；重复以上操作，设置小球第二个路径动画的“平稳开始”时长为 0 秒，“平稳结束”时长为 0 秒，设置小球最后一个路径动画的“平稳开始”时长为 0 秒，“平稳结束”时长为 1 秒，预览动画，小球即从静止开始移动，弹跳，最后逐渐静止。

9.7.3 幻灯片切换动画

幻灯片的效果可分为细微型、华丽型和动态类型三类。

1. 细微型

细微型的切换效果主要有 11 种，分别是切出、淡出、推进、擦除、分割、显示、随机线条、形状、揭开、覆盖和闪光。

2. 华丽型

华丽型的切换效果主要有 16 种，分别是溶解、棋盘、百叶窗、时钟、涟漪、蜂巢、闪耀、涡流、碎片、切换、翻转、库、立方体、门、框和缩放。

3. 动态类型

动态类型的切换效果主要有 7 种，分别是平移、摩天轮、传送带、旋转、窗口、轨道和飞过。

9.8 演讲文稿的交互设计

演讲文稿的
交互设计

在演示文稿中，交互设计主要有动作按钮、超链接、动作设置以及触发器等实现手段。

9.8.1 动作按钮

1. 设计思路

动作按钮简单地理解是模板式的超级链接。动作按钮是一个现成的按钮，可将其直接插入演示文稿中，为其幻灯片定义超链接。动作按钮包含形状、下一张、上一张、第一张和最后一张幻灯片和用于播放影片或声音符号等类型。

2. 实现方法

(1) 选择“插入”选项卡，在“插图”面板中单击“形状”下拉按钮，在“动作按钮”选项中单击要添加的按钮形状。

(2) 选择幻灯片上的一个位置，然后通过拖动鼠标为该按钮绘制形状。

(3) 在“操作设置”对话框中，在“单击鼠标”选项卡的“超链接到”下拉列表中选择对应的链接选项，如“幻灯片”选项，可为“动作按钮”自定义选择指定路径的幻灯片，如图 9-27 所示。

若要指定幻灯片放映视图中鼠标移过动作按钮时该按钮的行为，选择“鼠标悬停”选项卡，选择“鼠标经过时突出显示”选项，这样，当幻灯片放映且鼠标经过按钮时，按钮会突出显示。

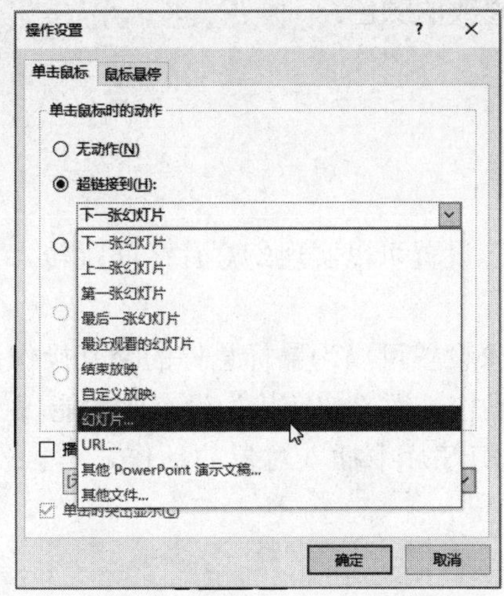

图 9-27　设置超链接目标

9.8.2　超链接

1. 设计思路

在幻灯片中，使用超链接可以快速地在演示文稿中获取到的不同位置，超链接设置主要有以下四种形式。

(1)　链接至同一演示文稿中的幻灯片，实现幻灯片的跳转。

(2)　链接到不同演示文稿中的幻灯片。

(3)　链接到电子邮件、网站。

(4)　链接到文件，实现文件的快捷播放。

2. 添加超链接

(1)　选择要用作超链接的文本、形状或图片。

(2)　执行“插入→链接”命令，选择“本文档中的位置”选项，链接到演示文稿中的特定幻灯片。

(3)　设置“屏幕提示”按钮，输入在用户将鼠标悬停在超链接上时希望显示的文本(可选)，单击“确定”按钮。

3. 更改超链接字体颜色

文本在设置超链接后，演示文稿会根据配色方案自动改变超链接文本的颜色，在 PowerPoint 2013 之前的版本，超链接的字体颜色无法使用字体颜色直接修改，需要在演示文稿的配色方案中修改。从 PowerPoint 2016 开始，直接使用文本颜色控件可以更改单个超链接的颜色，具体操作方法如下。

(1) 选择要重新着色的超链接。

(2) 选择“开始”选项卡，单击“字体颜色”按钮旁边的向下箭头可以打开颜色菜单。

(3) 选择超链接所需要修改的颜色。

9.8.3 动作设置

1. 设计思路

同超链接类似，“动作”设置可以实现幻灯片之间跳转。“动作”与“超链接”的区别主要体现在两个方面。

(1) “动作”为所选对象设置可以为鼠标悬停的交互操作，幻灯片放映时，只要鼠标经过对象，即可执行相关的操作，而“超链接”没有此功能。

(2) “动作”能够触发幻灯片中插入对象的动作，丰富幻灯片中各类对象的呈现形式，如 Word 对象。

2. 插入 Word 对象

在幻灯片中可将 Word 文档作为对象嵌入 PowerPoint 演示文稿。插入 Word 文档最简单的方法是，先在 Word 中创建文档，然后将其添加到演示文稿。

其具体操作方法如下。

(1) 执行“插入→对象”命令。在“插入对象”对话框中，设置“由文件创建”选项。

(2) 单击“浏览”按钮，找到要插入的 Word 文档。选择 Word 文档，然后单击“确定”按钮。

(3) 在弹出的“插入对象”面板中不选中“链接”复选框，将 Word 对象插入 PPT 中。选中“显示为图标”复选框，更改 Word 图标的名称，将 Word 图标插入演示文稿中，如图 9-28 所示。

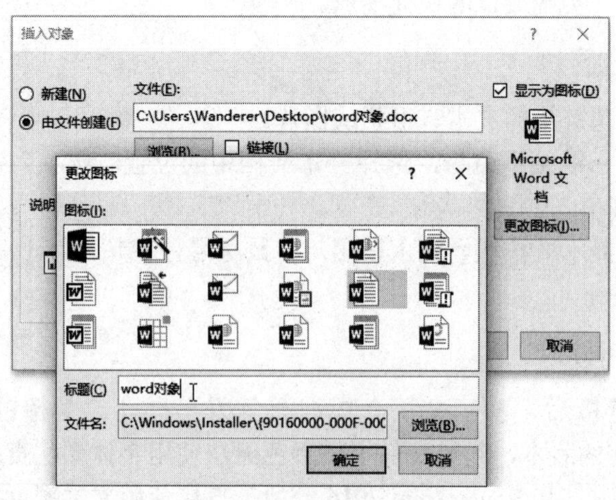

图 9-28 插入 Word 对象

(4) Word 对象在插入 PowerPoint 中之后并不能直接单击播放，需要对 Word 对象添加动作，在幻灯片上，选择已经添加的 Word 对象。

(5) 选择“插入”选项卡，单击“动作”按钮。

(6) 在弹出的“操作设置”面板中，执行“单击鼠标→对象动作→打开”命令，如图 9-29 所示。这样 PowerPoint 在播放时单击页面上的 Word 图标即可打开 Word 文档。

图 9-29　启动 Word 对象动作

9.8.4　触发器

1. 设计思路

PowerPoint 触发器相当于是一个按钮，它可以是一个图片、文字、段落或者文本框等对象，触发器可以启动自定义动画，如视频或音频的播放、暂停、停止等操作以及进入、强调、退出、路径等自定义动画效果。

2. 实现方法

在 PowerPoint 中，自定义动画默认触发形式为“单击时”，即单击鼠标，启动自定义动画。通过设置触发器，可以单击对象控制“动画”的播放，具体操作方法如下。

1)　添加对象

在幻灯片中添加一个图形和一个文本框，图形用于添加自定义动画，文本框作为触发器，控制图形的自定义动画播放。

2)　添加自定义动画

选择图形，在“动画”选项卡的“高级动画”面板中，单击“添加动画”下拉按钮，选择要添加的路径动画效果，如水平向右的路径动画。

3)　添加触发器

在“动画”选项卡的“高级动画”面板中，单击“触发”下拉按钮，单击“通过单击”选项，选择“文本框 4”对象，如图 9-30 所示。播放幻灯片，单击“文本框”，图形的自定义动画开始播放。

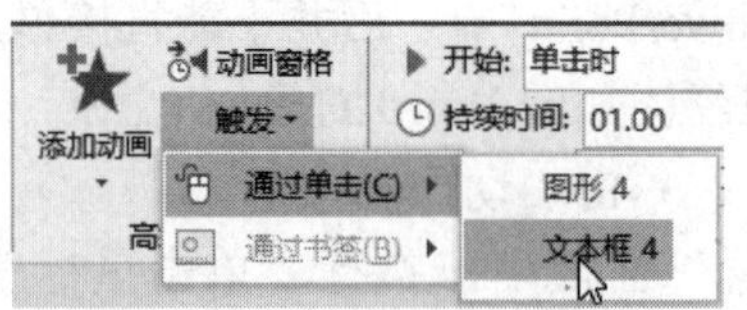

图 9-30　添加触发器

演示文稿发布打包

9.9　演示文稿发布打包

在默认情况下，演示文稿通常以 PPT 或 PPTX 的演示文稿格式进行保存，有时为了使用方便，可以将其发布导出成其他格式，在没有安装 PowerPoint 的环境下进行观看。

1. 创建 PDF 格式

1)　PDF 格式

将演示文稿保存为 PDF 文件时，将会冻结格式和布局。用户即使没有安装 PowerPoint 软件也可查看幻灯片，但 PDF 格式无法进行更改，可以使用 Adobe Reader 进行阅读。

2)　创建方法

(1)　执行“文件→导出→创建 PDF/XPS 文档→创建 PDF/XPS”命令。

(2)　选择该文件要保存的位置。在“文件名”框中输入对应的文件名，单击“发布”按钮。

2. 创建视频格式

1)　视频格式

演示文稿可直接生成为 MP4 或 WMV 视频格式，并包含所有录制的计时、旁白和激光笔势，保留动画、切换和媒体效果，将演示文稿生成视频，适用于演示文稿的自动播放与分享。

2)　创建方法

(1)　执行“文件→导出→创建视频”命令。在“创建视频”标题下的第一个框中，选择视频质量(或分辨率)，建议选择全高清(1080p)或高清(720p)，如图 9-31 所示。

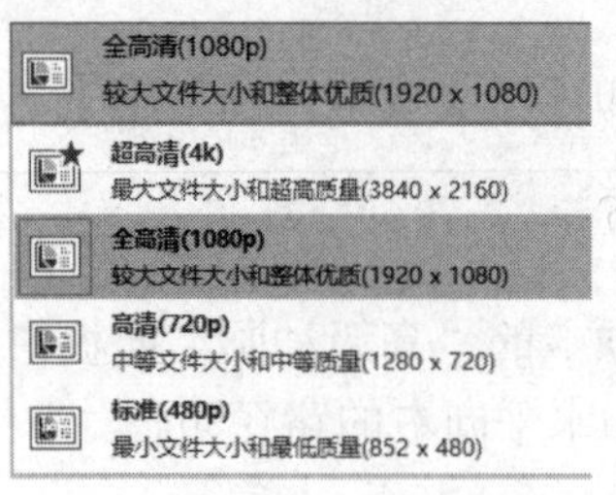

图 9-31　设置视频分辨率

(2)　使用“录制计时和旁白”，默认值是“不要使用录制的计时和旁白”。如果没有录制计时旁白，每张幻灯片花费的时间默认为 5s，单击“录制计时和旁白”选项，如图 9-32 所示。

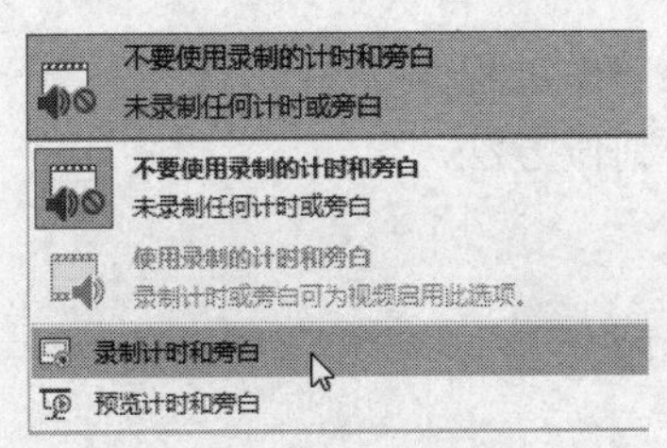

图 9-32　录制计时和旁白

(3) 在弹出的演示文稿的录制界面中单击“录制”按钮，录制演示文稿的讲解。录制结束后，默认选择“使用录制的计时和旁白”，单击“创建视频”按钮。在“文件名”框中，为视频输入文件名，浏览要包含此文件的文件夹，然后单击“保存”按钮。

3. 生成软件包

1) 打包模式

打包模式将演示文稿中的视频、声音和字体等相关文件同演示文稿一起生成一个软件包，它适用于计算机中没有安装 PowerPoint 软件或 PowerPoint 的版本较低而无法放映幻灯片的情况下。PowerPoint 可以将软件包生成为 CD 光盘格式，也可以将软件包保存到文件夹中。

2) 创建方法

(1) 在 PowerPoint 中，执行“文件→导出→将演示文稿打包成 CD→打包成 CD”命令。

(2) 在“打包成 CD”对话框中，若要包括辅助文件(如 TrueType 字体或链接的文件)，请单击“选项”，选中“链接的文件”和“嵌入的 TrueType 字体”复选框，如图 9-33 所示，单击“确定”按钮。

图 9-33　打包选项

(3) 在“打包成 CD”对话框中，单击“复制到文件夹→浏览”按钮。选择需要保存的文件夹，然后单击“确定”按钮。

技能实训

多媒体演示系统的开发

实训目的

1. 掌握多媒体演示系统的结构组成。
2. 掌握多媒体演示系统的设计原则。

3. 掌握多媒体演示系统的创作过程。

4. 掌握多媒体演示系统的制作方法。

实训重点

1. 常见的对媒体对象的添加。

2. 演示文稿的动画设计。

3. 演示文稿的交互设计。

实训难点

1. 使用“曲线”和“自由曲线”对图形进行精细化绘制。

2. 掌握进入、强调、退出、路径四种自定义动画的组合应用。

3. 理解触发器与超链接以及动作之间的区别。

实训内容

1. 自定义主题，使用 PowerPoint 2019 制作画面比例为 16∶9 的演示文稿，要求演示文稿的页数控制在 10～12 张，包括首页和结尾页。

2. 使用 Photoshop 为演示文稿设计首页封面和主题背景图，将其依次添加到幻灯片的首页和内容页的背景中。首页封面设计也可以借助 Photoshop 将相关素材处理成具有过渡透明效果的 PNG 图片，将其添加到演示文稿中，利用自定义动画进行动态展示。

3. 根据多媒体演示系统的设计原则和主题内容需要，为演示文稿添加文本、图形、图像、声音、视频、动画等多媒体对象，多媒体对象内容要与主题相关，充分利用媒体间的组合优势，优化多媒体对象的呈现效果。

4. 利用“曲线”或“自由曲线”为演示文稿临摹绘制自定义图形，利用视图的“显示比例”、图形的“编辑顶点”和“组合”命令，对图形进行精细化修改。

5. 为演示文稿的多媒体对象添加“进入”“强调”“退出”“路径”四种自定义动画，利用动画的“与上一动画同时”和“上一动画之后”两种开始方式，依次为多媒体对象添加组合动画效果和时序动画效果。

6. 根据主题需要为演示文稿的自定义动画选择触发器。

7. 根据演示文稿的内容结构，为演示文稿添加超链接导航按钮。

8. 为演示文稿添加循环播放的背景音乐，根据主题的需要，利用幻灯片切换设置演示文稿是否自动播放。

9. 将演示文稿保存为 PPTX 格式、PDF 格式，将演示文稿的分辨率设置为“高清(720P)”，执行“录制计时和旁白”命令，对演示文稿进行讲解，最后，将演示文稿生成 MP4 或 WMV 格式的视频文件(分辨率为 1280×720)。

本章小结

本章系统地阐述了多媒体应用系统的开发流程、创作工具、设计原则、制作方法以及 PowerPoint 2019 多媒体创作工具的使用。通过本章的学习，您已具备以下能力。

(1) 对多媒体应用系统具有清晰的认知。

(2) 能根据实际需要准确地选择多媒体创作工具。

(3) 能独立设计多媒体演示系统。

(4) 能使用 PowerPoint 开发具有一定交互功能的多媒体演示作品。

复习思考题

一、基本概念

多媒体应用系统　超文本　超媒体　多媒体创作工具　母版　占位符　自定义动画　触发器　超链接　动作　平滑切换　打包　PDF 格式

二、判断题

1. 超文本易于分解和揭示信息的复杂性，但如果处理不当，容易增加使用者的认知负担。（　）

2. 在 PPT 中可以通过“插入”菜单添加 Word 文件。（　）

3. 通过对幻灯片母版的处理，可节约设置格式的时间，便于整体风格的修改。（　）

4. 在 PowerPoint 中，通过触发器的设置，可以实现视频或音频的播放、暂停、停止等功能。（　）

三、单选题

1. 以下不能实现 PowerPoint 中幻灯片之间跳转的交互技术是(　　)。

A. 超级链接　B. 动作设置　C. 动作按钮　D. 触发器

2. 在 PowerPoint 中，如果想要通过按钮控制自定义动画的播放，可以采用以下(　　)交互技术。

A. 动作设置　B. 超级链接　C. 触发器　D. 动作按钮

四、多选题

1. 在 PowerPoint 中，的自定义动画的启动方式有(　　)。

A. 单击时　B. 通过触发器　C. 与上一动画同时

D. 上一动画之后　E. 动画设置

2. 超文本构成的三个要素是(　　)。

A. 节点　B. 逻辑　C. 链路　D. 网络　E. 信息

3. 在 PowerPoint 中，声音停止方式有(　　)。

A. 单击时　B. 在当前幻灯片之后

C. 在幻灯片之后　D. 声音播放结束后

4. 超文本的不足体现在(　　)。

A. 认知负荷加重　B. 多样化的传授方式

C. 迷航现象　D. 联想式非线性结构

五、简答题

1. 请简述 PowerPoint 2019 进行触发器的操作方法。
2. 请简述 PowerPoint 2019 中平滑切换的主要用途。

阅读推荐与网络链接

[1] 林福宗. 多媒体技术基础[M]. 4 版. 北京：清华大学出版社，2009.

[2] 李世国，顾振宇. 交互设计[M]. 北京：中国水利水电出版社，2012.

[3] 果因 PPT 工作室. 幻灯时代的演示视觉设计[M]. 北京：中国青年出版社，2017.

[4] 王丽艳，霍敏霞，吴雨芯. 数据库原理及应用(SQL Server 2012)[M]. 北京：人民邮电出版社，2018.

[5] 邓建军.大萧条与罗斯福新政 1932—1941[M]. 海口：海南出版社，2009.

[6] 软件开发技术联盟. Visual Basic 开发实例大全[M]. 北京：清华大学出版社，2016.

[7] 邵云蛟. PPT 设计思维：教你又好又快搞定幻灯片(全彩)[M]. 北京：电子工业出版社，2016.

[8] 谢招犇，王宁. PowerPoint 2010 商务演示文稿制作[M]. 北京：人民邮电出版社，2016.

第 9 章　多媒体应用系统开发.pptx

第 9 章　多媒体应用系统开发知识点纲要.docx

第 9 章　习题答案.docx